REINFORCED CONCRETE

철근콘크리트 구조

머리말

철근콘크리트 구조는 건축재료학과 구조역학에 바탕을 둔 분야로 건축구조 및 시공에 대한 전반적인 이해를 위한 필수 학문이다.

철근과 콘크리트로 이루어진 철근콘크리트 구조는 건축 및 토목구조물에서 가장 많이 사용되는 구조방식으로, 이 분야를 처음 대하는 학생들은 대개의 경우 복잡한 공식과 계산에 부담을 느끼고, 이해하기 어려운 학문이라 생각하게 된다. 그러나 기본적인 수학능력과 이해력만 있으면 쉽고 재미있게 공부할 수 있는 과목이다.

이 책은 건축을 전공하는 학생과 각종 시험을 대비하는 수험자를 위한 지침서로서 철근콘크리트 구조의 기본적인 내용을 포함하고 있으며, 특히 철근콘크리트 구조가 건축분야에서 어떻게 이용되고 있는지를 점차적인 난이도에 따라 예제를 통해 자세히 설명하고 있다.

전체적 구성은 철근콘크리트 구조의 기본원리로부터 세부 구조에 대한 설계까지 총 12장으로 나누어 1장에서 3장까지는 철근콘크리트 구조의 기본개념과 재료의 특성 등을 다루었으며, 4장에서 12장까지는 강도설계법에 의한 건축물의 주요 부재들에 대한 각각의 해석 및 설계방법을 다루었다. 콘크리트구조설계기준의 변화에 대응하여 2007년 설계기준에 따른 개정에 이어, 4차 개정에서는 2012년 설계기준을 내용으로 전면 보완·정리하였다. 최대한 독자의 입장을 고려해 내용을 정리했으나 부족한 부분이 없지 않다. 미비한 점은 계속 보충할 예정이니 널리 이해해 주기 바란다.

끝으로 이 책을 집필함에 도움을 주신 각종 참고문헌의 저자들과 도서출판 예문사의 편집부원에 감사의 마음을 전한다.

2025. 4

차 례

제1장 철근콘크리트 구조 설계

1. 1 일반사항 ·· 3
1. 2 철근콘크리트 구조의 발전 ·· 4
1. 3 철근콘크리트 구조의 장단점 ·· 5
    (1) 장 점 ·· 5
    (2) 단 점 ·· 5
    (3) 단점의 해결방안 ·· 5

제2장 재 료

2. 1 일반사항 ·· 9
2. 2 콘크리트의 재료 ·· 9
    (1) 시멘트 ·· 9
    (2) 골 재 ·· 11
    (3) 혼화재료 ·· 12
2. 3 콘크리트의 성질 ·· 13
    (1) 압축강도 ·· 13
    (2) 인장강도 ·· 16
    (3) 부착강도 ·· 17
    (4) 콘크리트의 탄성계수 ·· 17
    (5) 크리프(Creep) ·· 20

(6) 경화 및 건조수축 ·· 20
　　　(7) 내구성(Durability) ·· 21
　2. 4 철근의 성질 ·· 22
　　　(1) 철근의 종류 ··· 22
　　　(2) 철근의 탄성계수 ··· 24
　　　(3) 철근의 산석 ··· 25
　　　(4) 철근의 피복 ··· 25
　　　(5) 철근의 피복두께 ··· 25
　　　(6) 내화구조물 ·· 26

제3장　설계하중과 구조설계법

　3. 1 구조물에 작용하는 하중 ·· 31
　　　(1) 일반사항 ··· 31
　　　(2) 고정하중(Dead Load) ·· 31
　　　(3) 활하중(Live Load) ·· 32
　　　(4) 풍하중(Wind Load) ··· 32
　　　(5) 지진하중(Earthquake Load) ··································· 32
　　　(6) 적설하중(Snow Load) ·· 32
　3. 2 허용응력도 설계법(Working Stress Design Method, WSD) ······· 33
　　　(1) 정 의 ·· 33
　　　(2) 허용응력 ··· 33
　　　(3) 설계법의 특징 ·· 33
　3. 3 강도설계법(Ultimate Strength Design Method, USD) ············ 33
　　　(1) 정 의 ·· 33
　　　(2) 설계법의 특징 ·· 34
　　　(3) 소요강도 ··· 34
　　　(4) 설계강도 ··· 36
　　　(5) 안전성 확보 방안 ·· 37

3. 4 한계상태 설계법(Limit State Design Method, LSD) ·············· **38**
    (1) 정 의 ·· 38
    (2) 한계상태의 분류 ·· 38
    (3) 설계법의 특징 ·· 38

■ 제1~3장 연습문제 / 39

제4장 보의 해석과 설계

4. 1 일반사항 ··· **47**
    (1) 설계 시 고려사항 ·· 47
    (2) 보의 단면 형태 ·· 48
    (3) 철근의 간격과 피복두께 ·· 48
    (4) 피복두께 ·· 49
    (5) 철근의 배근방법 ·· 49

4. 2 보 해석의 기본사항 ·· **49**
    (1) 기본 가정 ·· 49
    (2) 철근콘크리트 보의 거동 ·· 50
    (3) 철근비의 규정 ·· 51

4. 3 균형 보 ··· **53**
    (1) 휨모멘트 ·· 53
    (2) 균형 보의 해석 ·· 55

4. 4 단근 직사각형 보의 해석과 설계 ··· **58**
    (1) 단근 직사각형 보의 해석 ·· 58
    (2) 직접계산법에 의한 설계방법 ·· 61
    (3) 도표를 사용한 설계방법 ·· 64

4. 5 복근 직사각형 보의 해석과 설계 ··· **67**
    (1) 설계강도 ·· 67
    (2) 압축철근이 항복할 경우 ·· 69
    (3) 압축철근이 항복하지 않을 경우 ·· 70

4. 6 T형 보의 해석과 설계 ·· 74
    (1) T형 보의 개념 ··· 74
    (2) T형 보의 유효폭 ·· 75
    (3) T형 보의 설계강도 ·· 75
    (4) T형 보의 균형철근비 및 최대철근비 ······························· 78
■ 제4장 연습문제 / 84

제5장 보의 처짐과 균열

5. 1 일반사항 ··· 99
5. 2 처 짐 ·· 100
    (1) 처짐 계산 ··· 100
    (2) 허용처짐 ··· 105
5. 3 균 열 ·· 108
    (1) 일반사항 ··· 108
    (2) 균열의 제한 ·· 108
    (3) 허용 균열폭 ·· 109
■ 제5장 연습문제 / 112

제6장 전단과 비틀림 설계

6. 1 일반사항 ··· 119
6. 2 전단보강 ··· 119
    (1) 사인장 응력 ·· 119
    (2) 전단보강근 ·· 120
    (3) 전단에 대한 위험단면 ·· 121

6. 3 전단에 대한 보의 거동 ··· 123
   (1) 전단보강되지 않은 보의 거동 ·· 123
   (2) 전단철근의 보강 ·· 124

6. 4 전단 설계 ·· 126
   (1) 콘크리트의 공칭 전단강도 ·· 126
   (2) 전단보강근에 의한 전단강도 ·· 128
   (3) 전단설계 절차 ··· 130

6. 5 깊은 보(Deep Beam) ··· 137
   (1) 구조 형태와 거동 ··· 137
   (2) 설계 기준 ·· 138

6. 6 비틀림(Torsion) ··· 138

■ 제6장 연습문제 / 140

제7장 철근의 정착과 이음

7. 1 일반사항 ·· 147

7. 2 철근의 부착 ·· 148
   (1) 콘크리트의 압축강도 ·· 148
   (2) 철근 표면의 거칠기 ··· 148
   (3) 철근의 지름과 피복두께 ·· 148
   (4) 철근의 배치방향 ·· 148

7. 3 철근의 정착 ·· 148
   (1) 일반사항 ·· 148
   (2) 인장을 받는 이형철근의 정착 ·· 149
   (3) 압축을 받는 이형철근의 정착 ·· 151
   (4) 다발철근의 정착 ·· 152
   (5) 갈고리에 의한 인장철근의 정착 ····································· 153
   (6) 철근의 정착 ··· 156

7. 4 철근의 이음 ··· 157
    (1) 인장철근의 겹침이음 ·· 157
    (2) 압축철근의 겹침이음 ·· 158
    (3) 기둥철근의 이음 ·· 159
■ 제7장 연습문제 / 161

제8장 슬래브 설계

8. 1 일반사항 ·· 169
8. 2 슬래브의 종류 ·· 169
    (1) 하중의 흐름방향에 따른 분류 ·· 169
    (2) 슬래브의 구조에 따른 분류 ··· 170
    (3) 슬래브의 지지조건 및 지지변의 수에 따른 분류 ··················· 171
8. 3 1방향 슬래브의 설계 ··· 171
    (1) 모멘트 계수법(실용해법) ·· 171
    (2) 1방향 슬래브의 구조사항 ··· 173
8. 4 2방향 슬래브의 설계 ··· 177
    (1) 설계방법 ·· 177
    (2) 2방향 슬래브의 구조 사항 ·· 177
    (3) 직접 설계법 ··· 182
    (4) 휨모멘트 계수법 ·· 186
8. 5 슬래브의 전단설계 ··· 195
    (1) 1방향 슬래브의 전단 ··· 195
    (2) 2방향 슬래브의 전단 ··· 195
■ 제8장 연습문제 / 199

제9장　기둥 설계

9. 1 일반사항 ··· **207**
　(1) 기둥의 종류 ··· 207
　(2) 기둥의 구조사항 ··· 208

9. 2 중심축하중을 받는 기둥 ··· **212**

9. 3 축하중과 휨모멘트를 받는 기둥의 설계강도 ································ **216**
　(1) 설계 개요 ·· 216
　(2) 강도감소계수의 산정 ·· 216

9. 4 단주 설계 ·· **217**
　(1) P-M 상관도 ·· 217
　(2) 상관곡선에 의한 기둥의 설계 ··· 219

9. 5 2축 휨을 받는 기둥 설계 ·· **222**

9. 6 장주 설계 ·· **223**
　(1) 기둥의 좌굴 ··· 224
　(2) 기둥의 세장효과 ··· 225
　(3) 모멘트 확대계수법 ··· 228

■ 제9장 연습문제 / 232

제10장　기초 설계

10. 1 일반사항 ··· **239**
　(1) 독립기초(확대기초) ·· 239
　(2) 복합기초 ··· 239
　(3) 연결기초 ··· 240
　(4) 줄기초(연속기초) ··· 240
　(5) 온통기초(전면기초) ·· 240
　(6) 말뚝기초 ··· 240

10. 2 기초 설계 ··· **241**
    (1) 기초에 작용하는 지반반력 ······································· 241
    (2) 허용지내력 ··· 241
    (3) 기초판의 크기 ·· 242
    (4) 기초판의 두께 ·· 243

10. 3 독립기초의 설계 ··· **245**
    (1) 기초판의 휨모멘트 계산 ··· 245
    (2) 휨철근 계산 ·· 247
    (3) 기초판의 철근 배근 ·· 248
    (4) 기초판의 전단강도 ·· 250

10. 4 줄기초의 설계 ·· **255**

10. 5 말뚝기초의 설계 ··· **257**

■ 제10장 연습문제 / 262

제11장   벽체 설계

11. 1 일반사항 ·· **267**

11. 2 벽체의 설계 ··· **268**
    (1) 실용설계법 ··· 268
    (2) 압축재설계법 ·· 270

11. 3 벽체설계의 구조사항 ·· **271**
    (1) 최소철근비 및 배근간격 ··· 271
    (2) 벽체의 최소두께 ·· 271

11. 4 전단벽 설계 ··· **273**
    (1) 전단벽의 전단설계 ·· 274
    (2) 전단벽의 휨설계 ·· 276

제12장 옹벽 설계

12.1 일반사항 281

12.2 옹벽의 종류 282
(1) 중력식 옹벽 282
(2) 캔틸레버식 옹벽 282
(3) 부벽식 옹벽 283

12.3 옹벽의 설계 283
(1) 옹벽의 설계방침 283
(2) 옹벽에 작용하는 토압 284

12.4 토압계수 및 설계용 정수 287

12.5 옹벽의 안정 289
(1) 전도에 대한 안정 289
(2) 활동에 대한 안정 290
(3) 접지압 침하에 대한 안정 291

12.6 옹벽의 구조사항 291
(1) 신축이음 291
(2) 수축이음 291
(3) 수평철근 291
(4) 피복두께 292
(5) 배수공 292

■ 제11~12장 연습문제 / 302

부록

부록 I. 일반사항 307
부록 II. 설계용 하중 311
부록 III. 보 설계 도표 315
부록 IV. 기둥의 하중-모멘트 상관곡선 319

제1장 철근콘크리트 구조 설계

1.1 일반사항
1.2 철근콘크리트 구조의 발전
1.3 철근콘크리트 구조의 장단점

REINFORCED CONCRETE

제1장
철근콘크리트 구조 설계

1.1 일반사항

철근콘크리트(RC : Reinforced Concrete) 구조는 콘크리트에 철근을 보강시킨 것으로 콘크리트는 압축력에 저항하고 철근은 인장력에 저항한다.

이러한 철근콘크리트는 시멘트, 모래, 자갈과 물 및 혼화제 등의 혼합물인 콘크리트와 보강재인 철근으로 이루어져 있으므로 단일재료로 구성되는 다른 구조재료와는 달리 그 특성이 다르다. 또한 콘크리트와 철근은 다음과 같은 유사한 성질을 가지고 있으므로 철근콘크리트 구조에서는 일체가 되어 거동을 하게 된다.

(1) 철근과 콘크리트 사이의 부착강도가 크므로 일체화되어 거동을 한다.
(2) 콘크리트 피복은 시멘트 페이스트(Paste)의 알칼리성을 보호하여 철근의 부식을 방지한다.
(3) 콘크리트와 철근은 상온상태에서 선팽창계수가 거의 같으므로 유사한 팽창과 수축을 한다.
   여기서, 콘크리트의 선팽창계수는 $0.000010 \sim 0.000013/℃$, 철근의 선팽창계수는 $0.000012/℃$이다.

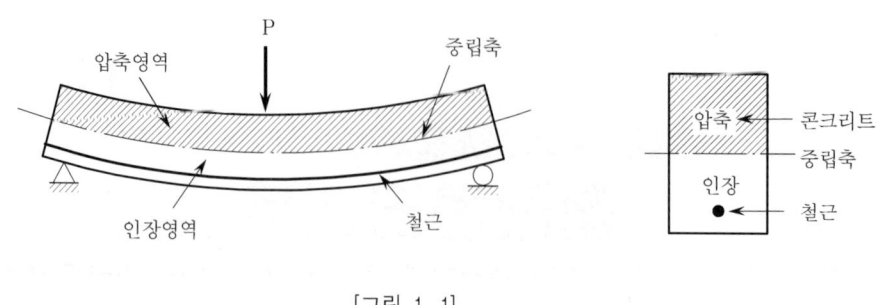

[그림 1. 1]

 이와 같이 철근콘크리트 구조에서 콘크리트는 압축력에는 강하나 인장력에 매우 약하고, 철근은 인장력에 강한 성질을 갖고 있으므로 [그림 1. 1]과 같이 인장력을 받는 부분에 철근을 보강함으로써 구조적으로 상호보완작용을 하게 되어 외력에 효과적인 구조체가 된다.
 또한, 철근은 인장력뿐만 아니라 압축력에도 강하므로 기둥 등의 압축력을 받는 부재에도 사용된다.

1. 2 철근콘크리트 구조의 발전

 기원전 고대 로마시대에서는 화산재의 퇴적에 의하여 생긴 응회암의 분말에 모래를 섞어 쓰면 강한 모르타르가 되는 것을 이용하여 건축물의 축조에 사용하였다. 그 외에도 이집트와 그리스에서도 여러 가지 천연산 콘크리트를 건축물을 짓는데 사용하였다.
 근대에 와서 철근콘크리트 구조는 1824년 영국의 Josef Aspdin에 의하여 Portland cement가 특허를 받은 이후 시멘트 제조의 진보와 더불어 발전되었다. 19세기 중반 프랑스의 Lambot는 1854년 파리 박람회에 철망을 넣은 콘크리트 선박을 출품하여 특허를 받았으며, Monier는 시멘트 화분을 철망으로 보강하는 방법을 개발하여 이 공법을 수조에 응용하였으며 1867년 Monier식 공법의 특허를 받았다.
 독일의 G.A.Wayss는 J.Bauschinger 및 M.Koenen과 함께 1887년 철근콘크리트 보의 이론적 해석방법을 발표하여 철근콘크리트 보의 응력계산의 기초를 완성하였다.
 20세기 초에 철근콘크리트 구조는 급속도로 발전되어 보의 거동, 콘크리트의 압축강도, 탄성계수 등 철근콘크리트 구조의 많은 특성이 규명되었다. 그 후 세계 각국에서 철근콘크리트 구조의 새로운 분야에 대한 연구가 거듭되어 최근에는 프리스트레스트 콘크리트(Prestressed concrete), 프리캐스트 콘크리트(Precast concrete) 등과 같은 철근콘크리트 구조의 응용물이 개발되었으며, 콘크리트의 압축강도를 증가시킨 고강도 콘크리트의 개발 및 거동에 관하여서도 많은 연구가 진행되고 있으며, 이에 따른 실용화가 이루어져 현대건축물에 큰 기여를 하고 있다.

그리고 우리나라에서 최초의 건물은 1910년에 준공된 부산세관, 1912년 한국은행본점, 1925년 서울역사와 1926년 서울시청사 등이 있다.

1.3 철근콘크리트 구조의 장단점

철근콘크리트 구조는 철골구조 등 다른 구조에 비해 장·단점이 있으며, 단점에 대한 해결방안은 다음과 같다.

(1) 장 점

① 재료공급이 용이하고 철골구조에 비하여 경제성이 좋다.
② 내구성 및 내화성이 높고 유지관리가 쉽다.
③ 부재의 크기와 형상을 다양하게 제작할 수 있다.
④ 차음 성능과 내진 성능이 좋다.

(2) 단 점

① 부재의 단면과 중량이 크다.
② 콘크리트의 경화에 따른 공사기간이 길며 기온 및 계절의 영향을 받는다.
③ 건조수축과 크리프에 의한 변형과 균열이 일어난다.
④ 재료의 재사용 및 철거작업이 어렵다.
⑤ 구조물 전체에 균일한 시공이 곤란하며, 내부결함의 유무를 검사하기 어렵다.

(3) 단점의 해결방안

① 재료적인 방법

고강도 재료(콘크리트, 철근)나 경량콘크리트를 사용하여 구조물의 자중을 감소시킬 수 있다.

② 역학적인 방법

PS콘크리트 구조, Shell(곡면) 구조 등을 도입하여 구조물의 중량을 감소시킬 수 있다.

③ 시공적인 방법

조립식 구조로 시공하면 계절의 영향을 적게 받으며 대량생산이 가능하고 또한, 공사기간을 줄일 수 있다.

제2장 재 료

2. 1 일반사항
2. 2 콘크리트의 재료
2. 3 콘크리트의 성질
2. 4 철근의 성질

REINFORCED CONCRETE

제2장
재 료

2. 1 일반사항

철근콘크리트 구조의 주요 재료는 콘크리트와 철근이다. 여기에서 콘크리트는 압축력에는 강하나 인장력에는 약하다. 반면에 철근은 인장력에 강한 특성을 가지고 있으므로 인장영역에 철근으로 보강하면 구조성능이 좋은 철근콘크리트 구조가 된다.

따라서 안전하고 경제적이며 사용성이 좋은 철근콘크리트 구조부재를 설계하기 위해서는 철근콘크리트를 구성하는 재료의 특성을 정확히 파악하여야 한다.

2. 2 콘크리트의 재료

콘크리트는 시멘트, 물, 골재를 혼합한 재료로서 콘크리트의 강도, 유동성, 응결속도 또는 동결융해에 대한 저항성능 등을 개선시키기 위하여 혼화재료를 사용한다.

(1) 시멘트

시멘트는 수화작용에 따른 고착력을 발휘하는 미세한 분말재료로 포틀랜드 시멘트의 종류, 특성 및 용도는 [표 2. 1]과 같다.

[표 2. 1] 포틀랜드 시멘트의 종류, 특성 및 용도

종 류	특 성	용 도
보통시멘트	일반적인 시멘트	일반 콘크리트 공사
조강시멘트	보통시멘트의 7일 강도를 3일에 나타내며, 저온에서도 강도를 나타낸다.	긴급공사 겨울 공사
중용열시멘트 저발열시멘트	수화열이 낮으며, 건조수축이 적다.	매스 콘크리트 수밀 콘크리트 차폐용 콘크리트
초조강시멘트	조강시멘트의 3일 강도를 1일에 나타내며, 저온에서도 강도를 나타낸다.	긴급공사, 그라우팅 겨울 공사
내황산염시멘트	해수, 토양, 지하수, 하수 등에 대해 저항성이 크다.	유산염의 해를 받는 콘크리트

① 시멘트의 성분

시멘트의 화학성분은 석회(CaO), 실리카(SiO_2), 알루미나(Al_2O_3)와 산화철(FeO_3) 등이다. 여기에서 CaO, SiO_2, Al_2O_3의 함유량에 따라 보통시멘트, 조강시멘트 등 여러 가지 형태의 시멘트로 분류한다.

② 시멘트의 비중

시멘트의 비중은 3.05 이상으로 규정하며 보통 3.10~3.15 정도이다.

③ 시멘트의 분말도

시멘트 입자의 굵기를 나타내는 것으로 분말도가 높을수록, 즉 미세할수록 수화작용 및 조기강도가 빠르게 나타나나, 분말도가 지나치게 크면 풍화되기 쉽고 건조수축이 커져서 균열이 발생하기 쉽다.

④ 시멘트의 수화

시멘트에 물을 가하면 시멘트 중의 수경성화합물과 물이 화학반응을 일으킨다. 이 반응을 수화라 하며 그 결과로 수화물이 만들어진다.

$$3CaO \cdot SiO_2 + H_2O \rightarrow 3CaO \cdot 2SiO_2 \cdot 3H_2O \cdots + Ca(OH)_2$$
(수산화칼슘)

수화과정에서 열을 발생시키며 이 발생열을 수화열이라 한다. 또한, 수화에 필요한 물의 양은 시멘트 무게의 약 25% 정도가 필요하나, 콘크리트 배합 및 타설시에 필요한 시공연도를 얻기 위해서는 보통시멘트 중량의 약 40~60% 정도의 물이 필요하다.

⑤ 응결 및 경화

시멘트는 물과 반응하여 곧바로 굳지 않으며 어느 기간 동안 풀(cement paste) 상태를 유지한다. 수화물은 시간의 흐름에 따라 점차 유동성과 점성을 잃게 되어 굳어지게 되는데 이러한 현상을 응결이라 하고 이 과정 이후에 경화한다.

응결의 시결과 종결은 가수 후 각각 1시간 이후와 10시간 이내이며, 응결은 시멘트의 분말도, 온도 및 습도가 높을수록 빨라진다. 그러나 풍화된 시멘트를 사용하면 응결의 속도가 느리게 진행된다.

(2) 골 재

콘크리트 속에 골재가 차지하는 비율은 콘크리트 체적의 약 65~80% 정도이다. 따라서 골재의 품질은 콘크리트의 강도, 유동성, 내구성 및 수밀성 등 콘크리트의 품질에 큰 영향을 미친다.

① 골재의 종류

㈎ 입자의 크기에 의한 분류
- 잔골재 : 5mm 표준망체로 중량비 85% 이상 통과하는 골재
- 굵은골재 : 5mm 표준망체로 중량비 85% 이상 남는 골재

㈏ 중량에 의한 분류
- 경량골재 : 절건비중 2.0 이하의 골재로 경석, 인조 경량골재 등이 있다.
- 보통골재 : 절건비중 2.4~2.6 정도로 강모래, 강자갈 및 깬자갈 등이 있다.
- 중량골재 : 절건비중 2.7 이상의 골재로 철광석 등이 있다.

② 골재의 품질

골재는 깨끗하고 단단하며 먼지나 흙, 유기불순물, 염분 등이 포함되지 않고 소요의 내화성과 내구성을 가져야 한다.

골재의 모양은 콘크리트의 유동성을 갖도록 직육면체나 정육면체에 가까운 것이 좋으며, 매끄러운 것, 납작한 것, 길쭉한 것 또는 예각으로 된 것은 좋지 않다.

또한 골재의 강도는 시멘트 페이스트의 강도보다 커야 한다.

③ 골재의 비중

비중이란 골재의 중량을 그의 용적으로 나눈 값을 말하며, 비중이 클수록 치밀하여 흡수량이 낮고 내구성도 크다. 일반적으로 표건 상태에서 잔골재의 비중은 2.50~2.65, 굵은골재의 비중은 2.55~2.70 정도이다.

④ 실적률과 공극률

단위용적 중에 골재가 차지하는 실용적의 백분율을 실적률이라 하고, 공극이 차지하는 용적비율을 공극률이라 한다.

실적률이 클수록 골재의 모양과 입도가 좋고 콘크리트의 건조수축이 적으며 콘크리트의 밀도, 수밀성 및 내구성 등이 증대된다.

⑤ 굵은골재의 치수

골재의 치수가 크면 물, 시멘트, 골재의 양이 감소하므로 강도, 내구성, 경제성에 유리하나, 골재의 치수가 너무 크면 콘크리트의 비빔, 부어넣기, 다짐 등에 지장을 준다. 따라서 굵은골재의 최대치수는 사용장소에 따라 [표 2. 2]와 같다. 또한 골재의 최대치수는 철근간격의 3/4 이하, 거푸집 양 내측면 사이의 최소거리의 1/5 이하, 슬래브 두께의 1/3 이하로 한다.

[표 2. 2] 굵은골재의 최대치수

사용 장소	굵은골재의 최대치수(mm)		
	강자갈	깬자갈, 고로슬래그	경량골재
기둥, 보, 슬래브, 벽	20, 25	20	15, 20
기초	20, 25, 40	20, 25, 40	15, 20

⑥ 골재의 안정성

내구성이 좋은 콘크리트는 골재의 온도, 습도의 변화나 동결, 융해작용 등에 대해 물리적, 화학적으로 안정적이어야 한다.

⑦ 유해물질

골재에 함유되어 있는 유해물질에는 먼지, 점토덩어리, 염분 등이 있으며 이는 콘크리트의 강도 및 내구성을 저하시킨다.

특히, 염분의 함유량이 0.04%를 초과하면 철근의 부식속도가 급격히 빨라져 철근콘크리트 구조의 내구성을 감소시킨다.

(3) 혼화재료

혼화재료란 시멘트, 물, 골재 이외의 재료로서 모르타르, 콘크리트에 특별한 품질을 부여하거나 성질을 개선시키기 위하여 첨가되는 재료이다.

① 혼화제

기포작용, 분산작용, 습윤작용에 의한 표면 활성제로서 콘크리트의 성질, 워커빌리티, 응결시간, 압축강도, 중성화, 동결융해작용 및 수화열 억제 등의 개선을 위하여 사용하는 것으로 다음과 같은 종류가 있다.
  (가) 작업성능, 동결융해 저항성능의 향상 : AE제
  (나) 단위수량, 단위 시멘트량의 감소 : 감수제, AE감수제
  (다) 강력한 감수효과와 강도의 증가 : 고성능 감수제
  (라) 강력한 감수효과를 이용한 유동성의 개선 : 유동화제
  (마) 응결, 경화시간의 조절 : 촉진제, 지연제
  (바) 염화물에 의한 강재의 부식억제 : 방청제
  (사) 기포를 발생시켜 충전성, 경량화 등에 이용 : 기포제, 발포제
  (아) 점성, 응집작용 등을 향상시켜 재료분리를 억제 : 수중콘크리트용 혼화제

② 혼화재

혼화재는 초미립자로 단위수량감소 및 워커빌리티, 압축강도 등의 개선을 위하여 사용하는 것으로 플라이 애시, 실리카흄, 팽창재, 수축저감재 등이 있다.

2.3 콘크리트의 성질

(1) 압축강도

콘크리트의 역학적 성질은 압축강도로 대표되고 있다. 압축강도 시험용 공시체는 직경 150mm, 높이 300mm의 원주형 공시체로 28일간 표준양생을 하며 압축시험에 의한 압축강도를 구하는 방법은 다음과 같다.

$$압축강도 : f_{ck} = \frac{P}{A} = \frac{P}{\frac{\pi d^2}{4}} \ (N/mm^2, MPa, 10^6 Pa) \cdots (2.1)$$

여기서, P : 압축강도
A : 공시체의 단면적
d : 원주공시체의 직경

또한, 콘크리트의 압축강도에 영향을 주는 요인은 다음과 같다.

① 사용재료 품질의 영향
　㈎ 시멘트
　　시멘트 강도가 높을수록 콘크리트 강도가 높아진다.
　㈏ 골재의 크기
　　보통콘크리트는 골재의 크기가 강도에 미치는 영향은 적으나 고강도 콘크리트는 골재가 클수록 강도는 작아진다.
　㈐ 혼합수
　　기름, 산, 염류, 유기물 등이 포함되지 않아야 한다.

② 배합의 영향
　㈎ 물-시멘트비(w/c)
　　물-시멘트비가 클수록 콘크리트의 강도는 낮아진다.
　㈏ 공기량
　　공기량이 증가하면 콘크리트 강도는 낮아지며, 공기량이 1% 증가하면 강도는 4~6% 감소한다.

③ 시공방법의 영향
　㈎ 비빔방법
　　콘크리트 강도는 기계비빔방법에 의한 경우가 손비빔방법의 경우보다 10~20% 증가한다.
　㈏ 진동다짐
　　된 반죽의 경우 진동다짐을 하면 충전성이 향상되어 강도가 높아지나 묽은 반죽의 경우에는 효과가 거의 나타나지 않는다.

④ 양생방법의 영향
　양생은 콘크리트에 충분한 습도와 적당한 온도를 제공하는 것으로 양생이 잘될수록 강도가 높아진다.
　양생방법에는 습윤상태를 유지하여 콘크리트 중의 수분이 급격히 증발하지 않도록 하는 습윤양생법과 시멘트의 수화반응을 촉진시키기 위하여 증기, 온수 및 전열 등으로 양생하는 보온양생법이 있다.

⑤ 재령의 영향
　재령이란 콘크리트 타설 후의 시간을 말하며, 재령이 길수록 콘크리트 강도는 증가하고 시간이 경과할수록 강도의 증가율은 떨어진다.

⑥ 시험방법의 영향

㈎ 공시체의 모양과 크기

콘크리트의 강도는 직경의 2배 높이를 갖는 원주형 공시체를 표준 공시체로 하여 재령 28일의 압축강도를 기준으로 한다. 영국과 프랑스, 독일에서는 입방체를 기준으로 하고 있으며 입방체의 압축강도가 원주형 공시체의 압축강도보다 크게 나타난다.

일반적으로 입방체와 원주형 공시체의 압축강도의 비를 1 : 0.85로 환산하며 공시체의 크기, 직경의 높이의 비에 따라 콘크리트의 압축강도 환산계수는 [표 2. 3]과 같다.

[표 2. 3] 압축강도의 환산계수

공시체 형태	치수(mm)	환산계수
원 주 형	$\phi100 \times 200$	0.97
	$\phi150 \times 300$	1.0
	$\phi250 \times 500$	1.05
입 방 체	100	0.8
	150	0.8
	200	0.83
	300	0.9

㈏ 공시체 표면의 영향

공시체의 가압면에 일정한 압력이 가해지도록 공시체의 표면을 캡핑 또는 그라인딩하면 강도는 높아진다.

㈐ 재하속도와 온도

재하속도가 빠를수록 강도는 높게 나타나나(규준의 재하속도 : 0.15~0.35MPa/sec), 온도가 높아지면 강도는 낮게 나타난다.

예제 2.1 콘크리트 표준 공시체(ϕ150mm×300mm)의 압축강도 시험결과 500kN에서 파괴되었을 때 콘크리트의 압축강도를 구하라.

【풀이】 $f_{ck} = \dfrac{P}{A} = \dfrac{P}{\dfrac{\pi d^2}{4}} = \dfrac{500 \times 10^3}{\dfrac{\pi \times 150^2}{4}} = 28.3 \, \text{MPa}$

(2) 인장강도

일반적으로 콘크리트의 인장강도는 압축강도의 약 1/10~1/15 정도이다. 이러한 콘크리트의 인장강도를 구하는 시험법에는 다음과 같은 종류가 있다.

① 직접 인장강도 시험법

콘크리트로 제작된 인장시험편을 직접 인장하여 인장강도를 구하는 방법으로 시험편의 미세한 균열에 의한 영향이 크게 나타난다.

② 쪼갬 인장강도 시험법

쪼갬 인장강도 시험법은 [그림 2. 1]과 같으며, 쪼갬 인장강도는 다음 식으로 산정한다.

$$f_t = \frac{2P}{\pi d l} \quad \cdots\cdots\cdots\cdots\cdots\cdots\cdots\cdots\cdots\cdots\cdots\cdots\cdots\cdots\cdots\cdots\cdots\cdots\cdots\cdots (2.2)$$

여기서, f_t : 쪼갬 인장강도
P : 최대하중
d : 원주공시체의 직경
l : 원주공시체의 길이

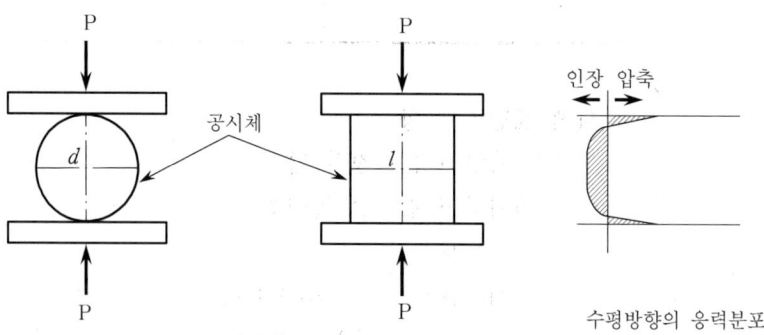

[그림 2. 1] 쪼갬 인장강도 시험

예제 2. 2 콘크리트 표준 공시체(ϕ150mm×300mm)의 인장강도 시험결과 200kN에서 파괴되었을 때 콘크리트의 인장강도를 구하라.

【풀이】 $f_t = \dfrac{2P}{\pi d l} = \dfrac{2 \times 200 \times 10^3}{\pi \times 150 \times 300} = 2.83\,\text{MPa}$

③ 휨파괴강도 시험법

휨파괴강도 시험법은 휨시험체(150mm×150mm×750mm)의 중앙집중 하중방법과 3등분점 재하방법이 있으며 휨파괴강도는 다음 식으로 산정한다.

$$f_r = \frac{M}{Z} \text{ (규준 : } f_r = 0.63\sqrt{f_{ck}} \text{)} \quad \cdots\cdots\cdots\cdots\cdots\cdots\cdots\cdots (2.3)$$

여기서, f_r : 휨파괴강도
M : 휨모멘트
Z : 단면계수($= \frac{bh^2}{6}$)

(3) 부착강도

콘크리트의 부착강도는 일반적으로 압축강도에 비례한다. 그러나 압축강도가 25MPa를 넘으면 크게 증가하지 않는다. 부착강도의 시험방법은 인발시험(Pull-out test)에 의하며 철근의 종류, 철근의 위치, 묻힌 길이, 콘크리트의 피복두께 등에 따라 달라진다.

(4) 콘크리트의 탄성계수

① 응력-변형도 곡선

콘크리트의 원주형 공시체에 압축하중을 가하면 변형이 증가하여 변형도가 0.002(0.2%)에 도달하게 되며 [그림 2.2]와 같이 최대압축강도에 다다르고 그 후에는 응력도가 하향으로 나타나게 된다. 이와 같이 강도가 낮은 것일수록 곡선은 평평하고, 강도가 높은 것일수록 뾰족해지고 있듯이 고강도 콘크리트는 취성적인 거동을 나타낸다.

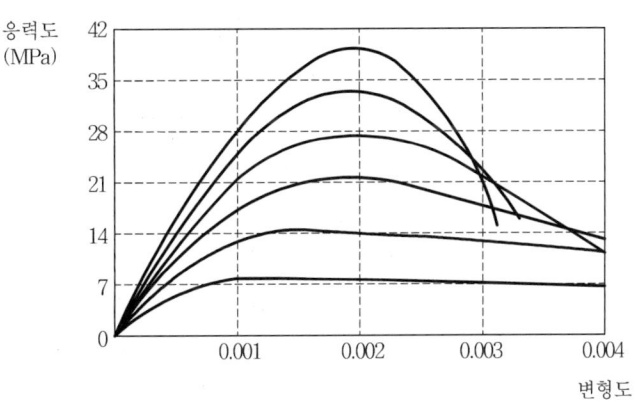

[그림 2.2] 콘크리트의 응력-변형도 곡선

② 탄성계수(Elastic Modulus)

콘크리트의 탄성계수(E_c)는 [그림 2. 3]과 같이 응력의 크기에 따라 다르므로 보통 압축강도의 1/3, 또는 1/4에 상당하는 응력점에서 구한 할선탄성계수(Secant modulus)를 사용한다. 콘크리트 탄성계수는 압축강도에 비례하며 철근콘크리트 구조계산에 사용되는 탄성계수는 다음과 같다.

$$E_c = \frac{\sigma_p}{\varepsilon_p} \quad \cdots \cdots (2.4)$$

여기서, σ_p : 응력-변형도 곡선 중 최대응력의 40%에서의 응력도
ε_p : σ_p에서의 변형도

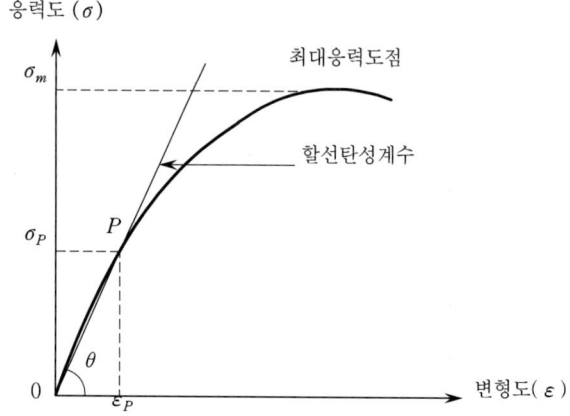

[그림 2. 3] 콘크리트의 탄성계수

㈎ 콘크리트 구조설계 규준에 의한 계산

- $E_c = 0.077 m_c^{1.5} \sqrt[3]{f_{cu}} \text{(MPa)}$ $\cdots \cdots$ (2. 5)

여기서, m_c : 콘크리트의 단위체적당 질량으로
$1{,}450 \leq m_c \leq 2{,}500 \text{kg/m}^3$
무근콘크리트 $m_c = 2{,}300 \text{kg/m}^3$,
철근콘크리트 $m_c = 2{,}350 \text{kg/m}^3$

f_{cu} : 재령 28일에서의 콘크리트 압축강도로
$f_{cu} = f_{ck} + \Delta f$
여기서, Δf는 f_{ck}가 40MPa 이하이면 4MPa, 60MPa 이상이면 6MP이고, 그 사이는 직선 보간으로 구한다.

따라서 보통콘크리트의 경우, $E_c = 8{,}500 \sqrt[3]{f_{cu}} \text{(MPa)}$ $\cdots$ (2. 6)

예제 2.3 콘크리트의 압축강도가 $f_{ck}=24\text{MPa}$일 때 적용시킬 콘크리트의 탄성계수 E_c를 구하라.

【풀이】 $E_c=8,500\sqrt[3]{f_{cu}}$에서 $f_{cu}=f_{ck}+4=24+4=28$

∴ $E_c=8,500\sqrt[3]{28}=25,811\,\text{MPa}$

예제 2.4 콘크리트의 설계기준강도가 $f_{ck}=40\text{MPa}$일 때 적용시킬 콘크리트의 탄성계수 E_c를 구하라.

【풀이】 $E_c=8,500\sqrt[3]{f_{cu}}$에서 $f_{cu}=f_{ck}+4=40+4=44$

∴ $E_c=8,500\sqrt[3]{44}=30,008\,\text{MPa}$

(나) 전단탄성계수 및 푸아송 비

콘크리트의 전단응력과 전단변형도의 비례상수를 전단탄성계수라 한다. 전단탄성계수는 비틀림 시험으로부터 구할 수 있으며 탄성계수와의 관계는 다음과 같다.

$$G=\frac{1}{2(1+\nu)}E \quad\quad\quad\quad\quad\quad\quad (2.7)$$

여기서, G : 콘크리트의 전단탄성계수
ν : 콘크리트의 푸아송 비
E : 콘크리트의 탄성계수

콘크리트는 길이방향으로 압축을 받을 때 그와 직각방향으로는 팽창하게 된다. 이 길이방향의 변형도에 대해 직각방향 변형도의 비율을 푸아송 비(Poisson's ratio, ν)라 한다. 콘크리트의 푸아송 비는 약 0.15~0.2이므로 보통 0.17의 값을 취한다. 푸아송 비의 역수를 푸아송 수(Poisson's number, m)라 하며 보통 콘크리트에서는 m=6으로 한다.

(5) 크리프(Creep)

일정한 하중이 지속적으로 작용하면 변형은 시간이 경과함에 따라 계속 증가하며 이와 같이 지속 하중하에서 발생하는 소성변형을 크리프(Creep)라 한다. 지속 하중의 크기가 강도의 85% 이상이 되면 크리프의 변형은 이미 일정값을 넘어 콘크리트는 파괴된다.

크리프 진행과정은 재하기간에 따라서는 초기 3개월 이내에 전체 크리프 변형의 50% 이상이, 6개월 이내에 약 70~80% 정도의 크리프 변형이 일어나며, 그 후 완만하게 증가하여 4~5년 경과 후에는 크리프 현상이 완료된다.

또한, 콘크리트의 크리프를 증가시키는 요인은 다음과 같다.

① 하중의 크기가 큰 경우
② 재령이 적은 콘크리트에 재하시기가 빠른 경우
③ 콘크리트 제조시 물시멘트비가 큰 경우
④ 양생조건에서는 온도가 높고 습도가 낮은 경우
⑤ 부재설계시 단면의 치수가 작은 경우

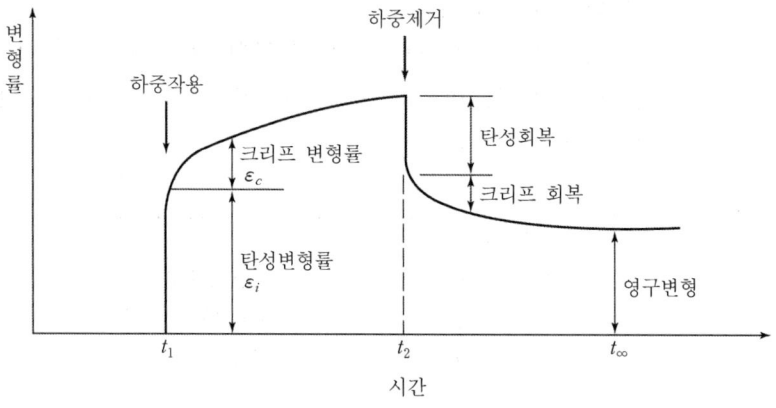

[2. 4] 콘크리트의 탄성 및 크리프 변형률

(6) 경화 및 건조수축

일반적으로 콘크리트의 경화 및 건조에 따른 수축형태는 다음과 같다.

① 경화수축

수중양생된 콘크리트는 초기에 천천히 팽창한 후 안정되어 거의 일정한 상태로 되지만, 외부로부터 수분공급이 차단되거나 수분의 증발이 없는 경우에도 수화반응이 진행되어 시멘트와 물의 절대용적이 감소되면서 수축을 하게 된다.

② 건조수축

콘크리트를 공기 중에서 양생하면 수분의 유출 및 증발로 인하여 초기에 많이 수축한다.

시멘트가 수화하는데 필요한 물의 양은 시멘트 무게의 약 25% 정도이지만 콘크리트의 유동성을 확보하기 위하여 최소 40% 이상의 물시멘트비가 필요하다. 이때 나머지 물은 건조시 증발하게 되고 콘크리트는 수축을 하게 되는데 이러한 현상을 건조수축(Shrinkage)이라 한다. 건조수축은 일반적으로 다음과 같은 요인에 따라 증가한다.

㈎ 단위수량이 큰 콘크리트 배합의 경우
㈏ 단위시멘트량이 많은 콘크리트 배합의 경우
㈐ 공기량이 많이 포함된 배합의 경우
㈑ 분말도가 낮은 시멘트와 흡수량이 큰 골재를 사용한 콘크리트 배합의 경우
㈒ 양생 온도가 높고 습도가 낮은 경우
㈓ 부재단면의 치수가 작은 경우

③ 건조수축의 영향

구속된 부재에서 건조수축은 인장응력을 발생시키며 이 응력이 콘크리트의 인장강도보다 크면 건조수축 균열이 발생한다.

(7) 내구성(Durability)

기상 작용, 침식 작용, 화학 및 생물학적 작용에 대한 콘크리트의 저항성능을 내구성이라 하며, 콘크리트의 내구성에 영향을 미치는 열화요인은 다음과 같다.

① 중성화

대기 중 탄산가스의 작용을 받아 콘크리트 중의 수산화칼슘이 서서히 탄산칼슘으로 변화하면서 알칼리성을 잃게 되어 중성화되는 현상을 말한다.

$$CO_2 + Ca(OH)_2 \rightarrow CaCO_3 + H_2O$$

② 알칼리 골재반응

포틀랜드 시멘트 중에서 알칼리 성분과 골재 등의 실리카 광물이 화학반응을 일으켜 팽창을 유발시키는 반응을 말한다.

③ 염해

콘크리트 내의 염화물질이 강재를 부식시킴으로서 콘크리트 구조물에 손상을 끼치는 현상을 말한다.

④ 동해

콘크리트 내의 수분이 동결됨에 따라 팽창하고, 동결과 해동이 반복 발생되어 콘크리트 조직에 영향을 미쳐 균열, 표면층의 바리 등이 발생되는 현상을 말한다.

2. 4 철근의 성질

(1) 철근의 종류

콘크리트를 보강하기 위한 강재로는 원형철근, 이형철근, 용접철망 등이 있으나, 실제 건축현장에서는 이형철근 및 용접철망이 주로 사용된다.

① 이형철근

철근의 형상은 [그림 2. 5]와 같으며 철근의 강도 f_y는 240MPa 이상의 것으로 SD 240으로 표시하며 숫자는 하위항복점강도(MPa)를 뜻한다.

이형철근의 종류 및 기계적 성질은 [표 2. 4]와 같으며, 일반적으로 슬래브는 D10~D13, 보는 D16~D25, 기둥은 D16~D32가 주로 사용된다.

② 용접철망

용접철망은 철선을 양방향으로 직교시켜 그 교차점을 용접·접합한 격자형의 철망이다. 용접철망은 주로 슬래브나 벽의 주근 또는 다른 부재의 보조철근으로 사용한다.

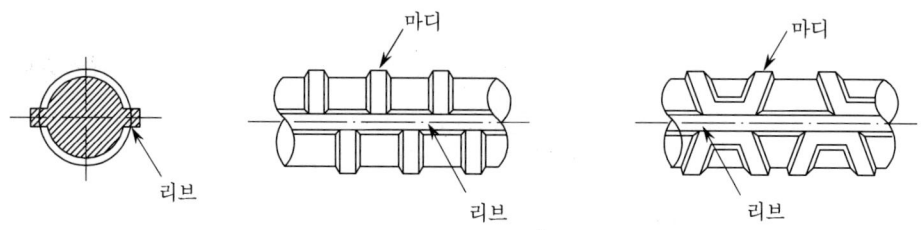

[그림 2. 5] 이형철근의 형상

[표 2. 4] 철근의 종류 및 기계적 성질

종 류	기 호	기계적 성질			
		인장강도 (MPa)	항복점강도 (MPa)	시험편	연신율(%)
1종	SD 240	390~530	240 이상	2호에 준한 것 3호에 준한 것	18 이상 22 이상
2종	SD 300	490~630	300 이상	2호에 준한 것 3호에 준한 것	13 이상 18 이상
3종	SD 350	500 이상	350 이상	2호에 준한 것 3호에 준한 것	18 이상 20 이상
4종	SD 400	570 이상	400 이상	2호에 준한 것 3호에 준한 것	16 이상 18 이상
5종	SD 500	630 이상	500 이상	2호에 준한 것 3호에 준한 것	12 이상 14 이상

③ 고강도 철근

보통강도의 철근보다 인장강도가 크고, 항복점강도 (f_y)가 350MPa 이상의 것을 일반적으로 고강도 철근이라 한다. 철근의 강도는 [그림 2. 6]와 같이 강도가 높아짐에 따라 파괴점에 이를 때까지의 변형률, 즉 연신율이 떨어지는 재료의 취성적인 성질을 나타낸다. 따라서 고강도 철근을 사용할 때는 콘크리트의 강도가 큰 것을 사용해야 유리하다.

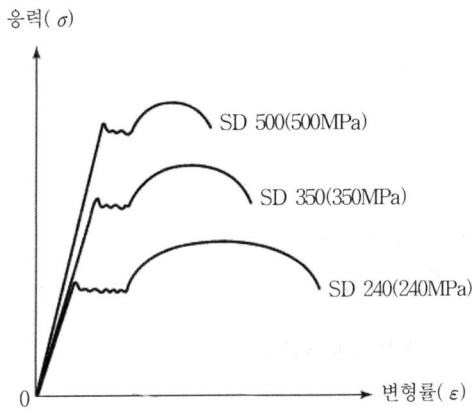

[그림 2. 6] 고강도 철근의 응력-변형률 곡선

(2) 철근의 탄성계수

① 응력-변형률 곡선

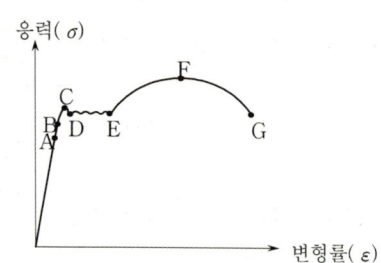

A : 비례한계점
B : 탄성한계점
C : 상위항복점
D : 하위항복점
E : 변형률경화 시작점
F : 인장강도(최대강도)점
G : 파괴강도점

[그림 2. 7] 철근의 응력-변형률 곡선

㈎ 비례한계점(A) : 응력과 변형률이 정비례하는 구간으로 Hooke의 법칙이 성립된다.

㈏ 탄성한계점(B) : B점까지 하중을 가했다가 제거하면 변형이 완전히 회복되는 점으로 비례한계점(A)과 거의 근접해 있다.

㈐ 항복점(C, D) : 항복점에 도달하면 하중의 증가없이 변형률만 증가한다. 일반적으로 항복강도(f_y)는 하위항복점(D)을 기준으로 한다.

㈑ 변형률 경화구역(E~F) : 변형률가 E점에 도달하면 응력도는 다시 증가하게 된다. 응력도가 F점에 이르렀을 때 최대의 강도를 보이지만 재료는 파괴되지 않는다.

㈒ 변형률 연화구역(F~G) : 인장강도(최대강도)점(F)을 지나면 응력도는 감소하면서 변형률만 증대되어 파괴점(G)에 이른다.

② 탄성계수

철근의 탄성계수는 [그림 2. 7]의 응력-변형률 곡선에서 OA의 기울기를 말하며 다음의 값을 사용한다.

$$E_s = 200{,}000 \, \text{MPa} \quad \cdots\cdots\cdots\cdots\cdots\cdots\cdots\cdots\cdots\cdots\cdots\cdots\cdots\cdots\cdots\cdots\cdots\cdots \quad (2.\,8)$$

(3) 철근의 간격

콘크리트 속에 묻히는 철근의 간격(안목치수)은 철근과 콘크리트와의 부착력을 확보하면서 콘크리트 타설을 용이하게 하기 위하여 다음 값 이상으로 한다.
① 25mm 이상(기둥 : 40mm 이상)
② 철근 공칭직경 이상(기둥 : 철근 직경의 1.5배 이상)
③ 굵은골재 최대치수의 4/3배 이상

(4) 철근의 피복

철근의 피복은 콘크리트와의 부착력 확보, 내구성 및 내화성을 확보하기 위하여 필요하다. 또한, 철근의 피복두께란 콘크리트 표면으로부터 최단거리에 있는 철근의 표면까지의 거리를 말한다.

① 부착력 확보를 위한 피복두께

철근의 콘크리트에 대한 부착응력도는 피복두께가 철근직경의 1.5배(1.5D)를 유지하여야 한다.

② 내구성 확보를 위한 피복두께

콘크리트는 공기 중의 이산화탄소(CO_2)에 의해 서서히 알칼리성을 잃고 중성화되면서 철근이 부식하게 된다. 따라서 흙에 접하거나, 비중이 낮고 중성화가 빠른 콘크리트, 경량 콘크리트, 제치장 콘크리트에서는 피복두께를 1cm 정도 증가시킨다.

③ 내화성 확보를 위한 피복두께

철근의 강도는 약 500℃ 정도에서 1/2로 감소하므로 화재시(800~1,200℃)에는 콘크리트의 피복이 반드시 필요하다. 따라서, 콘크리트 보나 기둥은 2시간 내화를 고려하여 30mm 이상, 벽이나 바닥은 1시간 내화를 고려하여 20mm 이상으로 한다.

(5) 철근의 피복두께

① 현장치기 콘크리트

현장치기 콘크리트의 최소 피복두께는 [표 2. 5]와 같다.

[표 2. 5] 현장치기 콘크리트의 최소 피복두께

표면조건	부재	철근	피복두께
흙에 묻히거나 수중에 있는 콘크리트	모든 부재	모든 철근	80mm
흙에 접하거나 옥외에 노출되는 콘크리트	모든 부재	D29 이상	60mm
		D25 이하	50mm
		D16 이하 철근, 지름 16mm 이하의 철선	40mm
옥외 또는 흙에 접하지 않는 콘크리트	슬래브, 벽체, 장선	D35 초과	40mm
		D35 이하	20mm
	보, 기둥	모든 철근	40mm
	쉘, 절판	모든 철근	20mm

[주] 옥외의 공기나 흙에 직접 접하지 않은 콘크리트는 보, 기둥의 경우 콘크리트의 설계기준강도가 40MPa 이상이면 규정된 값에서 최소 피복두께를 10mm 감소시킬 수 있다.

② 부식환경에 노출되는 콘크리트

콘크리트가 심한 침식 또는 염해를 받는 해안환경에 노출되거나 심한 화학작용을 받는 경우의 최소 피복두께는 [표 2. 6]과 같다.

[표 2. 6] 부식환경에 노출된 콘크리트의 최소 피복두께

종류	부재	피복두께
현장치기 콘크리트	벽체, 슬래브	50mm
	기타 부재	70mm
프리캐스트 콘크리트	벽체, 슬래브	40mm
	기타 부재	50mm

[주] 구조물을 증축할 목적으로 표면에 노출시키는 강재의 경우 부식으로부터 보호되어야 한다.

(6) 내화구조물

① 내화구조물의 철근 피복두께

내화구조물의 철근 피복두께는 화열의 온도, 지속시간, 사용골재의 성질 등을 고려하여 슬래브는 30mm 이상, 기둥 및 보는 50mm 이상이다.

② 장시간 고열을 받는 구조물의 피복두께

장시간 고열을 받는 굴뚝 내면과 같은 구조물은 특수한 보호공사나 최소 피복두께보다 더 큰 피복두께를 필요로 한다.

제3장 설계하중과 구조설계법

3. 1 구조물에 작용하는 하중

3. 2 허용응력도 설계법
 (Working Stress Design Method, WSD)

3. 3 강도설계법
 (Ultimate Strength Design Method, USD)

3. 4 한계상태 설계법
 (Limit State Design Method, LSD)

REINFORCED CONCRETE

제3장
설계하중과 구조설계법

3.1 구조물에 작용하는 하중

(1) 일반사항

건축구조물은 여러가지 형태의 하중이 건축물에 조합적으로 작용하게 되고, 구조설계자는 이들 조합의 모든 경우를 고려하여 건축물이 안전하도록 설계하여야 한다. 하중은 고정되어 지속적으로 작용하는 고정하중과 시간에 따라 이동할 수 있는 활하중으로 구분된다.

건축물의 구조계산에 적용되는 설계하중은 고정하중(D), 활하중(L), 적설하중(S), 풍하중(W), 지진하중(E), 토압 또는 수압(H), 유체압(F), 온도하중(T) 등으로 구분된다.

철근콘크리트 건물은 고층화 및 장대화되는 추세에 따라 고층건물의 경우 풍하중 및 지진하중과 같은 횡하중의 영향이 증가하였고, 또한 지하층 수의 증가에 따라 토압 및 수압의 영향도 증가하게 된다.

(2) 고정하중(Dead Load)

고정하중은 구조체 자체의 중량이나 지속적으로 구조물에 작용하는 하중을 말한다. 건축재료로서 시멘트, 목재, 금속, 유리 등과 같은 재료는 밀도로부터 고정하중을 산정하고 또한 체적, 면적 또는 길이당 단위중량을 기준으로 산정한다. 건축물 각 부분에 대한 고정하중의 산정은 부록 2. 1 (1) 설계용 하중 산정표를 근거로 산정된다.

(3) 활하중(Live Load)

건축물에 적재되어 있거나 또는 이동하는 하중으로 각종 가구, 생물의 무게, 저장품 무게 등을 활하중이라고 한다. 기본 활하중은 부록 2. 2 (1), (2)와 같이 등분포하중과 집중하중으로 분류되며 구조해석시 이들 두가지 하중 중에서 해당 구조부재에 큰 응력을 발생시키는 경우를 적용하여 설계하여야 한다.

(4) 풍하중(Wind Load)

풍하중은 구조골조용 풍하중, 지붕골조용 풍하중 및 외장재용 풍하중으로 구분되며 기본적으로 각 경우에 해당되는 설계풍압 $p(N/m^2)$에 유효면적 $A(m^2)$를 곱하여 산정한다.

즉, $W = pA$ ·· (3. 1)

(5) 지진하중(Earthquake Load)

지진하중을 파악하는데는 지반의 진동 특성, 구조물의 동적 특성, 구조물의 비선형 거동 특성 등을 정확히 알아야 하며, 지진하중을 받는 구조물의 해석방법에는 여러 사항을 고려하여 등가 정적 해석법 또는 동적 해석법이 사용될 수 있다.

등가 정적 해석법은 지진하중을 등가의 정적하중으로 환산하여 구조물에 적용하는 방법이다. 이 방법은 구조물이 정형에 가깝고 기본 진동주기의 영향을 많이 받는 구조물로서 거동이 탄성적이면서 구조물과 지반이 고정되어 있는 경우에 사용한다. 동적해석법은 고차의 진동모드의 영향을 고려할 필요가 있는 비정형 또는 고층건물에 적용된다.

(6) 적설하중(Snow Load)

지붕에 작용하는 적설하중은 (3)에서 규정된 지붕의 최소 활하중보다 클 경우에 적용한다. 지붕 이외에도 적설하중의 영향이 예상되는 벽면 또는 기타 건축물의 표면에 대해서도 적설하중의 영향을 고려하여야 한다. 설계용 지붕적설하중은 지상 적설하중의 기본값(S_g)을 기준으로 하여, 기본 지붕적설하중계수(C_b), 노출계수(C_e), 온도계수(C_t), 중요도계수(I_s) 및 지붕 경사도 계수(C_s)와 기타 재하분포 상태 등을 고려하여 산정한다.

3. 2 허용응력도 설계법(Working Stress Design Method, WSD)

(1) 정 의

철근콘크리트 구조가 탄성적으로 거동한다는 가정하에서 탄성해석에 의하여 각 부재의 응력을 계산하고 이 값이 각 부재의 허용응력 이내가 되도록 설계하는 방법이다.

여기서, 부재의 응력은 예상되는 설계하중(사용하중)을 여러 가지 경우로 적용시켜 가장 불리한 응력상태가 되는 하중조합을 선택한다. 이 하중조건에서 탄성해석에 의하여 부재응력을 계산한다.

(2) 허용응력

허용응력은 설계강도를 안전율로 나눈 값이며, 여기서의 안전율은 설계하중, 재료강도, 부재치수 및 시공오차 등을 고려한 것으로 구조계산 가정에 따른 계산과 설계와의 차이에 대하여 안전하도록 정한 것이다.

즉, 부재의 강도와 그 부재가 지지할 수 있는 예상 최대응력의 비로 경험과 통계적인 방법에 의하여 결정한 것이다.

(3) 설계법의 특징

① 허용응력에 의하여 설계된 각 요소의 부재들은 특별한 경우를 제외하고는 변형(처짐)에 대한 안전도가 높다.
② 콘크리트가 파괴될 때의 응력과 변형은 이론과 실제가 잘 맞지 않는다.
③ 부재의 종류나 하중 특성에 관계없이 일률적인 안전율을 사용하기 때문에 부재 사이의 안전도가 균일하지 않다.
④ 안전율은 경험에 의해 결정된 것으로 통계적 판단으로서 근거가 분명하지 않다.

3. 3 강도설계법(Ultimate Strength Design Method, USD)

(1) 정 의

부재의 극한강도를 기준으로 철근콘크리트 부재가 항복한 후에도 부재의 연성에 의하여 구조물이 붕괴되기 전까지 하중지지능력을 최대한 반영한 설계법으로 각 부재의 소요강도를 계산하고 이 값이 설계강도 이내가 되도록 설계하는 방법이다.

즉, 소요강도≤설계강도

$$\left.\begin{array}{l}M_u \leq \phi M_n \\ V_u \leq \phi V_n \\ P_u \leq \phi P_n\end{array}\right\} \quad \cdots\cdots\cdots\cdots\cdots\cdots\cdots\cdots\cdots\cdots\cdots\cdots\cdots\cdots\cdots\cdots\cdots\cdots\cdots\cdots\cdots\cdots\cdots\cdots\cdots\cdots\cdots\cdots\cdots\cdots (3.2)$$

(2) 설계법의 특징

① 부재단면의 극한강도는 실제의 응력-변형률 곡선에 의한 재료의 비선형 성질을 고려한 것이다.
② 하중분포에 대한 불확실성 등을 반영한 하중계수에 의하여 하중의 특성을 설계에 반영한다.
③ 파괴에 대한 안전도의 확보가 명확하다.
④ 사용성의 확보를 위해서는 처짐, 진동 등에 대한 별도의 검토가 필요하다.

(3) 소요강도

다음은 콘크리트 구조설계 기준(2007)에 명시된 하중조합에 따른 하중계수이다. 다음에 제시된 하중계수와 하중조합을 모두 고려하여 해당 구조물에 작용하는 최대 소요강도에 대하여 만족하도록 설계하여야 한다.

① $U = 1.4(D+F)$
② $U = 1.2(D+F+T) + 1.6(L + \alpha_H H_v + H_h) + 0.5(L_r$ 또는 S 또는 $R)$
③ $U = 1.2D + 1.6(L_r$ 또는 S 또는 $R) + (1.0L$ 또는 $0.65W)$
④ $U = 1.2D + 1.3W + 1.0L + 0.5(L_r$ 또는 S 또는 $R)$
⑤ $U = 1.2(D+H) + 1.0E + 1.0L + 0.2S + (1.0H_h$ 또는 $0.5H_h)$
⑥ $U = 1.2(D+F+T) + 1.6(L + \alpha_H H_v) + 0.8H_h + 0.5(L_r$ 또는 S 또는 $R)$
⑦ $U = 0.9(D+H) + 1.3W + 1.6(\alpha_H H_v + H_h)$
⑧ $U = 0.9(D+H) + 1.0E + 1.6(\alpha_H H_v + H_h)$

(부호) D : 고정하중
F : 유체의 압력 및 중량
H_v : 토피의 두께에 따른 연직 토압 및 지하수압
α_H : 토피의 두께에 따른 연직방향 H_v에 대한 보정계수
　　$h \leq 2\mathrm{m}$에 대해서 $\alpha_H = 1.0$
　　$h > 2\mathrm{m}$에 대해서 $\alpha_H = 1.05 - 0.025h \geq 0.875$
H_h : 토피의 두께에 따른 횡방향 토압 및 지하수압

L : 활하중
L_r : 지붕 활하중
S : 설하중
R : 강수하중
E : 지진하중
W : 풍하중
T : 건조수축 또는 온도변화, 부동침하, 크리프 등에 따른 힘

소요강도 U는 위와 같이 계수하중으로 표현할 수 있다. 계수 값은 어떤 구조물의 사용기간 동안 받는 하중의 작용 정도를 고려하여 값을 달리하게 된다. 예를 들어 고정하중은 변동 가능성이 적고 비교적 예측이 정확하기 때문에 활하중보다 작은 계수 값을 갖게 된다. 또한, 소요강도를 계산하는데 있어서 다음의 몇 가지 사항을 고려하여야 한다.

- 차고, 공중집회 장소 및 $L=5.0\text{kN/m}^2$ 이상인 장소 이외에는 위의 식 ③, ④, ⑤에서 활하중 L에 대한 하중계수를 0.5로 감소시킬 수 있다.
- 식 ⑤, ⑧에서 지진하중 E에 대하여 붕괴방지 수준이 아니라 지진 후 구조물의 기능수행이 가능한 사용수준 지진력을 사용하는 경우에는 1.0E 대신 1.4E를 사용한다.
- 구조물에 충격의 영향이 있는 경우에는 활하중(L)에 충격효과(I)가 포함된 ($L+I$)로 대체하여 위의 식들을 적용하여야 한다.

예제 3.1 $D.L=100\text{kN}$, $L.L=150\text{kN}$의 하중이 작용할 때 철근콘크리트 부재의 소요강도를 구하라.

【풀이】 $U=1.2D+1.6L=(1.2\times100)+(1.6\times150)=360\,\text{kN}$

예제 3.2 경간 10m인 단순보에 $D.L=5\text{kN/m}$, $L.L=6\text{kN/m}$의 하중이 작용할 때 단순보의 설계용 극한모멘트 M_u를 구하라.

【풀이】
- $\omega_u=1.2\omega_D+1.6\omega_L=1.2\times5+1.6\times6=15.6\,\text{kN/m}$
- 등분포하중을 받는 단순보의 최대 휨모멘트는 중앙부에서 발생한다.

$$\therefore M_u=\frac{\omega_u l^2}{8}=\frac{15.6\times10^2}{8}=195\,\text{kN}\cdot\text{m}$$

예제 3.3 고정하중과 활하중에 의해 모멘트, 전단력, 축하중이 다음과 같이 작용하고 있을 때 모멘트, 전단력, 축하중에 대한 설계하중을 구하라.(단, 바람이나 지진은 작용하지 않는다.)

- $M_D = 200\,kN\cdot m$
- $V_D = 220\,kN$
- $P_D = 1,500\,kN$
- $M_L = 150\,kN\cdot m$
- $V_L = 170\,kN$
- $P_L = 1,200\,kN$

【풀이】 바람이나 지진하중이 작용하지 않으므로

① 설계모멘트 : $M_u = 1.2 \times 200 + 1.6 \times 150 = 480\,kN\cdot m$

② 설계전단력 : $V_u = 1.2 \times 220 + 1.6 \times 170 = 536\,kN$

③ 설계축하중 : $P_u = 1.2 \times 1,500 + 1.6 \times 1,200 = 3,720\,kN$

(4) 설계강도

설계강도는 구조물의 부재, 부재 간의 접합부 및 각 부재 단면이 견딜 수 있는 휨모멘트, 축방향력, 전단 및 비틀림 등을 말하며, 재료의 성질과 구조이론에 의하여 계산되는 공칭강도에 콘크리트의 현장타설, 제품의 비균일성 등을 반영한 강도감소계수(ϕ)를 곱하여 구한다. 강도설계법의 규준에서 강도감소계수는 [표 3. 1]과 같다.

[표 3. 1] 강도감소계수

부재 또는 하중의 종류	(ϕ)
(1) 인장지배 단면	0.85

(2) 압축지배 단면
  (가) 나선철근 규정에 따라 나선철근으로 보강된 철근콘크리트 부재
  (나) 그 이외의 철근콘크리트 부재
  (다) 공칭강도에서 최외단 인장철근의 순인장변형률 ε_t가 압축지배와 인장지배 단면 사이일 경우에는 ε_t가 압축지배 변형률 한계로 증가함에 따라 ϕ값을 압축지배 단면에 대한 값에서 0.85까지 증가시킨다.
	
	0.70
	0.65

(3) 전단력과 비틀림모멘트	0.75
(4) 콘크리트의 지압력(포스트텐션 정착부나 스트럿-타이 모델은 제외)	0.65
(5) 포스트텐션 정착구역	0.85

부재 또는 하중의 종류		(ϕ)
(6) 스트럿-타이 모델	스트럿, 절점부, 지압부	0.75
	타이	0.85
(7) 긴장재 묻힘길이가 정착길이보다 작은 프리텐션 부재의 휨 단면 　㈎ 부재의 단부부터 전달길이 단부까지 　㈏ 전달길이 단부부터 정착길이 단부 사이의 ϕ값은 0.75에서 0.85까지 선형적으로 승가시킨다. 다만, 긴장재가 부재 단부까지 부착되지 않은 경우에는 부착력 저하 길이의 끝부터 긴장재가 매입된다고 가정하여야 한다.		0.75
(8) 무근콘크리트의 휨모멘트, 압축력, 전단력, 지압력		0.55

(5) 안전성 확보 방안

① 강도감소계수의 사용

　재료 및 부재의 강도는 다음과 같은 사항에 의하여 예상된 값보다 작을 수 있기 때문에 감소계수를 적용시킨다.

　㈎ 재료강도의 가변성, 시험 재하속도의 영향, 현장강도와 공시체 강도의 차이

　㈏ 철근의 위치, 부재치수의 오차 등과 같이 제작시 오차에 따른 예상된 부재와 실제 부재의 차이

　㈐ 직사각형 응력블록과 최대 변형률을 0.003으로 가정하여 식을 단순화함에 따른 오차

　㈑ 크기가 다른 철근을 연결하여 사용하는 데 따른 부재 설계강도의 차이

② 하중계수의 사용

　다음과 같은 사항에 의하여 부재에 과재하가 일어날 수 있기 때문에 하중계수를 적용시킨다.

　㈎ 부재크기의 변화, 재료밀도의 변화, 구조 및 비구조재의 변경에 의해 고정하중이 달라질 수 있으며, 또한 시간 및 건물의 용도에 따라 활하중도 달라질 수 있기 때문에 하중의 크기가 가정된 것과 다를 수 있다.

　㈏ 강성 및 경간길이 등의 가정, 구조해석시의 3차원 구조물을 모델링할 때 발생하는 부정확성 등과 같은 불확실성에 의하여 하중의 영향을 받는다.

3. 4 한계상태 설계법(Limit State Design Method, LSD)

(1) 정 의

한계상태란 구조물의 기능 또는 안전성이 발휘되지 못하는 상태를 말하는 것으로, 구조물이 한계상태로 되는 확률을 구조물의 모든 부재에 대하여 일정한 값이 되도록 하려는 설계법이다.

즉, 구조적인 신뢰성 이론에 근거를 두고 확률이론에 의하여 구조물의 사용성과 재료 강도의 한계상태가 동시에 고려되는 설계법이다.

(2) 한계상태의 분류

① 극한한계상태(ultimate limit state)

구조물의 최대 내력에 해당하는 상태를 말하는 것으로 구조물 전체 또는 부재가 파괴되려는 상태 또는 사실상 파괴라고 판단되는 상태를 가리킨다. 이는 구조체의 평형상태 상실, 단면파괴, 소성기구의 형성, 좌굴, 구조체의 불안정상태의 경우를 말한다.

② 사용한계상태(serviceability limit state)

정상적인 사용상태 또는 내구성에 관한 필요조건이 만족되지 않는 상태를 말하며, 과대한 변형, 처짐, 균열, 진동 등을 일으키는 상태를 말한다.

(3) 설계법의 특징

① 안전성은 극한 한계상태를 검토하고, 사용성은 사용 한계상태를 검토함으로서 안전성과 사용성을 동시에 설계에 반영시킬 수 있다.
② 하중과 재료에 대하여 각 부분 안전계수를 사용하여 이들의 특성을 설계에 합리적으로 반영한다.
③ 하중작용이나 재료강도 등에 관한 통계자료가 확보되어야 한다.

제1~3장 연습문제

01 철근콘크리트 구조의 원리에 관한 설명 중 옳지 않은 것은?

① 콘크리트는 철근이 녹스는 것을 방지한다.
② 콘크리트와 철근이 강력히 부착되면 철근의 좌굴이 방지된다.
③ 철근의 선팽창계수는 콘크리트의 선팽창계수의 3배 정도이다.
④ 콘크리트는 내구 내화성이 있어 철근을 피복 보호하며, 구조체는 내구·내화적이다.

02 철근콘크리트 구조의 특징에 대한 설명으로 옳지 않은 것은?

① 보의 압축응력은 콘크리트가 부담하고, 인장응력은 철근이 부담한다.
② 콘크리트는 철근이 녹스는 것을 방지한다.
③ 철근과 콘크리트는 선팽창계수가 거의 같다.
④ 자체 중량은 크지만 시공과 강도계산이 간단하다.

03 강도설계법에 의한 철근콘크리트 설계 시 보통중량 콘크리트의 설계기준강도 $f_{ck}=27\text{MPa}$일 때 콘크리트의 파괴계수 (f_r) 값은?

① 2.46MPa ② 2.79MPa
③ 2.95MPa ④ 3.27MPa

04 강도설계법에서 보통 골재를 사용한 콘크리트(단위질량=2,300kg/m³)일 경우 콘크리트의 탄성계수는?

① $E_c=200,000\text{MPa}$
② $E_c=2,000,000\text{MPa}$
③ $E_c=3,300\sqrt{f_{ck}}+7,700\text{MPa}$
④ $E_c=8,500\cdot\sqrt[3]{f_{cu}}\text{MPa}$

05 콘크리트 보의 크리프(Creep) 현상에 대한 설명 중 틀린 것은?
① 단위시멘트량이 많을수록 크다.
② 물시멘트비가 큰 콘크리트를 사용할 때 크다.
③ 보양이 나쁠수록 크다.
④ 단면의 치수가 클수록 크리프의 최종값은 크다.

06 철근콘크리트 구조물에서 철근의 최소 피복두께를 규정하는 이유로 가장 거리가 먼 것은?
① 콘크리트의 인장강도 확보 ② 철근의 부식 방지
③ 철근의 내화 ④ 철근의 부착

07 강도설계법일 경우 현장치기 콘크리트에서 옥외의 공기나 흙에 직접 접하지 않는 콘크리트 설계기준강도가 40N/mm² 이상인 기둥의 가능한 최소 피복두께로 적당한 것은?
① 50mm ② 40mm
③ 30mm ④ 20mm

08 강도설계법에 의한 철근콘크리트 부재 설계에 대한 설명으로 옳지 않은 것은?
① 서로 다른 하중의 특성을 설계에 반영할 수 있다.
② 부재강도의 계산에서는 재료의 탄성범위에 한해서 응력도-변형률 관계를 고려한다.
③ 보의 압축응력 분포도는 직사각형, 사다리꼴 또는 포물선 등으로 가정할 수 있다.
④ 콘크리트와 철근의 변형률은 중립축으로부터의 거리에 비례하며 압축연단에서 콘크리트의 최대변형률은 0.003이다.

09 강도설계법에 의한 철근콘크리트 구조물 설계에서 고정하중 $w_D = 4kN/m^2$이고, 활하중 $w_L = 5kN/m^2$인 경우 소요강도 산정을 위한 계수하중 w_U는 얼마인가?
① 9kN · m ② 10.6kN · m
③ 12.8kN · m ④ 15.3kN · m

10 고정하중이 15kN/m이고 활하중이 20kN/m인 등분포하중을 받는 스팬 8m인 철근콘크리트 단순보의 최대 소요휨모멘트는?

① 200kN·m ② 300kN·m
③ 400kN·m ④ 500kN·m

11 극한강도설계법에 의한 철근콘크리트 구조물 설계 시 소요강도에 대한 하중조합 중 틀린 것은?(단, D : 고정하중, L : 활하중, W : 풍하중, F : 지진하중)

① $U = 1.2D + 1.6L$ ② $U = 1.2D + 1.3W + 1.0L$
③ $U = 0.9D + 1.3E$ ④ $U = 1.2D + 1.0E + 1.0L$

12 강도설계법에 의한 철근콘크리트 설계 시 강도감소계수값으로 옳지 않은 것은?

① 인장지배단면 : 0.85
② 전단력 및 비틀림모멘트 : 0.75
③ 압축지배단면(띠철근기둥) : 0.70
④ 변화구간단면 : 0.65~0.85

13 콘크리트 구조 설계 시 사용하는 용어에 대한 설명이 옳지 않은 것은?

① 콘크리트 설계기준강도 : 콘크리트 부재를 설계할 때 기준이 되는 콘크리트의 압축강도
② 공칭강도 : 강도설계법의 규정과 가정에 따라 계산된 부재나 단면의 강도로 강도감소계수를 적용한 강도
③ 계수하중 : 강도설계법으로 부재를 설계할 때 사용하중에 하중계수를 곱한 하중
④ 설계하중 : 부재 설계 시 적용하는 하중

제1~3장 연습문제 해설

01 ③ 콘크리트와 철근은 선팽창계수가 서로 비슷하여 온도변화로 인한 팽창수축이 거의 같기 때문에 온도변화 시 서로 이탈하지 않고 일체화된 거동을 한다.
- 콘크리트의 선팽창계수 : $1.0 \sim 1.3 \times 10^{-5}/℃$
- 철근의 선팽창계수 : $1.2 \times 10^{-5}/℃$

02 ④ 철근콘크리트 구조는 기후, 양생조건 등 감도에 영향을 미치는 요인이 많으므로 구조물 전체의 균일한 시공이 곤란하고 강도계산도 복잡한 편이다.

03 ④ $f_r = 0.63 \times \sqrt{f_{ck}} = 0.63 \times 1.0 \times \sqrt{27} = 3.27 \text{ MPa}$

04 ④ 콘크리트 구조 기준에 의한 탄성계수
$E_c = 0.077 m_c^{1.5} \cdot \sqrt[3]{f_{cu}} \text{ (MPa)}$
보통 골재 사용 시, $m_c = 2,300 \text{ kg/m}^3$이므로
$E_c = 8,500 \cdot \sqrt[3]{f_{cu}} \text{ (MPa)}$

05 ④ 크리프(Creep)에 영향을 미치는 요인

크리프 증가	크리프 감소
• 물 · 시멘트비가 클수록 • 단위시멘트량이 많을수록 • 온도가 높을수록 • 응력이 클수록	• 상대습도 높을수록 • 부재 치수가 클수록 • 콘크리트 강도 및 재령이 클수록 • 휨재에 압축철근이 많을수록 • 골재의 입도가 양호할수록

06 철근의 피복두께를 확보하는 목적
① 철근의 부식 방지, 철근의 내화성 및 부착력 확보

07 현장치기 콘크리트에서 옥외의 공기나 흙에 직접 접하지 않는 콘크리트는 보, 기둥의 경우 최소 피복두께는
③ 40mm이며, 콘크리트의 설계기준강도가 40MPa 이상이면 규정된 값에서 최소피복두께를 10mm 저감시
킬 수 있다.

08 재료의 탄성범위 내에서 응력도-변형률 관계를 고려하는 설계법은 탄성설계법(허용응력도 설계법)이다.
②

09
③
$$\omega_u = 1.2\omega_D + 1.6\omega_L$$
$$= 1.2 \times 4 + 1.6 \times 5 = 12.8 \text{kN/m}^2$$

10
③
$$\omega_u = 1.2\omega_D + 1.6\omega_L$$
$$= 1.2 \times 15 + 1.6 \times 20 = 50 \text{kN/m}$$
$$M_{max} = \frac{\omega_u \cdot L^2}{8} = \frac{50 \times 8^2}{8} = 400 \text{ kN} \cdot \text{m}$$

11 풍하중, 지지하중 관련 하중조합
③ ① $U = 1.2D + 1.6L$
② $U = 1.2D + 1.0L + 1.3W$
③ $U = 1.2D + 1.0L + 1.0E$
④ $U = 0.9D + 1.3W$
⑤ $U = 0.9D + 1.0E$

12 • 압축지배단면 중 띠철근으로 보강된 부재 : 0.65
③ • 압축지배단면 중 나선철근으로 보강된 부재 : 0.70

13 공칭강도
② 강도설계법의 규정과 가정에 따라 계산된 부재 또는 강도를 말하며, 강도감소계수를 적용하기 이전의 강도
이다.

제4장 보의 해석과 설계

4.1 일반사항

4.2 보 해석의 기본사항

4.3 균형보

4.4 단근 직사각형 보의 해석과 설계

4.5 복근 직사각형 보의 해석과 설계

4.6 T형 보의 해석과 설계

REINFORCED CONCRETE

제4장
보의 해석과 설계

4.1 일반사항

보는 철근콘크리트 구조설계에서 가장 일반적인 부재로서, 보에 적용시킬 수 있는 구조역학의 원칙은 슬래브, 기초 및 연속보에도 적용된다. 따라서 보의 휨 거동을 이해하게 되면, 다른 구조요소를 파악하는데 큰 도움이 된다.

보에 하중이 작용하면 휨모멘트에 의하여 중립축 위쪽에 압축응력이, 아래쪽에는 인장응력이 생기며, 전단력에 의하여 보의 하중작용방향으로 전단응력이 발생한다. 이러한 응력 중 콘크리트는 인장력과 전단력에 약하기 때문에 인장응력 및 전단응력에 대하여 철근으로 보강하여야 하며, 철근과 콘크리트의 부착과 처짐 및 균열 등에 대한 검토를 해야 한다.

이와같이 보의 휨강도는 일반적으로 보의 크기를 지배하게 되므로 보의 설계시에는 우선 휨모멘트에 대하여 설계한 후에 전단설계 및 철근을 검토해야 한다.

(1) 설계 시 고려사항

철근콘크리트 보는 작용하중에 대한 소정의 강도와 강성을 확보하여야 하며, 바닥판을 효율적으로 만들 수 있도록 적절한 보 배치가 구조계획시 우선 고려되어야 하며, 동시에 보의 높이도 함께 고려되어야 한다.

또한 보의 높이는 층고가 허용하는 한 크게 하는 것이 구조적, 경제적인 측면에서 유리하다.

(2) 보의 단면 형태

① 보의 유효깊이 (d)를 크게 하면 응력중심거리 (jd)가 커짐에 따라 저항 모멘트가 커지고, 처짐에는 유리하나 층고에는 불리하다.
② 보의 폭은 저항모멘트에 의하여 산정하고 철근 배근시의 철근 간격과 피복두께를 유지할 수 있도록 산정되어야 한다.
③ 보의 폭이 좁고 깊이가 클 때에는 횡좌굴에 의해 안정성이 감소되는 것을 고려하여야 한다.
④ 유효깊이는 보폭의 2~3배 범위에서 하는 것이 경제적으로 유리하나, 실제에서는 1.5~2.5배 범위에서 설계하고 있다.

(3) 철근의 간격과 피복두께

① 철근의 크기

　보의 주근은 지름 12mm 이상, D13 이상의 철근을 사용한다.

② 철근의 순간격

　콘크리트를 타설할 때 작업이 용이하며, 콘크리트가 골고루 채워질 수 있고 부착강도를 높이기 위한 최소한의 간격이 필요하다. ([그림 4. 1] 참조)
　㈎ 주철근의 수평 순간격 : 25mm 이상, 철근의 공칭지름 또는 굵은 골재 최대치수의 4/3배 이상으로 한다.
　㈏ 상단과 하단에 2단으로 배근된 경우 : 상하 철근의 순간격은 25mm 이상으로 한다.

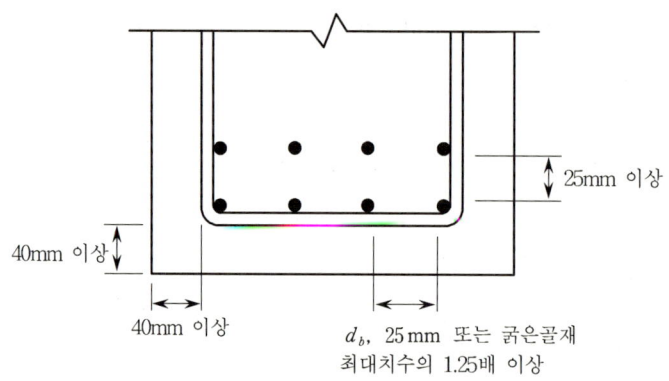

[그림 4. 1] 보의 피복두께 및 철근간격

(4) 피복두께

① 콘크리트의 표면에서 가장 바깥쪽 철근의 표면까지의 최단거리를 말한다.
② 철근의 피복두께는 철근의 부식을 방지하고 내화적인 구조물을 만들며 철근의 부착강도를 증대시키기 위하여 [표 4. 1]과 같이 유지되어야 한다.

[표 4. 1] 콘크리트의 최소 피복두께

종 류			피복 두께(mm)
수중에서 치는 콘크리트			100
흙에 접하여 콘크리트를 친 후 영구히 흙에 묻혀있는 콘크리트			80
흙에 접하거나 옥외의 공기에 직접 노출되는 콘크리트	D29 이상 철근		60
	D25 이하 철근		50
	D16 이하 철근		40
옥외의 공기나 흙에 직접 접하지 않는 콘크리트	슬래브, 벽체, 장선	D35 초과 철근	40
		D35 이하 철근	20
	보, 기둥*		40
	쉘, 절판부재		20

(5) 철근의 배근방법

① 보폭의 중심선에 대칭으로 배근한다.
② 최소 2개 이상의 인장철근을 배근한다.
③ 동일한 보에서는 동일한 직경의 철근을 사용한다.
④ 철근의 배근은 1단 배근으로 하며 최대 2단 배근 이하로 한다.
⑤ 철근 사이의 간격과 철근의 열 및 단의 간격은 기준에 따른다.

4. 2 보 해석의 기본사항

(1) 기본 가정

철근콘크리트 보의 연성적 거동을 확보하고 비교적 간편하게 설계하기 위하여 적절한 가정이 필요하다. 강도설계법에서 적용하는 기본 가정은 다음과 같다.
① 평면단면은 휨이 발생한 후에도 평면을 유지한다.
② 철근과 콘크리트의 변형률은 중립축으로부터의 거리에 비례한다.

③ 콘크리트의 변형률은 같은 위치에 있는 철근의 변형률과 동일하다.
④ 콘크리트와 철근의 응력은 각각의 응력-변형률 곡선으로부터 구할 수 있다.
⑤ 콘크리트의 최대 변형률, 즉 파괴 변형률 ε_u는 0.003이다.
⑥ 콘크리트의 인장강도는 무시한다.
⑦ 종국강도 상태에서 콘크리트의 압축 응력상태는 [그림 4. 2]와 같이 계산의 편의를 위해서 포물선, 사다리꼴, 직사각형 분포로 가정할 수 있다.

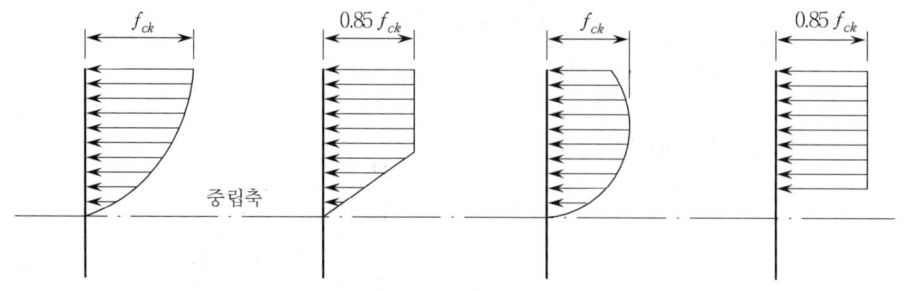

(a) 단순한 포물선   (b) 사다리꼴 분포   (c) 직선과 포물선의 결합   (d) 직사각형 분포

[그림 4. 2] 보의 압축응력분포도

(2) 철근콘크리트 보의 거동

인장 철근콘크리트 보의 거동은 인장 철근비에 따라 3가지 형태로 예측할 수 있다.

① 균형보

  인장철근의 응력(σ_s)이 항복강도(f_y)에 도달함과 동시에 콘크리트도 연단의 극한 변형률이 0.003에 도달하여 철근과 콘크리트가 동시에 파괴되는 보를 말하며, 이때의 철근비를 균형 철근비라 한다.

② 과소 철근보(저보강보)

  압축측 콘크리트가 파괴되기 전에 인장철근이 먼저 항복하여 균열과 처짐이 발달하고 중립축이 압축측으로 이동하면서 콘크리트의 압축 변형률이 극한 변형률에 이르러 보가 파괴된다.

  이러한 보는 철근이 항복한 후 상당한 연성을 나타내므로 커다란 문제가 발생하기 전에 대처할 수 있는 충분한 시간적 여유를 주게 되므로 바람직하다. 따라서 일반적인 보 설계시에는 철근량을 균형 철근량보다 작게 하여 연성파괴가 되도록 한다.

③ 과대 철근보(과보강보)

인장철근이 항복하기 전에 압축측 콘크리트가 파괴된다. 이러한 보는 취성파괴가 발생되므로 구조물의 파괴거동으로는 바람직하지 못하다. [그림 4. 3]은 인장 철근비에 따른 중립축의 위치변화를 나타낸 것이다.

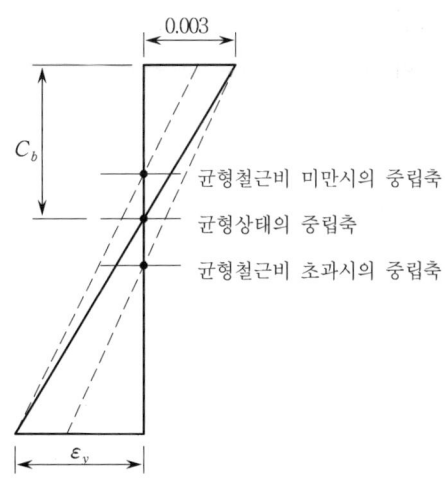

[그림 4. 3] 철근비에 따른 중립축 위치의 변화

(3) 철근비의 규정

① 최소 철근비

철근비가 너무 작게 설계된 보에서는 균열단면의 휨강도가 보에 균열을 일으키는 모멘트보다 작을 수 있으며, 이러한 경우 보는 균열이 생기며 예고 없이 즉시 파괴된다. 이러한 형태의 취성파괴를 방지하기 위하여 균열모멘트($M_{cr} = f_r Z_t$) 이상의 휨강도를 가지도록 최소한의 철근을 보강할 필요가 있다.

따라서 최소 철근비의 규준은 다음 ㈎, ㈏ 중 큰 값으로 한다.

㈎ $\rho_{min} = \dfrac{1.4}{f_y}$ ($f_{ck} < 32\text{MPa}$)

㈏ $\rho_{min} = \dfrac{0.25\sqrt{f_{ck}}}{f_y}$ ($f_{ck} \geq 32\text{MPa}$)

그러나 계산상 필요한 철근량보다 $\dfrac{1}{3}$ 이상 인장철근을 더 배근한 경우에는 위의 최소 철근비의 적용을 받지 아니한다.

② 최대 철근비

과대 철근의 단면에서는 파괴가 갑자기 일어나므로 이에 대처할 수 있는 시간적 여유가 없다. 따라서 보의 설계는 그 파괴양상이 처짐, 균열 등의 사전경고로 파괴가 임박했음을 알려주는 연성파괴가 발생하도록 해야 안전하므로 인장 철근비를 균형 철근비보다 작도록 제한할 필요가 있다.

이러한 점을 고려하여 규준에서는 보나 슬래브 등 휨재의 철근비가 균형 철근비 ρ_b의 0.75배를 초과하지 않도록 하되, 최소 허용변형률과 함께 철근의 항복강도에 따라 [표 4. 2]와 같이 최대 인장철근량을 제한한다.

[표 4. 2] 휨부재의 최소 허용변형률 및 해당 철근비

철근의 설계기준항복강도 (MPa)	휨부재 허용값	
	최소 허용변형률	해당 철근비
300	0.004	$0.643\,\rho_b$
350	0.004	$0.679\,\rho_b$
400	0.004	$0.714\,\rho_b$
500	$0.005\ (2\varepsilon_y)$	$0.688\,\rho_b$
600	$0.006\ (2\varepsilon_y)$	$0.667\,\rho_b$

예제 4.1 철근콘크리트 보에서 $f_{ck}=24\text{MPa}$, $f_y=300\text{MPa}$를 사용할 때 단면의 최소 철근비를 구하라.

【풀이】 ① $\rho_{\min} = \dfrac{1.4}{f_y} = \dfrac{1.4}{300} = 0.00467$

② $\rho_{\min} = \dfrac{0.25\sqrt{f_{ck}}}{f_y} = \dfrac{0.25\times\sqrt{24}}{300} = 0.00408$

∴ $\rho_{\min} = 0.00467$

예제 4.2 철근콘크리트 보에서 $f_y=400\text{MPa}$, $f_{ck}=\rho_b=0.032$일 때 이 보의 최대 철근비를 구하라.

【풀이】 $\rho_{\max} = 0.714\rho_b$ ∴ $\rho_{\max} = 0.714\times 0.032 = 0.0228$

4. 3 균형 보

(1) 휨모멘트

보의 휨모멘트는 [그림 4. 4]를 이용하여 다음과 같이 나타낼 수 있다.

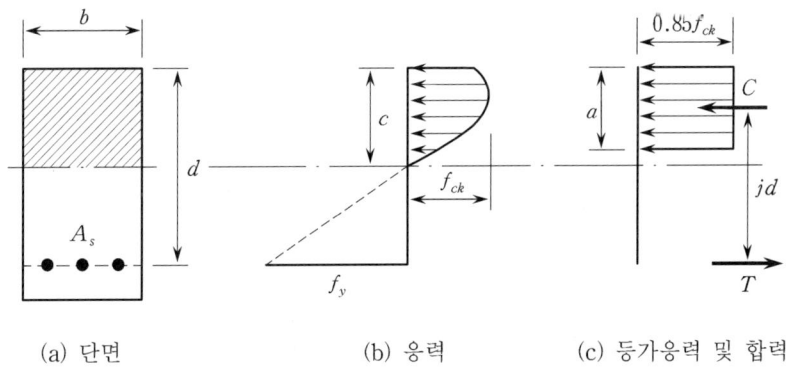

(a) 단면　　　　　(b) 응력　　　　(c) 등가응력 및 합력

[그림 4. 4] 보의 응력도

$$M = C \cdot jd \quad \quad \quad \quad \quad \quad \quad \quad \quad \quad (4.1)$$

$$M = T \cdot jd \quad \quad \quad \quad \quad \quad \quad \quad \quad \quad (4.2)$$

여기에서는 인장응력의 합력(T)과 압축응력의 합력(C) 사이의 합력 중심간 거리(jd)가 계산되어야 한다. 인장응력의 합(T)은 콘크리트의 인장 능력을 무시하므로 중립축 이하에서는 철근만이 인장력을 부담하게 되어 극한 상태에서 인장력은 $T = A_s f_y$가 된다. 그러나 압축측에서 콘크리트의 응력분포는 [그림 4. 4 (b)]와 같이 압축 응력의 합을 구하는 것과 이 합력의 중심을 구하는 것이 쉽지 않다.

따라서 콘크리트의 응력블록을 사각형이나 사다리꼴 형태로 바꾸는 것이 계산에 편리하므로 [그림 4. 4 (c)]와 같이 응력분포를 사각형으로 대치하여 계산하게 된다. 이 응력형태를 Whitney의 등가 직사각형 응력블록이라고 하며, 이때 포물선 압축응력 분포면적[그림 4. 4 (b)]와 직사각형 응력블록의 면적이 같아야 하고 포물선 압축응력의 합력 중심과 직사각형 응력블록의 중심이 동일한 위치에 있어야 한다.

이에 따라 직사각형 응력블록의 크기는 $0.85 f_{ck}$로 일정하고, 콘크리트 부분의 압축력은 $C = 0.85 f_{ck} ab$로써 나타낼 수 있다.

여기에서, 압축연단으로부터 거리인 $a=\beta_1 c$로 하고 있으며, c는 실제 압축연단으로부터 중립축까지의 거리이며, 계수 β_1은 콘크리트 강도에 따른 변수로 다음과 같이 규정하고 있다.

β_1은 $f_{ck} \leq 28\,\text{MPa}$에서는 0.85이고, 28 MPa에서 1 MPa씩 증가할 때마다 0.85값을 0.007씩 감소시킨다. 단, β_1값은 0.65 이상이어야 한다. 즉

$$\left.\begin{array}{l} \beta_1 : f_{ck} \leq 28\text{MPa}: \beta_1 = 0.85 \\ f_{ck} > 28\text{MPa} : \\ \qquad \beta_1 = 0.85 - [0.007 \times (f_{ck} - 28)] \geq 0.65 \end{array}\right\} \quad \cdots\cdots\cdots (4.3)$$

또한, [그림 4. 4 (a)]에서 유효깊이 d는 보의 해석과 설계에서 사용하는 보의 전체깊이(h)를 사용하지 않고 인장측의 외부로부터 철근의 중심까지 거리를 제외한 값을 사용한다.

이는 보단면에서 중립축을 기준으로 인장측의 콘크리트와 피복은 휨강도에 영향을 주지 않고, 압축측의 콘크리트와 인장측의 철근에 의해 휨강도가 결정되기 때문이다.

인장철근이 여러단으로 배근된 경우, 전체 철근 단면을 계산하여 철근의 도심에 인장철근의 중심선이 존재하는 것으로 계산하여야 하나, [그림 4. 5]와 같이 1단 철근과 2단 철근의 거리 중심선에 인장철근이 배근되어 있는 것으로 유효깊이 (d)를 계산하는 방법은 다음과 같다.

- 1단 배근 : $d = h -$ (피복 + 스터럽의 직경 + 주근직경의 1/2)
- 2단 배근 : $d = h -$ (피복 + 스터럽의 직경 + 주근직경 + 25mm/2)

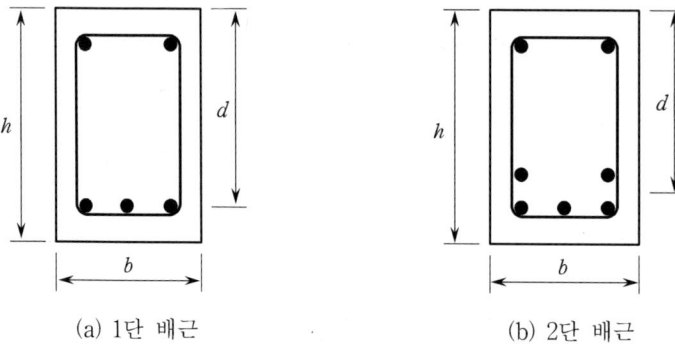

(a) 1단 배근   (b) 2단 배근

[그림 4. 5] 보의 유효깊이(d) 산정

예제 4.3 단근 직사각형 보에서 $f_{ck}=35\text{MPa}$인 경우 콘크리트 등가응력 블록의 깊이를 $a=\beta_1 c$라 할 때 계수 β_1의 값을 구하라.

【풀이】 $f_{ck} > 28\,\text{MPa}$
∴ $\beta_1 = 0.85 - [0.007 \times (f_{ck} - 28)] = 0.85 - [0.007 \times (35-28)] = 0.801$

예제 4.4 단근 직사각형 보에서 $b=300\text{mm}$, $h=600\text{mm}$, 스터럽근 D10, 4-D22의 1단 배근과 8-D22의 2단 배근인 경우 유효깊이 d를 각각 구하라.

【풀이】 ① 1단 배근 : $d = 600 - (40 + 10 + 22/2) = 539\,\text{mm}$
② 2단 배근 : $d = 600 - (40 + 10 + 22 + 25/2) = 515.5\,\text{mm}$

(2) 균형 보의 해석

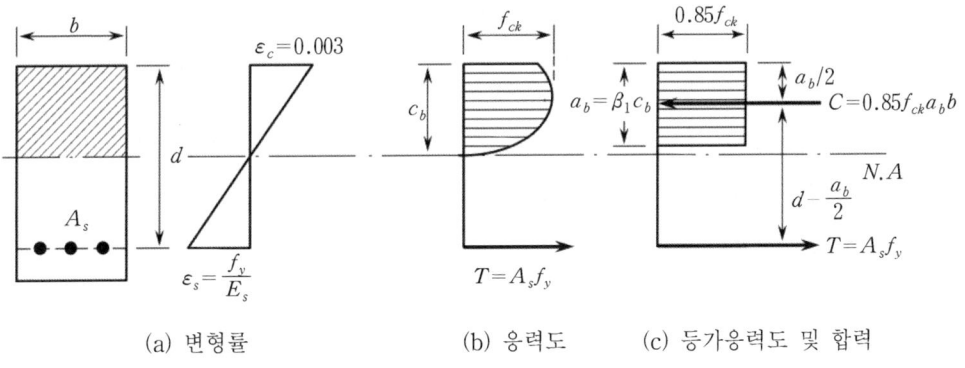

[그림 4. 6] 균형 보의 변형률과 응력도

철근콘크리트 보에서 압축측 콘크리트의 변형률이 파괴시 변형률인 0.003의 값에 이르는 것과 인장철근의 응력이 항복상태에 도달하는 것이 동시에 일어나는 경우를 균형변형률 상태라 하며, 이때의 철근비를 균형철근비라 한다.

따라서 균형철근비일 때, $\varepsilon_c = 0.003$이고 $\varepsilon_s = f_y/E_s$가 되며 변형률 분포는 선형 비례관계를 이루므로, 중립축을 기준으로 삼각형의 비례식을 이용하면 [그림 4. 6] (a)에서

$$c_b : 0.003 = (d-c_b) : f_y/E_s$$

$$\frac{f_y}{E_s} = \frac{0.003(d-c_b)}{c_b}$$

$$0.003(d-c_b)E_s = c_b f_y$$

$$0.003 d E_s = c_b(f_y + 0.003 E_s)$$

$$c_b = \frac{0.003 E_s}{0.003 E_s + f_y} d$$

$$\therefore \ c_b = \frac{0.003}{0.003 + f_y/E_s} d = \frac{600}{600 + f_y} \cdot d \quad \cdots\cdots\cdots (4.\ 4)$$

여기서, $E_s = 200,000\,\mathrm{MPa}$이다. 또한, 평형 조건 $(C_b = T_b)$에 의하여 균형철근비는 다음과 같이 계산할 수 있다.

$$0.85 f_{ck} a_b b = A_s f_y = \rho_b b d f_y$$

$$\rho_b = \frac{0.85 f_{ck} a_b}{f_y d} = \frac{0.85 f_{ck} \beta_1 c_b}{f_y d} = \frac{0.85 f_{ck} \beta_1 600}{f_y (600 + f_y)}$$

$$\therefore \ \rho_b = 0.85 \beta_1 \frac{f_{ck}}{f_y} \cdot \frac{600}{600 + f_y} \quad \cdots\cdots\cdots (4.\ 5)$$

여기서, 문자 중의 첨자 b는 균형(Balance)상태를 의미한다.

참고적으로 식 (4. 5)의 균형철근비 (ρ_b)의 값은 f_y, f_{ck}의 값에 따라 다음 [표 4. 3]과 같다.

[표 4. 3] 최대철근비 및 최소철근비

f_y (MPa)		f_{ck} (MPa)					
		21	24	27	30	40	50
300	ρ_b	0.0337	0.0385	0.0434	0.0474	0.0579	0.0657
	$0.643\rho_b$	0.0217	0.0248	0.0279	0.0305	0.0372	0.0422
	ρ_{min}	0.0047	0.0047	0.0047	0.0047	0.0053	0.0060
350	ρ_b	0.0274	0.0313	0.0352	0.0385	0.0470	0.0534
	$0.679\rho_b$	0.0186	0.0213	0.0239	0.0261	0.0319	0.0363
	ρ_{min}	0.0040	0.0040	0.0040	0.0040	0.0046	0.0051
400	ρ_b	0.0228	0.0260	0.0293	0.0320	0.0391	0.0444
	$0.714\rho_b$	0.0163	0.0186	0.0209	0.0228	0.0279	0.0317
	ρ_{min}	0.0035	0.0035	0.0035	0.0035	0.0040	0.0045
500	ρ_b	0.0166	0.0189	0.0213	0.0233	0.0284	0.0323
	$0.688\rho_b$	0.0114	0.0130	0.0147	0.0160	0.0195	0.0222
	ρ_{min}	0.0028	0.0028	0.0028	0.0028	0.0032	0.0036
600	ρ_b	0.0126	0.0145	0.0163	0.0178	0.0225	0.0247
	$0.667\rho_b$	0.0084	0.0097	0.0109	0.0119	0.0150	0.0165
	ρ_{min}	0.0023	0.0023	0.0023	0.0023	0.0026	0.0029

예제 4.5 단근 직사각형 보에서 $b=300$mm, $d=500$mm, $f_{ck}=24$MPa, $f_y=400$MPa일 때 균형보에서 중립축 거리 c_b를 구하라.

【풀이】 $c_b = \dfrac{600}{600+f_y} d = \dfrac{600 \times 500}{600+400} = 300\,\text{mm}$

예제 4.6 단근 직사각형 보에서 $b=300$mm, $d=600$mm, $f_{ck}=24$MPa, $f_y=400$MPa일 때 균형철근비 ρ_b를 구하라.

【풀이】 $f_{ck}=24\,\text{MPa}$이므로 $\beta_1=0.85$

$\therefore \rho_b = 0.85 \times \beta_1 \times \dfrac{f_{ck}}{f_y} \times \dfrac{600}{600+f_y} = 0.85 \times 0.85 \times \dfrac{24}{400} \times \dfrac{600}{600+400} = 0.0260$

4. 4 단근 직사각형 보의 해석과 설계

(1) 단근 직사각형 보의 해석

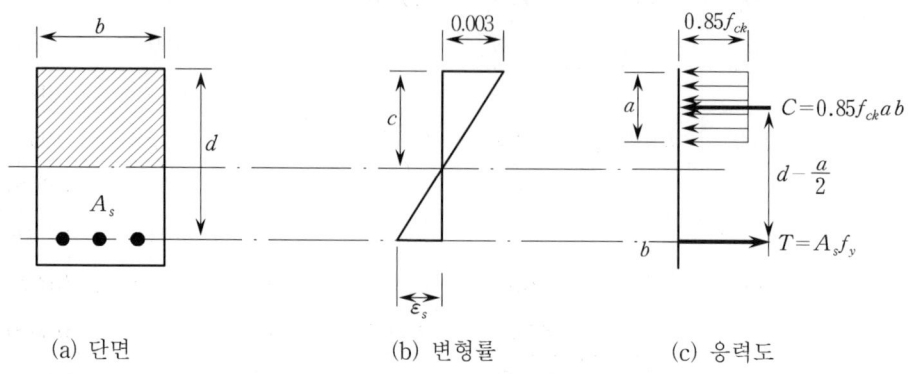

[그림 4. 7] 단근 직사각형 보의 응력도

철근콘크리트 보가 휨모멘트를 받을 때 인장측에만 철근이 배근되는 보를 단근 보라 한다. 이와 같은 단근 직사각형 보의 해석방법은 [그림 4. 7 (c)]와 같이 힘의 평형조건으로부터 $C=T$ 이므로

$$0.85f_{ck}ab = A_s f_y$$

$$a = \frac{A_s f_y}{0.85 f_{ck} b} \quad \cdots\cdots\cdots\cdots\cdots\cdots\cdots\cdots\cdots\cdots\cdots \text{(4. 6)}$$

이 된다. 그러므로 철근비가 균형철근비보다 작은 경우에는 단면의 공칭모멘트 (M_n)가 다음과 같다.

$$M_n = A_s f_y \left(d - \frac{a}{2}\right) = A_s f_y \left(d - \frac{1}{2} \cdot \frac{A_s f_y}{0.85 f_{ck} b}\right)$$

$$= A_s f_y \left(d - 0.5 \frac{\rho f_y d}{0.85 f_{ck}}\right)$$

$$= \rho f_y b d^2 \left(1 - \frac{\rho f_y}{1.7 f_{ck}}\right) \quad \cdots\cdots\cdots\cdots\cdots \text{(4. 7)}$$

여기에서, $\rho = \dfrac{A_s}{bd}$ 이며, 공칭모멘트 강도를 bd^2으로 나눈 값을 공칭강도 저항계수 (R_n)라 하면 다음과 같다.

$$M_n = R_n bd^2$$

$$R_n = \dfrac{M_n}{bd^2} = \rho f_y \left(1 - \dfrac{\rho f_y}{1.7 f_{ck}}\right) \quad \cdots\cdots\cdots\cdots\cdots\cdots (4.\ 8)$$

또한, 소요강도 ≤ 설계강도이므로

$$M_u = \phi M_n \rightarrow R_n = \dfrac{M_u}{\phi bd^2} \quad \cdots\cdots\cdots\cdots\cdots\cdots (4.\ 9)$$

식 (4. 8)로부터 인장철근비 (ρ)는 2차식이므로 근의 공식을 이용하여 정리하면 다음과 같다.

$$\therefore \rho = \dfrac{0.85 f_{ck}}{f_y} \left[1 - \sqrt{1 - \dfrac{2R_n}{0.85 f_{ck}}}\right] \quad \cdots\cdots\cdots\cdots\cdots\cdots (4.\ 10)$$

그리고 보의 설계강도는 공칭모멘트 (M_n)에 감소계수 (ϕ)를 적용한 것으로 다음과 같다.

$$M_d = \phi M_n = \phi \rho bd^2 f_y \left(1 - \dfrac{\rho f_y}{1.7 f_{ck}}\right) \quad \cdots\cdots\cdots\cdots\cdots\cdots (4.\ 11a)$$

또는

$$\phi M_n = \phi f_{ck} bd^2 \omega \left(1 - \dfrac{\omega}{1.7}\right) \quad \cdots\cdots\cdots\cdots\cdots\cdots (4.\ 11b)$$

이 된다.

여기서, $\omega = \dfrac{\rho f_y}{f_{ck}} \quad \cdots\cdots\cdots\cdots\cdots\cdots (4.\ 12)$

식 (4. 13)은 설계강도 ϕM_n(설계모멘트)를 계산하는 공식이며, 소요강도(계수 모멘트, M_u)가 주어졌을 때 설계모멘트 (M_d)가 계수모멘트 이상이 되어야 한다.

즉, $M_d \geq M_u \quad \cdots\cdots\cdots\cdots\cdots\cdots (4.\ 13)$

예제 4.7 단근 직사각형 보에서 $b=400\text{mm}$, $d=700\text{mm}$, 5-D25일 때 등가응력 블록의 깊이 (a)를 구하라.(단, $f_{ck}=24\text{MPa}$, $f_y=400\text{MPa}$이다.)

【풀이】 $C=T$에서,

$$\therefore a = \frac{A_s \cdot f_y}{0.85 f_{ck} \cdot b} = \frac{506.7 \times 5 \times 400}{0.85 \times 24 \times 400} = 124.19\,\text{mm}$$

예제 4.8 예제 4.7의 보단면에서 인장철근비는 균형철근비 이하의 조건일 때 공칭모멘트 (M_n)를 구하라.

【풀이】 $M_n = T \cdot jd$에서,

$$T = A_s \cdot f_y = 506.7 \times 5 \times 400 = 1{,}013.4\,\text{kN}$$

$$jd = d - \frac{a}{2} = 700 - \frac{124.19}{2} = 637.91\,\text{mm}$$

$$\therefore M_n = 1{,}013.4 \times 637.91 = 646.45\,\text{kN}\cdot\text{m}$$

예제 4.9 그림과 같은 철근콘크리트 보 단면이 저항할 수 있는 설계모멘트를 구하라.(단, $f_{ck}=24\text{MPa}$, $f_y=400\text{MPa}$, 인장철근비는 균형철근비의 75% 이하이다.)

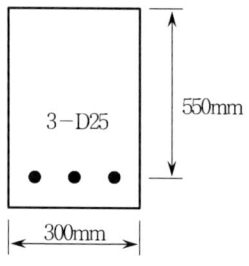

【풀이】 $C=T$에서,

$$a = \frac{A_s \cdot f_y}{0.85 f_{ck} \cdot b} = \frac{506.7 \times 3 \times 400}{0.85 \times 24 \times 300} = 99.35\,\text{mm}$$

$$M_n = T \cdot jd = A_s f_y \cdot \left(d - \frac{a}{2}\right)$$

$$= (506.7 \times 3 \times 400) \times \left(550 - \frac{99.35}{2}\right) \times 10^{-6} = 304.22\,\text{kN}\cdot\text{m}$$

$$\therefore \phi M_n = 0.85 \times 304.22 = 258.56\,\text{kN}\cdot\text{m}$$

예제 4.10 그림과 같은 직사각형 보에서 철근량 A_s를 구하라.(단, $f_{ck}=24\text{MPa}$, $f_y=400\text{MPa}$, 등가응력블록의 깊이 $a=200\text{mm}$이다.)

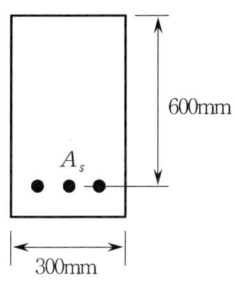

【풀이】 $C=T$ 에서, $0.85 f_{ck} a b = A_s f_y$

$$\therefore A_s = \frac{0.85 f_{ck} a b}{f_y} = \frac{0.85 \times 24 \times 200 \times 300}{400} = 3{,}060\,\text{mm}^2$$

(2) 직접계산법에 의한 설계방법

① 철근콘크리트 보에서 계수모멘트(소요강도) M_u를 알고 있는 경우

㈎ ρ값을 가정한다.

ρ는 $\rho_{\min} < \rho < \rho_{\max}$의 값으로 가정할 수 있으나, 보통 $0.5\rho_{\max}$ 정도로 가정한다.

㈏ 공칭강도 저항계수 R_n과 bd^2을 구한다.

$$M_n = \frac{M_u}{\phi}$$

$$R_n = \rho f_y \times \left(1 - \frac{\rho f_y}{1.7 f_{ck}}\right)$$

$$bd^2 = \frac{M_u}{\phi R_n}$$

㈐ 요구되는 bd^2에 가까운 b와 d를 결정한다.

㈑ b와 d의 값으로 bd^2을 계산하고, 다시 수정된 $R_n = \dfrac{M_u}{\phi bd^2}$를 계산한다. 그리고 $\rho = \dfrac{0.85 f_{ck}}{f_y}\left[1 - \sqrt{1 - \dfrac{2R_n}{0.85 f_{ck}}}\right]$에서 수정된 ρ값을 결정한다.

(마) ρ값으로부터 인장철근량을 계산한다.

$$A_s = \rho b d$$

(바) 인장철근을 배근하고 $\phi M_n \geq M_u$인지를 검토한다.

② 단근 직사각형 보의 계수모멘트(소요강도) M_u와 보의 크기를 가정한 후, 즉 b와 h를 알고 있는 경우

(가) R_n을 구한다.

$$R_n = \frac{M_u}{\phi b d^2}$$

(나) R_n으로부터 ρ를 구한다.

$$\rho = \frac{0.85 f_{ck}}{f_y}\left[1 - \sqrt{1 - \frac{2R_n}{0.85 f_{ck}}}\right]$$

(다) ρ값이 최소철근비에서 최대철근비 사이인지 검토한다.

$$\rho_{min} < \rho < \rho_{max}$$

(라) 인장철근량을 구한다.

$$A_s = \rho b d$$

(마) 인장철근을 배근하고 $\phi M_n \geq M_u$인지를 검토한다.

예제 4.11 구조해석에 의한 휨모멘트 $M_u = 320 \text{kN} \cdot \text{m}$일 때 단근 직사각형 보를 설계하라.(단, 늑근은 D10mm, 주근은 D25mm, $f_{ck} = 24\text{MPa}$, $f_y = 400\text{MPa}$이다.)

【풀이】① 최대철근비 및 최소철근비

$$\beta_1 = 0.85$$

$$\rho_b = \frac{0.85 f_{ck}}{f_y} \times \beta_1 \times \frac{600}{600 + f_y}$$

$$= \frac{0.85 \times 24}{400} \times 0.85 \times \frac{600}{600 + 400} = 0.0260$$

$$\therefore \rho_{max} = 0.714 \rho_b = 0.0260 \times 0.714 = 0.0186$$

$$\rho_{min} = \frac{1.4}{f_y} = \frac{1.4}{400} = 0.0035$$

② 여기서 ρ는 $\rho_{min} < \rho < \rho_{max}$에서

$$\rho = 0.5 \rho_{max} \fallingdotseq 0.5 \times 0.0186 = 0.0093 \text{로 가정}$$

$$R_n = \frac{M_n}{bd^2} = \frac{M_u}{\phi bd^2} = \rho f_y\left(1 - \frac{\rho f_y}{1.7 f_{ck}}\right)$$

$$= 0.0093 \times 400 \times \left(1 - \frac{0.0093 \times 400}{1.7 \times 24}\right) = 3.38 \text{ MPa}$$

$$bd^2 = \frac{M_n}{R_n} = \frac{M_u}{\phi R_n} = \frac{320 \times 1{,}000 \times 1{,}000}{0.85 \times 3.38 \, (\text{N/mm}^2)} = 111{,}381{,}830 \text{ mm}^3$$

여기서, $b = 300$ mm라 하면

$$d = \sqrt{\frac{111{,}381{,}830}{300}} = 609.32 \text{ mm} \rightarrow h = 650 \text{ mm}$$

$$\therefore d = 650 - (40 + 10 + 25/2) = 587.5 \text{ mm}$$

③ 철근량계산

$$R_n = \frac{M_u}{\phi bd^2} = \frac{320 \times 1{,}000 \times 1{,}000}{0.85 \times 300 \times 587.5^2} = 3.64 \text{ MPa}$$

$$\rho = \frac{0.85 f_{ck}}{f_y}\left[1 - \sqrt{1 - \frac{2R_n}{0.85 f_{ck}}}\right] = \frac{0.85 \times 24}{400}\left[1 - \sqrt{1 - \frac{2 \times 3.64}{0.85 \times 24}}\right] = 0.0101$$

$$A_s = \rho bd = 0.0101 \times 300 \times 587.5 = 1{,}780.1 \text{ mm}^2$$

$$\therefore 4 - D25 \, (A_s = 2{,}027 \text{ mm}^2)$$

④ $T = A_s f_y = 2{,}027 \times 400 = 810.8 \text{ kN}$

$$a = \frac{T}{0.85 f_{ck} \cdot b} = \frac{810.8 \times 1{,}000}{0.85 \times 24 \times 300} = 132.48 \text{ mm}$$

$$M_n = T \times (d - a/2) = 810.8 \times \left(587.5 - \frac{132.48}{2}\right) \times 10^{-3} = 422.64 \text{ kN} \cdot \text{m}$$

$$\phi M_n = 0.85 \times 422.64 = 359.24 \text{ kN} \cdot \text{m}$$

$$\therefore \phi M_n = 359.24 \text{ kN} \cdot \text{m} > 320 \text{ kN} \cdot \text{m}, \quad \text{O.K}$$

예제 4.12 계수하중에 의한 소요강도가 $M_u = 200 \text{kN} \cdot \text{m}$일 때 단근 직사각형 보를 설계하라. (단, $b \times h = 300\text{mm} \times 600\text{mm}$, $f_{ck} = 27\text{MPa}$, $f_y = 400\text{MPa}$이다.)

【풀이】 ① 유효깊이

$$d = 600 - (40 + 10 + 25/2) = 537.5 \text{ mm}$$

② $R_n = \dfrac{200 \times 1{,}000 \times 1{,}000}{0.85 \times 300 \times 537.5^2} = 2.71 \text{ MPa}$

③ $\rho = \dfrac{0.85 \times 27}{400} \times \left[1 - \sqrt{1 - \dfrac{2 \times 2.71}{0.85 \times 27}}\right] = 0.0072$

$$\rho_b = 0.85 \times \frac{0.85 \times 27}{400} \times \frac{600}{600 + 400} = 0.0293$$

$$\rho_{\max} = 0.714 \times 0.0293 = 0.0244$$

$$\rho_{min} = \frac{1.4}{400} = 0.0035$$

$\rho_{min} < \rho < \rho_{max}$, O.K

$\therefore A_s = \rho bd = 0.0072 \times 300 \times 537.5 = 1,161 \, mm^2$

$3-D25 \, (A_s = 1,520 \, mm^2)$

④ $T = 1,520 \times 400 = 608 \, kN$

$a = \dfrac{608 \times 1,000}{0.85 \times 27 \times 300} = 88.3 \, mm$

$M_n = 608 \times \left(537.5 - \dfrac{88.3}{2}\right) \times 10^{-3} = 300 \, kN \cdot m$

$\phi M_n = 0.85 \times 300 = 255 \, kN \cdot m$

$\therefore \phi M_n = 255 \, kN \cdot m > 200 \, kN \cdot m$, O.K

(3) 도표를 사용한 설계방법

철근콘크리트 보를 설계하는 방법에는 직접계산법 이외에 도표를 만들어 사용하는 것이 계산상 편리하다. 따라서 부재의 설계강도(ϕM_n)는 소요강도(M_u) 이상이 되어야 한다. 즉, $\phi M_n \geq M_u$로 하면 식 (4. 11b)와 식 (4. 12)로부터

$$\frac{M_u}{\phi f_{ck} bd^2} = \omega\left(1 - \frac{\omega}{1.7}\right) \quad \cdots\cdots\cdots\cdots\cdots\cdots\cdots\cdots\cdots\cdots\cdots\cdots\cdots (4. 14)$$

와 같은 식이 유도되며, 이 식에서 ω를 변수로 하여 [표 4.4]을 얻을 수 있다. 설계용 그래프는 식 (4. 8)로부터 일반적으로 사용되는 f_{ck}와 f_y에 대하여 철근비 ρ를 함수로 한 R_n의 값을 부록 3과 같이 얻을 수 있다. 이러한 설계용 도표를 사용하는 방법은 다음과 같다.

① 표를 사용하는 경우에는 계산된 $\dfrac{M_u}{\phi f_{ck} bd^2}$의 값을 [표 4.4]에서 찾아 ω의 값을 읽은 다음, $\omega = \dfrac{\rho f_y}{f_{ck}}$를 역산하여 철근비를 계산한다.

② 그래프를 사용하는 경우에는 $\dfrac{M_n}{bd^2}$ 또는 $\dfrac{M_u}{\phi bd^2} = R_n$의 값을 계산하여, 부록 3에서 해당된 f_{ck}의 값을 가진 그래프의 세로축에서 R_n의 값을 찾아 평행하게 오른편으로 옮기면서 해당된 f_y의 곡선을 만나면 수직하게 내려 가로축에서 ρ의 값을 읽는다.

[표 4. 4] 단근 직사각형 보의 휨강도 $\left(\dfrac{M_u}{\phi f_{ck}bd^2}\right)$

ω	.000	.001	.002	.003	.004	.005	.006	.007	.008	.009
0.0	0	.0010	.0020	.0030	.0040	.0050	.0060	.0070	.0080	.0090
0.01	.0099	.0109	.0119	.0129	.0139	.0149	.0159	.0168	.0178	.0188
0.02	.0197	.0207	.0217	.0226	.0236	.0246	.0256	.0266	.0278	.0285
0.03	.0295	.0304	.0314	.0324	.0333	.0343	.0352	.0362	.0372	.0381
0.04	.0391	.0400	.0410	.0420	.0429	.0438	.0448	.0457	.0467	.0476
0.05	.0485	.0495	.0504	.0513	.0523	.0532	.0541	.0551	.0560	.0569
0.06	.0579	.0588	.0597	.0607	.0616	.0625	.0634	.0643	.0653	.0662
0.07	.0671	.0680	.0689	.0699	.0708	.0717	.0726	.0735	.0744	.0753
0.08	.0762	.0771	.0780	.0789	.0798	.0807	.0816	.0825	.0834	.0843
0.09	.0852	.0861	.0870	.0879	.0888	.0897	.0906	.0915	.0923	.0932
0.10	.0941	.0950	.0959	.0967	.0976	.0985	.0994	.1002	.1011	.1020
0.11	.1029	.1037	.1046	.1055	.1063	.1072	.1081	.1099	.1098	.1106
0.12	.1115	.1124	.1133	.1141	.1149	.1158	.1166	.1175	.1183	.1192
0.13	.1200	.1209	.1217	.1226	.1234	.1243	.1251	.1259	.1268	.1276
0.14	.1284	.1293	.1301	.1309	.1318	.1326	.1334	.1342	.1351	.1359
0.15	.1367	.1375	.1384	.1392	.1400	.1408	.1416	.1425	.1433	.1441
0.16	.1449	.1457	.1465	.1473	.1481	.1489	.1497	.1506	.1514	.1522
0.17	.1529	.1537	.1545	.1553	.1561	.1569	.1577	.1585	.1593	.1601
0.18	.1609	.1617	.1624	.1632	.1640	.1648	.1656	.1664	.1671	.1679
0.19	.1687	.1695	.1703	.1710	.1718	.1726	.1733	.1741	.1749	.1756
0.20	.1764	.1772	.1779	.1787	.1794	.1802	.1810	.1817	.1825	.1832
0.21	.1840	.1847	.1855	.1862	.1870	.1877	.1885	.1892	.1900	.1907
0.22	.1914	.1922	.1929	.1937	.1944	.1951	.1959	.1966	.1973	.1981
0.23	.1988	.1995	.2002	.2010	.2017	.2024	.2031	.2039	.2046	.2053
0.24	.2060	.2067	.2075	.2082	.2089	.2096	.2103	.2110	.2117	.2124
0.25	.2131	.2138	.2145	.2152	.2159	.2166	.2173	.2180	.2187	.2194
0.26	.2201	.2208	.2215	.2222	.2229	.2236	.2243	.2249	.2256	.2263
0.27	.2270	.2277	.2284	.2290	.2297	.2304	.2311	.2317	.2324	.2331
0.28	.2337	.2344	.2351	.2357	.2364	.2371	.2377	.2384	.2391	.2397
0.29	.2404	.2410	.2417	.2423	.2430	.2437	.2443	.2450	.2456	.2463
0.30	.2469	.2475	.2482	.2488	.2495	.2501	.2508	.2514	.2520	.2527
0.31	.2533	.2539	.2546	.2552	.2558	.2565	.2571	.2577	.2583	.2590
0.32	.2596	.2602	.2608	.2614	.2621	.2627	.2633	.2639	.2645	.2651
0.33	.2657	.2664	.2670	.2676	.2682	.2688	.2694	.2700	.2706	.2712
0.34	.2718	.2724	.2730	.2736	.2742	.2748	.2754	.2760	.2766	.2771
0.35	.2777	.2783	.2789	.2795	.2801	.2807	.2812	.2818	.2824	.2830
0.36	.2835	.2841	.2847	.2853	.2858	.2864	.2870	.2875	.2881	.2887
0.37	.2892	.2898	.2904	.2909	.2915	.2920	.2926	.2931	.2937	.2943
0.38	.2948	.2954	.2959	.2965	.2970	.2975	.2981	.2986	.2992	.2997
0.39	.3003	.3008	.3013	.3019	.3024	.3029	.3035	.3040	.3045	.3051

[주] $w = \rho \dfrac{f_y}{f_{ck}}$

예제 4.13 $M_D = 100\text{kN} \cdot \text{m}$, $M_L = 80\text{kN} \cdot \text{m}$의 하중이 작용할 때 단근 직사각형 보를 설계하라. (단, $b \times h = 300\text{mm} \times 650\text{mm}$, $f_{ck} = 24\text{MPa}$, $f_y = 400\text{MPa}$이다.)

【풀이】(1) 유효깊이

$$d = 650 - (40 + 10 + 22/2) = 589\,\text{mm}$$

(2) 소요강도 (M_u)

$$M_u = 1.2 \times 100 + 1.6 \times 80 = 248\,\text{kN} \cdot \text{m}$$

(3) 철근비 산정 (ρ)

① 직접 계산

$$R_n = \frac{M_u}{\phi b d^2} = \frac{248 \times 1{,}000 \times 1{,}000}{0.85 \times 300 \times 589^2} = 2.80\,\text{MPa}$$

$$\rho = 0.85 \times \frac{24}{400} \times \left[1 - \sqrt{1 - \frac{2 \times 2.8}{0.85 \times 24}}\right] = 0.0075$$

② [표 4.4] 사용법

$$\frac{M_u}{\phi f_{ck} b d^2} = \frac{248 \times 1{,}000 \times 1{,}000}{0.85 \times 24 \times 300 \times 589^2} = 0.117$$

[표 4.4]에서 $\omega = 0.127$

$$\rho = \omega \frac{f_{ck}}{f_y} = 0.127 \times \frac{24}{400} = 0.0076$$

③ 도표 사용법

$R_n = 2.80\,\text{MPa}$

$f_{ck} = 24\,\text{MPa}$인 도표는 부록 3.2이므로 여기서 세로축에 $R_n = 2.80\text{MPa}$와 SD 40 ($f_y = 400\,\text{MPa}$)의 곡선과 만나는 점에서 수직으로 내리면 $\rho = 0.0075$을 구할 수 있다.

(4) 최소 및 최대철근비

[표 4.3]에서 $f_y = 400\,\text{MPa}$, $f_{ck} = 24\,\text{MPa}$일 때

$\rho_{\min}(=0.0035) < \rho(=0.0075) < \rho_{\max}(=0.0186)$, O.K

(5) 철근단면적 계산 (A_s)

$$A_s = \rho \cdot bd = 0.0075 \times 300 \times 589 = 1{,}325.3\,\text{mm}^2$$

$$n = \frac{A_s}{a_1} = \frac{1{,}325.3}{387.1} = 3.4 \rightarrow 4 - D22\,(A_s = 1{,}548\,\text{mm}^2)$$

(6) 최소폭 검토

$b = (2 \times \text{피복두께}) + (2 \times \text{스터럽 직경}) + (\text{주근 직경의 합}) + (\text{철근 간격의 합})$
$ = (2 \times 40) + (2 \times 10) + (4 \times 22) + (3 \times 33) = 287\,\text{mm} < 300\,\text{mm}$, O.K

4. 5 복근 직사각형 보의 해석과 설계

외력에 의한 휨모멘트가 내부 저항모멘트를 초과하게 되는 경우, 부족한 저항모멘트를 확보하기 위해 압축측과 인장측에 추가로 철근을 배치하게 된다. 이때 압축측에 배근된 철근을 압축철근이라 하며 이와 같은 보를 복근보라 한다.

복근보로 설계를 하면 단면의 휨강도가 증가되며 파괴시에 효과적인 연성거동을 얻을 수 있다. 그리고 콘크리트의 크리프 발생을 억제하여 장기처짐을 감소시킨다. 또한 지진하중 등으로 정·부모멘트가 반복작용되는 경우에도 효과가 있으며, 보의 철근조립에도 압축철근은 스터럽 설치와 피복두께 유지에 편리하다. 따라서 구조적으로 압축철근이 필요하지 않은 경우에도 압축철근을 배근하는 것이 일반적인 설계방법이다.

(1) 설계강도

복근 직사각형 보의 해석은 주어진 보의 크기와 철근량 및 재료의 강도 f_{ck}, f_y로부터 공칭강도 M_n을 구하는 것이다.

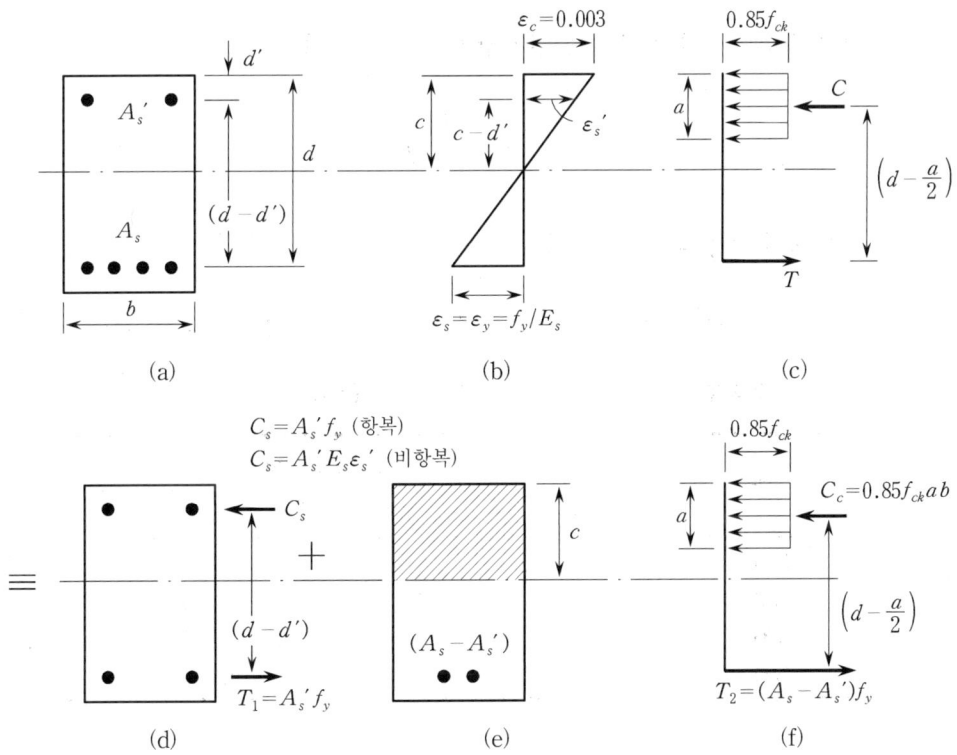

[그림 4. 8] 복근 직사각형 보

[그림 4. 8 (b)]에서 압축철근의 변형률 (ε_s') 값은 콘크리트의 응력이 $0.85f_{ck}$에 도달하고 $\varepsilon_c = 0.003$일 때의 삼각형 비례관계에 의하여 다음과 같이 구한다.

$$c : c - d' = 0.003 : \varepsilon_s'$$

$$\frac{c - d'}{c} = \frac{\varepsilon_s'}{0.003}$$

$$\varepsilon_s' = \left(\frac{c - d'}{c}\right) 0.003$$

$$= \left(1 - \frac{\beta_1 \cdot d'}{a}\right) 0.003 \quad \cdots\cdots\cdots (4.15)$$

$\varepsilon_s' \geq \varepsilon_y \left(= \dfrac{f_y}{E_s}\right)$일 때의 압축철근의 응력도는 항복응력상태이나 $\varepsilon_s' < \varepsilon_y$일 때는 압축철근이 항복상태에 도달하지 않은 것을 의미한다.

여기서, $c = \dfrac{a}{\beta_1}$, $\varepsilon_s' = \varepsilon_y = \dfrac{f_y}{E_s}$, $E_s = 200,000 \text{MPa}$이므로 식 (4. 15)에 의해서 압축철근이 항복하는 한계값 $\left(\dfrac{d'}{a}\right)_{\lim}$는 다음과 같다.

$$\left(\frac{d'}{a}\right)_{\lim} = \frac{1}{\beta_1} \left(1 - \frac{f_y}{600}\right) \quad \cdots\cdots\cdots (4.16)$$

따라서 $\dfrac{d'}{a} \leq \left(\dfrac{d'}{a}\right)_{\lim}$일 때 극한상태에서 압축철근이 항복한다. 콘크리트의 압축강도 f_{ck}와 철근의 항복강도 f_y에 따른 $\left(\dfrac{d'}{a}\right)_{\lim}$의 값은 [표 4. 5]와 같다.

[표 4. 5] 압축철근의 항복여부 검토용 $\left(\dfrac{d'}{a}\right)_{\lim}$의 한계값

f_y(MPa)	f_{ck}(MPa)			
	≤ 27	30	40	50
300	0.588	0.598	0.653	0.718
350	0.490	0.498	0.544	0.599
400	0.392	0.399	0.435	0.479
500	0.196	0.199	0.218	0.239

압축철근의 응력 상태에 따라 복근보의 해석은 다음의 두 가지 경우에 대하여 고려되어야 한다.

(2) 압축철근이 항복할 경우

$\varepsilon_s' \geq \varepsilon_y$, 즉 $\dfrac{d'}{a} \leq \left(\dfrac{d'}{a}\right)_{lim}$인 경우로 [그림 4. 8]과 같이 복근보의 공칭모멘트 M_n은 압축철근 A_s'와 같은 양의 인장철근이 이루는 공칭모멘트 M_{n1}과 나머지 인장철근 $(A_s - A_s')$과 압축콘크리트가 이루는 공칭모멘트의 M_{n2}의 합으로 다음과 같이 구할 수 있다.

$$M_{n1} = A_s' f_y (d - d') \quad \cdots\cdots\cdots\cdots\cdots\cdots\cdots\cdots\cdots \text{(4. 17a)}$$

$$M_{n2} = (A_s - A_s') f_y \left(d - \dfrac{a}{2}\right) \quad \cdots\cdots\cdots\cdots\cdots\cdots \text{(4. 17b)}$$

또한, 콘크리트 압축응력 블록의 깊이 a는 [그림 4. 8 (f)]에서 $C = T$ 이므로 다음과 같이 구한다.

$$0.85 f_{ck} a b = (A_s - A_s') f_y$$

$$a = \dfrac{(A_s - A_s') f_y}{0.85 f_{ck} b} \quad \cdots\cdots\cdots\cdots\cdots\cdots\cdots\cdots\cdots\cdots \text{(4. 18)}$$

따라서 전체 공칭모멘트는 $M_n = M_{n1} + M_{n2}$로 다음과 같다.

$$M_n = A_s' f_y (d - d') + (A_s - A_s') f_y \left(d - \dfrac{a}{2}\right) \quad \cdots\cdots\cdots \text{(4. 19)}$$

이에 따라 복근보의 설계강도는 공칭강도 M_n에 강도저감계수 $\phi(=0.85)$를 곱하여 구할 수 있다. 즉,

$$\phi M_n = \phi \left[A_s' f_y (d - d') + (A_s - A_s') f_y \left(d - \dfrac{a}{2}\right) \right] \quad \cdots\cdots \text{(4. 20)}$$

복근보에서도 단근보의 경우와 마찬가지로 압축측 콘크리트가 파괴응력도에 도달하기 전에 인장철근의 항복이 발생하도록 설계하여야 한다. 따라서 규준에서는 안전을 고려하여 복근보의 최대인장철근비를 다음과 같이 규정하고 있다.

$$\overline{\rho}_{max} = \rho_{max} + \rho' \quad \cdots\cdots\cdots\cdots\cdots\cdots\cdots\cdots\cdots\cdots\cdots\cdots \text{(4. 21)}$$

여기서, ρ_{max} : 단근보의 최대철근비

$$\rho' = \dfrac{A_s'}{bd} \text{ (압축철근비)}$$

(3) 압축철근이 항복하지 않을 경우

$\varepsilon_s' < \varepsilon_y$, 즉 $\dfrac{d'}{a} > \left(\dfrac{d'}{a}\right)_{\lim}$ 인 경우로 [그림 4. 8 (d), (e), (f)]에서 힘의 평형 조건을 적용하면 다음과 같다.

$$C_c + C_s = T \quad \cdots\cdots\cdots\cdots\cdots\cdots\cdots\cdots\cdots\cdots\cdots\cdots\cdots (4.22)$$

$$0.85 f_{ck} a b + E_s \varepsilon_s' A_s' = A_s f_y$$

여기서, $\varepsilon_s' = \left(\dfrac{c-d'}{c}\right) 0.003$, $c = \dfrac{a}{\beta_1}$ 를 식 (4. 22)에 대입하여 a에 관하여 정리하면 다음과 같다.

$$(0.85 f_{ck} b) a^2 + (0.003 E_s A_s' - A_s f_y) a - (0.003 E_s A_s' \beta_1 d') = 0$$
$$\cdots\cdots\cdots\cdots\cdots\cdots\cdots\cdots\cdots\cdots\cdots\cdots\cdots\cdots\cdots\cdots\cdots\cdots\cdots\cdots\cdots (4.23)$$

식 (4. 23)으로부터 a를 계산할 수 있다. 따라서 복근보의 공칭모멘트는 다음과 같다.

$$M_n = C_c \left(d - \dfrac{a}{2}\right) + C_s (d - d')$$

$$= 0.85 f_{ck} a b \left(d - \dfrac{a}{2}\right) + E_s \varepsilon_s' A_s' (d - d')$$

$$= 0.85 f_{ck} a b \left(d - \dfrac{a}{2}\right) + E_s \cdot \dfrac{(a - \beta_1 d')}{a} \times 0.003 \times A_s' (d - d')$$
$$\cdots\cdots\cdots\cdots\cdots\cdots\cdots\cdots\cdots\cdots\cdots\cdots\cdots\cdots\cdots\cdots (4.24)$$

설계강도는 공칭모멘트 M_n에 $\phi = 0.85$를 곱하여 얻을 수 있다. 즉,

$$\phi M_n = \phi [0.85 f_{ck} a b \left(d - \dfrac{a}{2}\right) + E_s \cdot \dfrac{(a - \beta_1 d')}{a}$$

$$\times 0.003 \times A_s' (d - d')] \quad \cdots\cdots\cdots\cdots\cdots\cdots\cdots (4.25)$$

예제 4.14 그림과 같은 직사각형 보에서 압축철근이 항복할 때 응력블록의 깊이 a값을 구하라. (단, $f_{ck}=24$MPa, $f_y=400$MPa이다.)

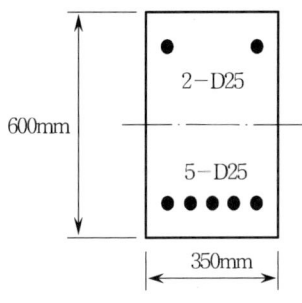

[풀이] $a = \dfrac{(A_s - A_s')f_y}{0.85f_{ck}b} = \dfrac{(2,534 - 1,013) \times 400}{0.85 \times 24 \times 350} = 85.21\,\text{mm}$

예제 4.15 그림과 같은 직사각형 보의 설계강도를 구하라. (단, $f_{ck}=21$MPa, $f_y=400$MPa이다.)

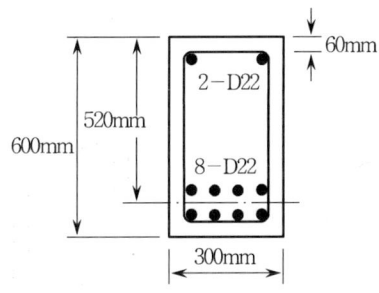

[풀이] ① 철근비의 검토

$\rho = \dfrac{A_s}{bd} = \dfrac{8 \times 387.1}{300 \times 520} = 0.0199$

$\rho' = \dfrac{A_s'}{bd} = \dfrac{2 \times 387.1}{300 \times 520} = 0.0050$

복근보의 유효철근비 $(\rho - \rho')$

$\rho_{\min} \leqq \rho - \rho' \leqq \rho_{\max}$ 에 만족해야 한다.

$\rho_{\min} = \dfrac{1.4}{f_y} = \dfrac{1.4}{400} = 0.0035$

$\rho - \rho' = 0.0149$

$$\rho_{max} = 0.714\rho_b = 0.714 \times 0.0228 = 0.0163$$

$$\therefore \ 0.0035 \leq 0.0149 \leq 0.0163, \ \ O.K$$

② 압축철근의 항복여부 검토

압축철근이 항복한 것으로 가정하면

$$a = \frac{(A_s - A_s')f_y}{0.85 f_{ck} b} = \frac{(3,097 - 774.2) \times 400}{0.85 \times 21 \times 300} = 173.51 \, mm$$

$$\frac{d'}{a} = \frac{60}{173.51} = 0.346$$

$$\left(\frac{d'}{a}\right)_{lim} = 0.392 > \frac{d'}{a} = 0.346$$

∴ 압축철근은 극한상태에서 항복한다.

③ 설계강도 (ϕM_n) 산정

$$M_n = (A_s - A_s')f_y \cdot \left(d - \frac{a}{2}\right) + A_s' f_y (d - d')$$

$$= (3,097 - 774.2) \times 400 \times \left(520 - \frac{173.51}{2}\right) + 774.2 \times 400 \times (520 - 60)$$

$$= 544,989,394.4 \, N \cdot mm = 544.99 \, kN \cdot m$$

$$\therefore \phi M_n = 0.85 \times 544.99 = 463.24 \, kN \cdot m$$

예제 4.16 그림과 같은 직사각형 보의 설계강도를 구하라.(단, $f_{ck} = 21 MPa$, $f_y = 400 MPa$이다.)

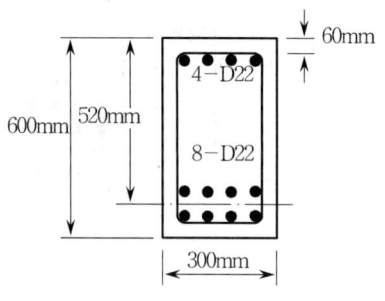

【풀이】 ① 철근비의 검토

$$\rho = \frac{A_s}{bd} = \frac{8 \times 387.1}{300 \times 520} = 0.0199$$

$$\rho' = \frac{A_s'}{bd} = \frac{4 \times 387.1}{300 \times 520} = 0.0099$$

복근보의 유효철근비 ($\rho - \rho'$)

$\rho_{min} \leq \rho - \rho' \leq \rho_{max}$ 에 만족해야 한다.

$$\rho_{min} = \frac{1.4}{f_y} = \frac{1.4}{400} = 0.0035$$

$$\rho - \rho' = 0.01$$

$$\rho_{max} = 0.714\rho_b = 0.714 \times 0.0228 = 0.0163$$

∴ $0.0035 \leq 0.01 \leq 0.0163$, O.K

② 압축철근의 항복여부 검토

압축철근이 항복한 것으로 가정하면

$$a = \frac{(A_s - A_s')f_y}{0.85f_{ck}b} = \frac{(3,097 - 1,548) \times 400}{0.85 \times 21 \times 300} = 115.70\,\text{mm}$$

$$\frac{d'}{a} = \frac{60}{115.70} = 0.519$$

$$\left(\frac{d'}{a}\right)_{lim} = 0.392 < \frac{d'}{a} = 0.519$$

∴ 압축철근은 극한상태에서 항복하지 않는다.

$$(0.85f_{ck}b)a^2 + (0.003E_sA_s' - A_sf_y)a - (0.003E_sA_s'\beta_1 d') = 0$$

$$(0.85 \times 21 \times 300)a^2 + (0.003 \times 2.0 \times 10^5 \times 1,548 - 3,097 \times 400)a$$
$$- (0.003 \times 2.0 \times 10^5 \times 1,548 \times 0.85 \times 60) = 0$$

$$5,355a^2 - 310,000a - 47,368,800 = 0$$

$$\therefore a = \frac{310,000 + \sqrt{(310,000)^2 + 4 \times 5,355 \times 47,368,800}}{2 \times 5,355} = 127.35\,\text{mm}$$

③ 설계강도 (ϕM_n) 산정

$$M_n = C_c\left(d - \frac{a}{2}\right) + C_s(d - d')$$

$$= 0.85f_{ck}ab\left(d - \frac{a}{2}\right) + E_s \cdot \frac{(a - \beta_1 d')}{a} \times 0.003 \times A_s'(d - d')$$

$$= 0.85 \times 21 \times 127.35 \times 300 \times \left(520 - \frac{127.35}{2}\right) + 2.0 \times 10^5 \times \frac{(127.35 - 0.85 \times 60)}{127.35}$$
$$\times 0.003 \times 1,548 \times (520 - 60)$$

$$= 311,195,054.8\,\text{N}\cdot\text{mm} + 256,147,505.3\,\text{N}\cdot\text{mm}$$

$$= 567.35\,\text{kN}\cdot\text{m}$$

∴ $\phi M_n = 0.85 \times 567.35 = 482.25\,\text{kN}\cdot\text{m}$

4. 6 T형 보의 해석과 설계

(1) T형 보의 개념

철근콘크리트 골조에서의 보는 슬래브와 콘크리트가 동시에 타설되기 때문에 콘크리트의 경화 후 슬래브와 보가 일체가 되어 하중에 저항하는 하나의 보로 작용하는 보를 T형 보라 한다. [그림 4. 9]와 같이 T형 보의 단면에서 슬래브 부분을 플랜지(Flange), 보 부분을 웨브(Web)라 한다.

이러한 T형 보가 휨을 받는 경우 플랜지 부분(슬래브)이 압축저항을 하기 때문에 대단히 강한 보가 되어 보통 압축철근이 필요하지 아니하므로 단근 보로 설계한다.

콘크리트는 압축응력만 지지하는 것으로 보기 때문에 [그림 4. 10]과 같이 T형 보는 보의 전 부분에 다 적용되는 것은 아니고, 휨에 의하여 슬래브가 압축측이 되는 보의 중앙부분에만 적용하며, 슬래브가 인장측이 되는 보의 단부에서는 직사각형보로 설계한다.

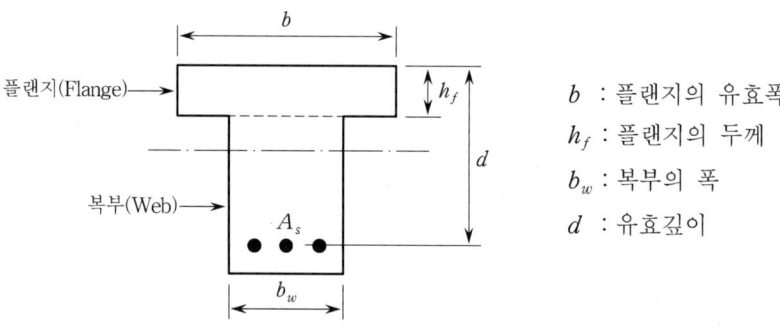

b : 플랜지의 유효폭
h_f : 플랜지의 두께
b_w : 복부의 폭
d : 유효깊이

[그림 4. 9] T형 보의 명칭

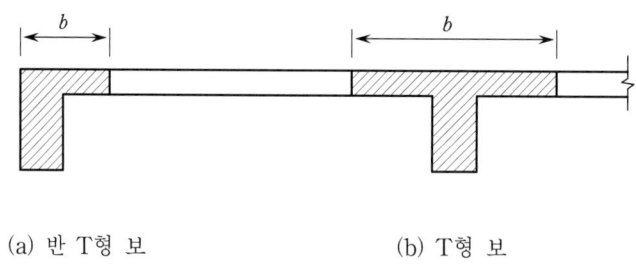

(a) 반 T형 보　　　　(b) T형 보

[그림 4. 10] 보-슬래브 구조에서 T형 보 부분

(2) T형 보의 유효폭

압축응력을 받는 T형 보 플랜지는 보에 인접한 부분에서는 압축응력을 많이 받으나, 보에서 멀리 떨어질수록 지지하는 압축응력의 크기는 감소한다. 이러한 압축응력의 분포를 최대 압축응력이 일정하게 작용하는 것으로 바꿔놓았을 때 그 폭을 T형 보의 유효폭이라 한다. T형 보의 유효폭은 다음과 같으며 이 중에서 가장 작은 값을 사용한다.

① 보의 양측에 슬래브가 있는 경우(T형 보)

    (가) 보 스팬 길이의 1/4

    (나) 슬래브 두께의 16배에 보의 웨브 폭을 더한 값 ($=16h_f + b_w$)

    (다) 양쪽 슬래브의 중심거리

② 보의 한쪽에만 슬래브가 있는 경우(반 T형 보)

    (가) 보 스팬 길이의 $1/12 + b_w$(보의 웨브 폭)

    (나) 슬래브 두께의 6배에 보의 웨브 폭을 더한 값 ($=6h_f + b_w$)

    (다) 부재의 외측으로부터 한쪽 슬래브 중심까지의 거리(인접 보와의 내측거리의 $1/2 + b_w$)

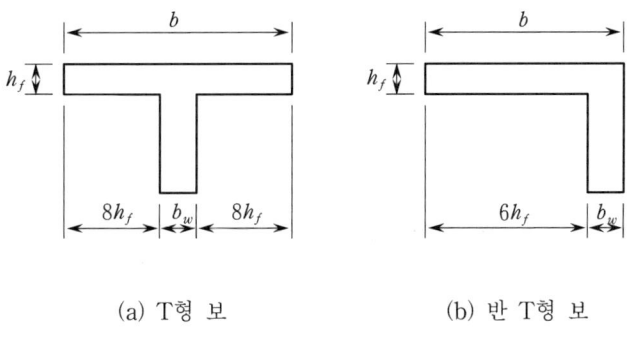

(a) T형 보   (b) 반 T형 보

[그림 4. 11] T형 보의 유효폭

(3) T형 보의 설계강도

T형 보의 해석방법은 중립축의 위치에 따라 [그림 4. 12]와 같이 압축측의 형태가 직사각형이 되거나 T형이 될 수 있다.

T형 보의 해석에서도 압축응력의 분포는 직사각형 보의 경우와 같이 등가응력

블록을 사용한다. 등가응력 블록이 플랜지 내에 있는 경우($a \leq h_f$, 중립축이 플랜지 내에 있는 경우) 보 폭은 T형 보의 유효폭(b)와 같고 보 높이가 T형 보의 유효깊이(d)와 동일한 직사각형 보로 설계하며, 등가응력블록이 웨브에 걸쳐 있는 경우($a > h_f$, 중립축이 웨브에 있는 경우)는 T형 보로 설계한다.

T형 보에서는 플랜지 면적이 커서 콘크리트의 압축력이 크기 때문에 일반적으로 압축철근을 필요로 하지 않는다. 만약 압축철근을 필요로 할 경우에는 그 해석과 설계는 복근 보와 같은 방법으로 한다.

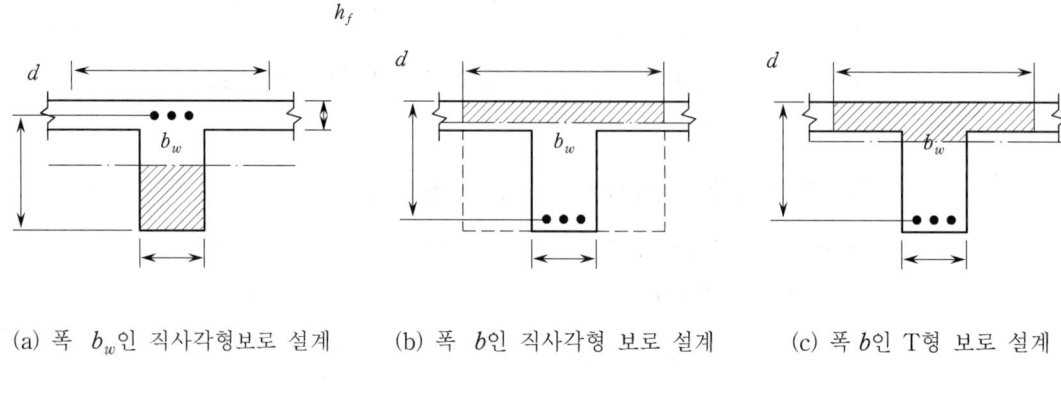

(a) 폭 b_w인 직사각형보로 설계 (b) 폭 b인 직사각형 보로 설계 (c) 폭 b인 T형 보로 설계

[그림 4. 12] T형 보의 해석방법

① 중립축이 플랜지에 위치하는 경우

중립축의 위치가 플랜지 내에 있는 경우에는 T형 보의 공칭 저항모멘트의 해석은 유효폭(b)에 유효깊이(d)를 가지는 단근 직사각형 보의 해석방법으로 한다.

② 중립축이 웨브에 위치하는 경우

[그림 4. 13]과 같이 중립축이 웨브에 위치하는 경우($a > h_f$)의 T형 보는 플랜지 부분과 웨브 부분으로 나누고, 인장철근도 플랜지철근(A_{sf})와 웨브철근($A_s - A_{sf}$)로 나누어 각각 계산한다. 플랜지철근 A_{sf}는 평형조건으로부터 다음과 같다.

$$C_f = T_f$$

$$0.85 f_{ck}(b - b_w)h_f = A_{sf} f_y$$

$$\therefore A_{sf} = \frac{0.85 f_{ck}(b - b_w)h_f}{f_y} \quad \cdots\cdots\cdots (4.26)$$

따라서 압축응력의 합력은 플랜지 중심에 작용하므로 플랜지 부분에 의한 공칭모멘트 (M_{n1})은 다음과 같다.

$$M_{n1} = A_{sf}f_y\left(d - \frac{h_f}{2}\right) \quad \cdots \cdots (4.\ 27)$$

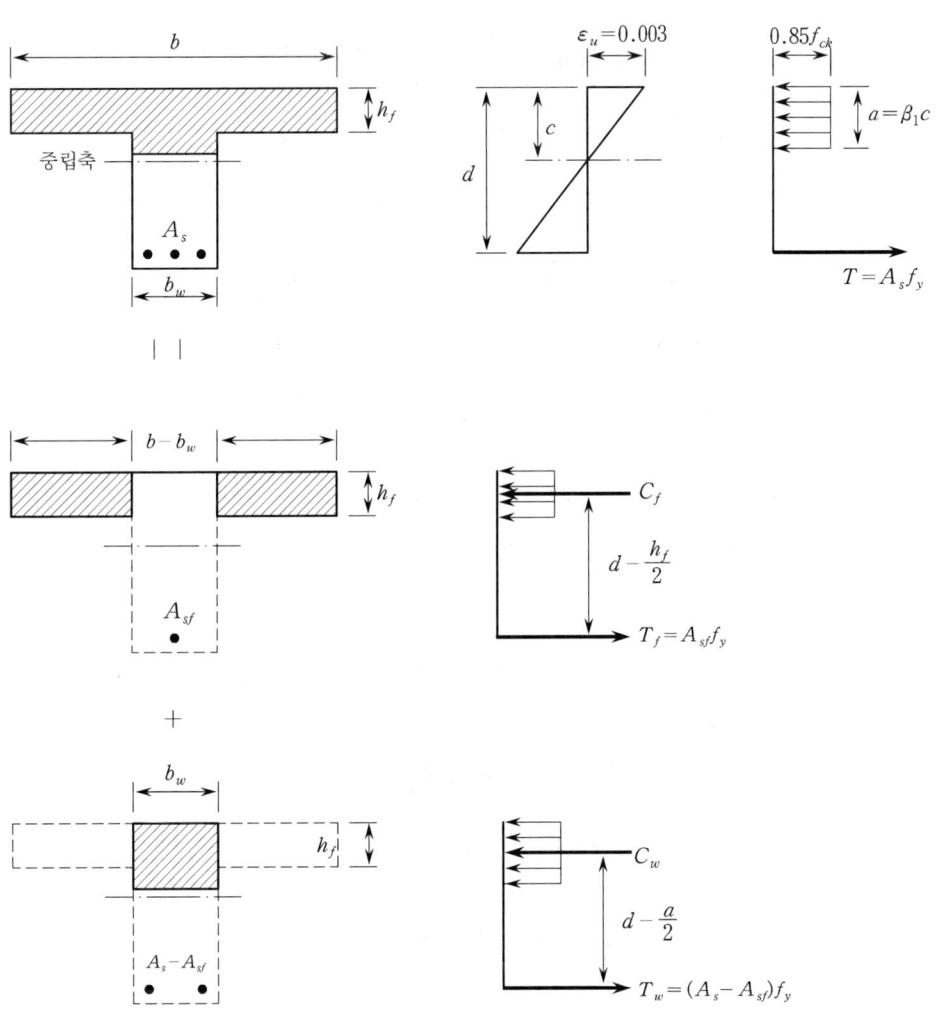

[그림 4. 13] T형 보의 응력

또한, 나머지 철근 $(A_s - A_{sf})$는 웨브부분과 평형을 이루므로 등가응력블록의 깊이 (a)는

$$C_w = T_w$$

$$0.85 f_{ck} a b_w = (A_s - A_{sf}) f_y$$

$$a = \frac{(A_s - A_{sf}) f_y}{0.85 f_{ck} b_w} \quad\cdots\cdots\cdots\cdots\cdots\cdots\cdots\cdots\cdots\cdots\cdots\cdots\cdots\cdots (4.28)$$

직사각형 보의 공칭모멘트 (M_{n2})는 다음과 같다.

$$M_{n2} = (A_s - A_{sf}) f_y \left(d - \frac{a}{2} \right) \quad\cdots\cdots\cdots\cdots\cdots\cdots\cdots\cdots\cdots\cdots (4.29)$$

전체모멘트 M_n은 식 (4.27)의 M_{n1}과 식 (4.29)의 M_{n2}의 합으로 다음과 같다.

$$M_n = A_{sf} f_y \left(d - \frac{h_f}{2} \right) + (A_s - A_{sf}) f_y \left(d - \frac{a}{2} \right) \quad\cdots\cdots\cdots\cdots (4.30)$$

이에 따라 설계강도는 식 (4.30)의 값에 강도저감계수 $\phi = 0.85$를 곱하여 구한다.
즉,

$$\phi M_n = \phi \left[A_{sf} f_y \left(d - \frac{h_f}{2} \right) + (A_s - A_{sf}) f_y \left(d - \frac{a}{2} \right) \right] \quad\cdots\cdots (4.31)$$

(4) T형 보의 균형철근비 및 최대철근비

보의 균형철근비 $(\overline{\rho_b})$는 다음과 같다.

$$\overline{\rho_b} = \frac{b_w}{b} (\rho_b + \rho_f) \quad\cdots\cdots\cdots\cdots\cdots\cdots\cdots\cdots\cdots\cdots\cdots\cdots\cdots\cdots\cdots (4.32)$$

여기서, ρ_b : 단근 직사각형 보의 균형철근비 $\left(= \dfrac{A_s}{bd} \right)$

ρ_f : 플랜지 부분 $(b - b_w)$에 대응하는 철근비 $\left(= \dfrac{A_{sf}}{b_w d} \right)$

T형 보에서도 인장철근의 항복에 의한 연성파괴를 얻기 위하여 75%를 적용해야 한다.

따라서 T형 보의 최대인장철근비는 다음과 같다.

$$\overline{\rho}_{max} = \frac{b_w}{b}(\rho_{max} + \rho_f) \quad \cdots\cdots\cdots\cdots\cdots\cdots\cdots\cdots\cdots\cdots\cdots\cdots\cdots (4.33)$$

예제 4.17 보의 스팬 6m, 슬래브 중심 간 거리 4.5m이며 b_w=300mm, h=600mm, h_f=120mm일 때 T형 보 유효폭 b를 구하라.

【풀이】 $b = \dfrac{l}{4} = \dfrac{6,000}{4} = 1,500$ mm

b = 슬래브 중심 간 거리 = 4,500mm

$b = 16h_f + b_w = 16 \times 120 + 300 = 2,220$ mm

∴ b = 1,500mm

예제 4.18 그림과 같은 T형 보의 압축응력블록 깊이 a값을 구하라.(단, f_{ck}=21MPa, f_y=300MPa이다.)

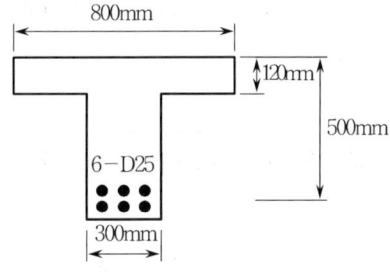

【풀이】 T형 보의 판별

$$a = \frac{A_s f_y}{0.85 f_{ck} b} = \frac{506.7 \times 6 \times 300}{0.85 \times 21 \times 800} = 63.87 \text{ mm}$$

즉, $a < h_f$ 이므로 보폭이 800mm인 직사각형 보로 해석해야 한다.

∴ a = 63.87 mm

예제 4.19 다음 그림 중 반 T형 보에서 보의 스팬 7.2m, h_f=120mm, b_w=300mm, h=600mm일 때 유효폭 b를 구하라.

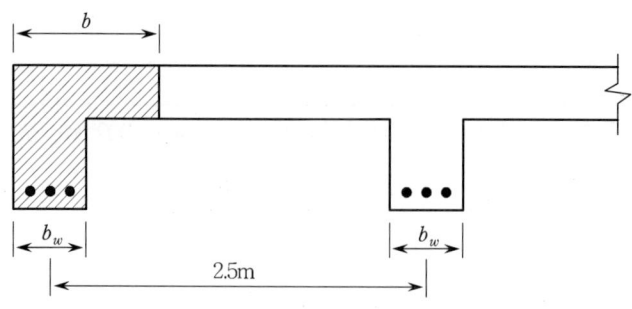

【풀이】 $b = \dfrac{l}{12} + b_w = \dfrac{7,200}{12} + 300 = 900 \text{ mm}$

$b = 6h_f + b_w = 6 \times 120 + 300 = 1,020 \text{ mm}$

$b = $ 부재의 외측에서 슬래브 중심까지의 거리

$\quad = \dfrac{b_w}{2} + \dfrac{2,500}{2} = 150 + 1,250 = 1,400 \text{ mm}$

∴ $b = 900 \text{ mm}$

예제 4.20 그림과 같은 T형 보에서 f_{ck}=21MPa, f_y=400MPa일 때 압축응력블록의 깊이 a를 구하라.

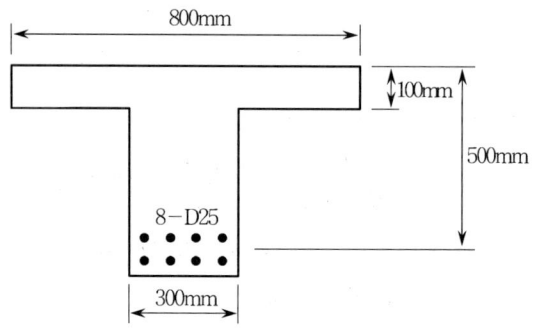

【풀이】 T형 보의 판별

$a = \dfrac{A_s f_y}{0.85 f_{ck} b} = \dfrac{506.7 \times 8 \times 400}{0.85 \times 21 \times 800} = 113.55 \text{ mm}$

즉, 113.55 mm > h_f = 100mm 이므로 T형 보로 계산한다.

$$A_{sf} = \frac{0.85 f_{ck} h_f (b - b_w)}{f_y} = \frac{0.85 \times 21 \times 100 \times (800 - 300)}{400} = 2,231.25 \, \text{mm}^2$$

$$\therefore a = \frac{(A_s - A_{sf}) f_y}{0.85 f_{ck} b_w} = \frac{(506.7 \times 8 - 2,231.25) \times 400}{0.85 \times 21 \times 300} = 136.12 \, \text{mm}$$

예제 4.21 그림과 같은 T형 보의 설계강도(ϕM_n)를 구하라.(단, f_{ck} = 24MPa, f_y = 400MPa이다.)

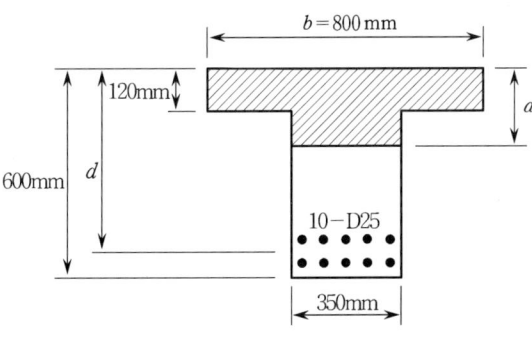

【풀이】 ① T형 보의 판별

$$a = \frac{A_s f_y}{0.85 f_{ck} b} = \frac{506.7 \times 10 \times 400}{0.85 \times 24 \times 800} = 124.19 \, \text{mm} > h_f = 120 \, \text{mm}$$

즉, $a > h_f$ 이므로 T형 보로 계산한다.

② 유효깊이

$d = 600 - (40 + 10 + 25 + 25/2) = 512.5 \, \text{mm}$

③ 설계강도

플랜지에 해당하는 철근단면적 A_{sf}와 공칭모멘트 M_{n1}은 다음과 같다.

$$A_{sf} = \frac{0.85 f_{ck} h_f (b - b_w)}{f_y} = \frac{0.85 \times 24 \times 120 \times (800 - 350)}{400} = 2,754 \, \text{mm}^2$$

$$M_{n1} = A_{sf} \cdot f_y (d - h_f / 2) = 2,754 \times 400 \times \left(512.5 - \frac{120}{2}\right)$$

$$= 498,474,000 \, \text{N} \cdot \text{mm} = 498.47 \, \text{kN} \cdot \text{m}$$

또한, 웨브에 해당하는 등가직사각형 블록깊이 a와 공칭모멘트 M_{n2}는 다음과 같다.

$$a = \frac{(A_s - A_{sf}) f_y}{0.85 f_{ck} b_w} = \frac{(10 \times 506.7 - 2,754) \times 400}{0.85 \times 24 \times 350} = 129.58 \, \text{mm}$$

$$M_{n2} = (A_s - A_{sf}) f_y \left(d - \frac{a}{2}\right)$$

$$= (5,067 - 2,754) \times 400 \times \left(512.5 - \frac{129.58}{2}\right) = 414.22 \, \text{kN} \cdot \text{m}$$

$$\therefore \phi M_n = \phi (M_{n1} + M_{n2}) = 0.85 \times (498.47 + 414.22) = 775.79 \, \text{kN} \cdot \text{m}$$

예제 4.22 그림과 같은 T형 보에서 보의 스팬 5m, 슬래브 중심거리 4.0m일 때 설계강도 (ϕM_n)를 구하라.(단, $f_{ck}=24$MPa, $f_y=400$MPa이다.)

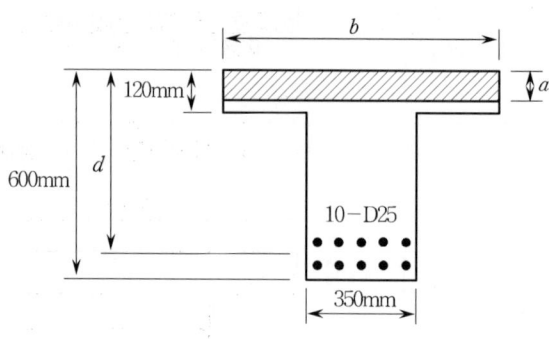

【풀이】 ① T형 보의 유효폭

$$b=\frac{l}{4}=\frac{5,000}{4}=1,250\,\text{mm}$$

$$b=16h_f+b_w=16\times120+350=2,270\,\text{mm}$$

$$b=\text{양측 슬래브의 중심거리}=4,000\,\text{mm}$$

$$\therefore\ b=1,250\,\text{mm}$$

② T형 보의 판별

$$a=\frac{A_s f_y}{0.85 f_{ck} b}=\frac{506.7\times10\times400}{0.85\times24\times1,250}=79.48\,\text{mm}$$

즉, $a<h_f$이므로 폭 b인 직사각형 보로 계산한다.

③ 설계강도

$$d=600-\left(40+10+25+\frac{25}{2}\right)=512.5\,\text{mm}$$

$$\therefore \phi M_n=\phi A_s f_y(d-a/2)$$

$$=0.85\times506.7\times10\times400\times\left(512.5-\frac{79.48}{2}\right)=746\,\text{kN}\cdot\text{m}$$

예제 4.23 그림과 같은 T형 보에서 $M_u = 600 \text{kN} \cdot \text{m}$가 작용하며, 스팬의 길이 7.2m, 슬래브 중심간 거리 5m일 때 T형 보를 설계하라.(단, $f_{ck} = 24 \text{MPa}$, $f_y = 400 \text{MPa}$이다.)

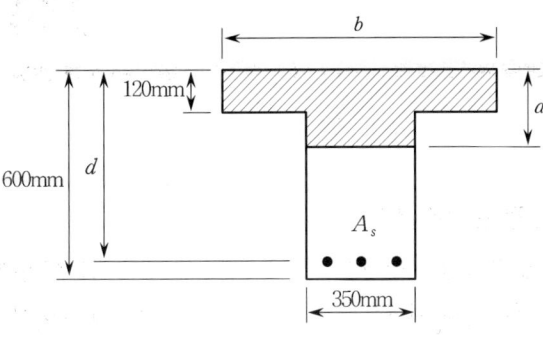

【풀이】 ① 유효폭

$$b = \frac{l}{4} = \frac{7,200}{4} = 1,800 \text{ mm}$$

$$b = 16 h_f + b_w = 16 \times 120 + 350 = 2,270 \text{ mm}$$

$$b = \text{양측 슬래브의 중심거리} = 5,000 \text{ mm}$$

$$\therefore b = 1,800 \text{ mm}$$

② 유효깊이

D25를 2단 배근으로 가정

$$d = 600 - (40 + 10 + 25 + 25/2) = 512.5 \text{ mm}$$

③ T형보의 판정

$$\frac{M_u}{\phi f_{ck} b d^2} = \frac{600 \times 10^6}{0.85 \times 24 \times 1,800 \times 10 \times (512.5^2)} = 0.0622$$

따라서 [표 4.4]에서 $\omega = \dfrac{\rho f_y}{f_{ck}} = 0.065$

$$a = \frac{A_s f_y}{0.85 f_{ck} b} = \frac{\rho f_y d}{0.85 f_{ck}} = \frac{\omega \cdot d}{0.85} = \frac{0.065 \times 512.5}{0.85} = 39.2 \text{ mm} < 120 \text{ mm}$$

∴ 유효폭 b인 직사각형보의 설계법을 적용시킨다.

④ 철근량

$$A_s = \frac{0.85 f_{ck} a b}{f_y} = \frac{0.85 \times 24 \times 39.2 \times 1,800}{400} = 3,598.56 \text{ mm}^2$$

8 – D25 ($= 4,054 \text{ mm}^2$)

⑤ 철근비 검토

$$\rho_{\min} = \frac{1.4}{f_y} = \frac{1.4}{400} = 0.0035$$

$$\rho = \frac{A_s}{bd} = \frac{4,054}{1,800 \times 512.5} = 0.0044 > \rho_{\min}, \quad \text{O.K}$$

제4장 연습문제

01 보의 주철근의 수평 순간격은?

① 30mm 이상, 굵은골재 최대치수 4/3 이상, 철근 공칭지름의 2배 이상
② 25mm 이상, 굵은골재 최대치수 4/3 이상, 철근 공칭지름 이상
③ 25mm 이상, 굵은골재 최대치수 이상, 철근 공칭지름의 1/3배 이상
④ 40mm 이상, 굵은골재 최대치수 1.5배 이상, 철근 공칭지름 이상

02 강도설계법에 의한 철근콘크리트 설계에서 보의 휨강도 산정 시 기본가정으로 옳지 않은 것은?

① 철근과 콘크리트의 변형률은 중립축으로부터의 거리에 비례한다.
② 휨강도 계산 시 콘크리트의 인장강도를 고려한다.
③ 콘크리트 변형률과 압축응력의 분포 관계는 직사각형, 사다리꼴, 포물선형 등으로 가정할 수 있다.
④ 콘크리트의 압축연단에서의 극한변형률은 0.03이다.

03 보의 폭 $b=300\,mm$, $f_{ck}=21\text{MPa}$인 단근보를 강도설계법으로 설계하고자 할 때 균형상태에서 이 보의 압축내력은 약 얼마인가?(단, 등가응력블록의 깊이 $a=120\text{mm}$)

① 536.2kN ② 642.6kN
③ 720.4kN ④ 825.8kN

04 그림은 극한 강도설계법에서 단근 장방형 보의 응력도를 표시한 것이다. 압축력 C값으로 옳은 것은?(단, $f_{ck}=21\text{MPa}$, $f_y=400\text{MPa}$)

① 1,100kN
② 1,105kN
③ 1,150kN
④ 1,200kN

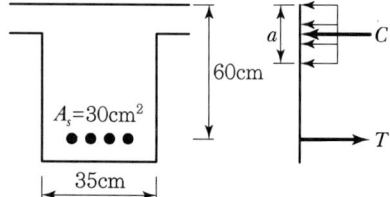

05 강도설계법에 의한 철근콘크리트 단근 장방형 보의 휨 설계 시 등가응력블록의 깊이 a를 구하는 식은?(단, b는 보의 폭)

① $a = \dfrac{A_s \cdot f_y}{0.85 f_{ck}}$ 　　　　② $a = \dfrac{f_y}{0.85 f_{ck}}$

③ $a = \dfrac{A_s \cdot f_y}{0.85 f_{ck} \cdot b}$ 　　　④ $a = 0.85 f_{ck} \cdot b$

06 그림과 같은 직사각형 단근보를 강도설계법으로 설계할 때 콘크리트의 등가응력블록의 깊이 a는 약 얼마인가?(단, D22철근 1개의 단면적은 387mm², $f_{ck} = 24$MPa, $f_y = 400$MPa)

① 91mm
② 101mm
③ 111mm
④ 121mm

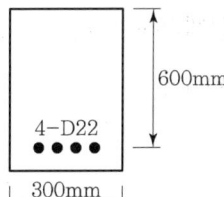

07 강도설계법에 의한 철근콘크리트 설계 시 단근 직사각형 보에서 균형 단면을 이루기 위한 중립축의 위치 c_b가 300mm인 경우 등가응력블록의 깊이 a_b는?(단, $f_{ck} = 27$MPa)

① 180mm 　　　　② 210mm
③ 225mm 　　　　④ 255mm

08 그림과 같은 단면을 가지는 직사각형 보의 철근비는?(단, 철근 3-D16=597mm²)

① 0.0065
② 0.0070
③ 0.0075
④ 0.0080

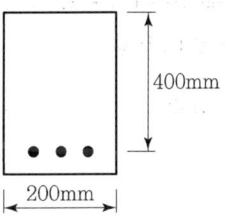

09 강도설계법에서 $b = 300$m, $d = 500$m인 단근 직사각형 보의 인장 철근비가 $\rho = 0.0135$이면 인장철근량은?

① 1,800mm² 　　　　② 2,025mm²
③ 2,250mm² 　　　　④ 2,450mm²

10 강도설계법에서 철근콘크리트 보의 균형철근비는?

① 인장철근량과 압축철근량이 같은 경우의 철근비이다.
② 인장철근이 설계기준항복강도에 대응하는 변형률에 도달하기 전에 압축 연단 콘크리트의 변형률이 그 극한변형률에 도달할 때의 압축철근비이다.
③ 압축철근이 설계기준항복강도에 대응하는 변형률에 도달함과 동시에 압축 연단 콘크리트의 변형률이 그 극한변형률에 도달할 때 단면의 압축철근비이다.
④ 인장철근이 설계기준항복강도에 대응하는 변형률에 도달함과 동시에 압축 연단 콘크리트의 변형률이 그 극한변형률에 도달할 때 단면의 인장철근비이다.

11 강도설계법에서 $f_y=400\text{MPa}$, $d=550\text{mm}$인 균형보의 중립축 거리 (c_b)로 맞는 것은?

① 300mm ② 320mm ③ 330mm ④ 350mm

12 강도설계법에서 그림과 같은 단면의 균형상태에서의 등가응력블럭의 깊이는?(단, c_b = 중립축거리, $f_{ck}=24\text{MPa}$, $f_y=400\text{MPa}$)

① 220.6mm
② 240.6mm
③ 260.6mm
④ 275.4mm

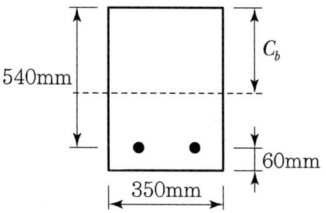

13 강도설계법에서 다음 조건에 맞는 단근보의 균형철근비는 얼마인가?(조건 : $f_{ck}=24\text{MPa}$, $f_y=400\text{MPa}$)

① 0.0232 ② 0.0260 ③ 0.0298 ④ 0.0325

14 그림과 같은 단면의 균형철근 단면적 A_{sb}는?(단, $f_{ck}=21\text{MPa}$, $f_y=300\text{MPa}$)

① 2,364mm²
② 2,561mm²
③ 2,684mm²
④ 2,795mm²

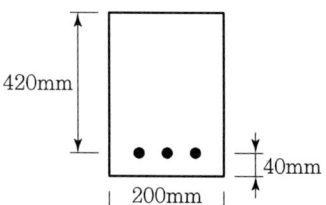

15 철근콘크리트 보에서 인장철근비가 균형철근비보다 큰 경우에 발생될 수 있는 현상은?

① 인장 측 철근이 콘크리트보다 먼저 허용응력에 도달한다.
② 중립축이 상부로 올라간다.
③ 연성파괴가 나타난다.
④ 콘크리트의 압축파괴가 나타난다.

16 강도설계법 적용 시 폭이 300mm, 춤이 600m인 단면을 가지는 직사각형 보의 최대 철근비를 구하면 얼마인가?(단, 압축철근은 없으며 사용재료의 $f_{ck}=24$MPa, $f_y=400$MPa)

① 0.0170　　　　　　　　② 0.0186
③ 0.0225　　　　　　　　④ 0.0260

17 단근 장방형 보에 대한 강도설계법에서 균형철근비 $\rho_b=0.034$, $b=300$mm, $d=500$mm, $f_y=400$MPa일 때 최대 인장철근량은?

① 5,100mm²　　　　　　② 4,590mm²
③ 4,080mm²　　　　　　④ 3,640mm²

18 극한강도 설계법에 의한 철근콘크리트의 보 설계에서 $f_{ck}=21$MPa, $f_y=400$MPa일 때 최소 철근비는?

① 0.0025　　　　　　　　② 0.0030
③ 0.0035　　　　　　　　④ 0.004

19 강도설계 적용 시 그림과 같은 단근 직사각형보 단면의 공칭휨강도 M_n은?(단, $f_{ck}=21$MPa, $f_y=400$MPa, 인장철근의 총면적 $A_s=1,200$mm²)

① 162kN·m
② 182kN·m
③ 202kN·m
④ 242kN·m

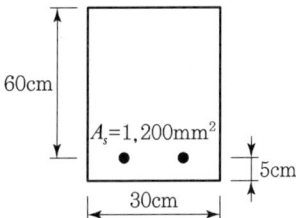

20 강도설계법에 의한 철근콘크리트 보 설계에 대한 원칙으로 옳지 않은 것은?

① 인장철근이 설계기준항복강도 f_y에 대응하는 변형률에 도달하고 동시에 압축콘크리트가 극한변형률인 0.003에 도달할 때, 그 단면이 균형변형률 상태에 있다고 본다.
② 압축콘크리트가 가정된 극한변형률인 0.003에 도달할 때 최외단 인장철근의 순인장변형률 ε_t가 압축지배변형률한계 이하인 단면을 압축지배단면이라고 한다.
③ 휨부재의 강도를 증가시키기 위하여 추가 인장철근과 이에 대응하는 압축철근을 사용할 수 있다.
④ 압축콘크리트가 가정된 극한변형률인 0.003에 도달할 때 최외단 인장철근의 순인장변형률 ε_t가 0.005 이상인 단면을 변화구간단면이라고 한다.

21 다음 그림과 같은 철근콘크리트 직사각형 보에서 강도감소계수(ϕ)를 구하면?(단, $f_{ck}=$ 24MPa, $f_y=400$MPa, $A_s=1,500$m²)

① 0.70
② 0.80
③ 0.85
④ 0.95

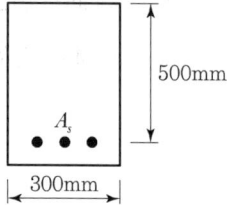

22 철근콘크리트 보에서 중립축의 깊이(c)가 220m, 최외단 압축연단에서 최외단 인장철근까지의 거리(d_t)가 550m일 때 강도감소계수를 구하면?(단, $f_y=400$MPa)

① 0.625　　　　　　　　② 0.764
③ 0.817　　　　　　　　④ 0.925

23 철근콘크리트 단근 장방형 보에서 유효춤 600mm, 보 폭 300mm, 등가높이 100mm, $f_{ck}=$ 21MPa일 설계휨강도는? (단, $\phi=0.85$)

① 241kN·m　　　　　　② 250kN·m
③ 204kN·m　　　　　　④ 185kN·m

24 그림의 단근 장방형 보에서 설계강도 M_d는?(단, $f_{ck}=21$MPa, $f_y=400$MPa, D22($a_1=387$mm²))

① 170kN·m
② 200kN·m
③ 235kN·m
④ 306kN·m

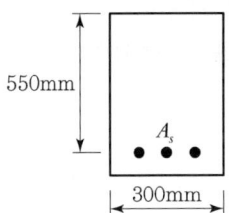

25 강도설계법의 직사각형 보에서 단면의 휨에 대한 공칭강도(M_n)가 200kN·m일 때 휨에 대한 소요강도(M_u)의 값은?(단, 강도감소계수 $\phi=0.85$)

① 160kN·m
② 165kN·m
③ 170kN·m
④ 200kN·m

26 보의 폭 $b=300$mm, 유효깊이 $d=540$mm인 단근 직사각형 보에서 설계모멘트 $M_d=208$kN·m를 받도록 설계하려고 한다. 이때 필요한 철근량을 구하면?(단, $f_{ck}=21$MPa, $f_y=300$MPa, $a=93$mm, $\phi=0.85$)

① 1,253mm²
② 1,453mm²
③ 1,653mm²
④ 1,853mm²

27 강도설계법에서 복근보에 대한 설명 중 틀린 것은?

① 복근보로 설계하면 장기처짐이 감소한다.
② 전단보강근의 배근이 용이하다.
③ 압축철근이 인장철근의 50% 이상 배근되어야만 복근보라 한다.
④ 인장철근비를 최대철근비 이하로 유지하면서 설계강도를 높일 수 있다.

28 강도설계법에서 인장 측에 3,042mm², 압축 측에 1,014mm²의 철근이 배근되었을 때 압축응력 등가블럭의 깊이는?(단, $f_{ck}=21$MPa, $f_y=400$MPa, 보의 폭 $b=300$mm이다.)

① 75.7mm
② 151.5mm
③ 227.7mm
④ 303.1mm

29 철근콘크리트 T형 보의 유효폭 산정에서 관계가 없는 항목은?

① 보의 높이
② 슬래브의 두께
③ 양측 슬래브의 중심간 거리
④ 보의 폭

30 철근콘크리트 보에서 스팬 8m, 슬래브 중심간거리 4.0m, 보의 폭 400mm, 슬래브 두께가 150mm일 때 T형 보의 유효폭은?

① 2,000mm
② 2,800mm
③ 4,000mm
④ 4,200mm

31 부재 스팬 6m, 인접보와의 내측거리 4m인 그림과 같은 반 T형 단면 슬래브의 유효폭(B) 값으로 옳은 것은?

① 50cm
② 80cm
③ 102cm
④ 400cm

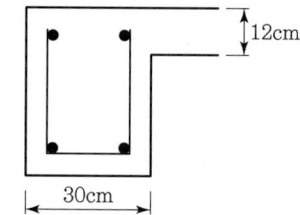

32 단면 $b \times d = 400\text{mm} \times 550\text{mm}$인 T형 보에 인장철근이 5-D19 배근되어 있을 때 인장철근비는?(단, $b_e = 1,500\text{mm}$, 1-D19의 단면적은 287mm²이다.)

① 0.0065
② 0.0060
③ 0.0017
④ 0.0012

제4장 연습문제 해설

01 평행한 주철근의 순간격은 철근의 공칭지름, 25mm 또는 굵은 골재 최대치수의 4/3 이상으로 한다.
②

02 콘크리트의 압축연단에서의 극한변형률은 0.003이다.
②

03 $C = 0.85 f_{ck} \cdot a \cdot b$
②
$\quad = 0.85 \times 21 \times 120 \times 300$
$\quad = 642,600 \text{ N} = 642.6 \text{ kN}$

04 단면 힘의 평형조건에서,
④
$C = T = A_s \cdot f_y = 3,000 \times 400$
$\quad = 1,200,000 \text{ N} = 1,200 \text{ kN}$

05 $0.85 f_{ck} \cdot a \cdot b = A_s \cdot f_y$
③
$a = \dfrac{A_s \cdot f_y}{0.85 f_{ck} \cdot b}$

06 등가응력 블록의 깊이 a
②
$a = \dfrac{A_s \cdot f_y}{0.85 f_{ck} \cdot b} = \dfrac{4 \times 387 \times 400}{0.85 \times 24 \times 300}$
$\quad = 101.176 \text{ mm}$

07 $f_{ck} = 27 \text{ MPa} < 28 \text{ MPa} \rightarrow \beta_1 = 0.85$
④
$ab = \beta_1 \cdot C_b$
$\quad = 0.85 \times 300 = 255 \text{ mm}$

08 ③ $\rho = \dfrac{A_s}{b \cdot d} = \dfrac{597}{200 \times 400} = 0.00746 ≒ 0.0075$

09 ② $\rho = \dfrac{A_s}{b \cdot d} \rightarrow A_s = \rho \cdot b \cdot d = 0.0135 \times 300 \times 500 = 2,025 \, \text{mm}^2$

10 ④ 균형철근비(ρ_b) : 인장철근이 설계기준 항복강도 f_y에 대응하는 변형률에 도달함과 동시에 압축연단 콘크리트의 변형률이 극한변형률 0.003에 도달할 때 단면의 인장철근비이다.

11 ③ $C_b = \dfrac{600}{600 + f_y} \cdot d = \dfrac{600}{600 + 400} \times 550 = 330 \, \text{mm}$

12 ④ $C_b = \dfrac{600}{600 + f_y} \cdot d = \dfrac{600}{600 + 400} \cdot 540 = 324 \, \text{mm}$

$f_{ck} = 24 \, \text{MPa} < 28 \, \text{MPa} \rightarrow \beta_1 = 0.85$

$a_b = \beta_1 \cdot C_b = 0.85 \times 324 = 275.4 \, \text{mm}$

13 ② $f_{ck} = 24 \, \text{MPa} < 27 \, \text{MPa} \rightarrow \beta_1 = 0.85$

$P_b = 0.85 \beta_1 \cdot \dfrac{f_{ck}}{f_y} \cdot \dfrac{600}{600 + f_y}$

$\quad = 0.85 \times 0.85 \times \dfrac{24}{400} \times \dfrac{600}{600 + 400}$

$\quad = 0.0260$

14 ② $f_{ck} = 21 \, \text{MPa} < 28 \, \text{MPa} \rightarrow \beta_1 = 0.85$

$P_b = 0.85 \beta_1 \cdot \dfrac{f_{ck}}{f_y} \cdot \dfrac{600}{600 + f_y}$

$\quad = 0.85 \times 0.85 \times \dfrac{21}{300} \times \dfrac{600}{600 + 300}$

$\quad = 0.0337$

$\rho_b = \dfrac{A_{sb}}{bd}$ 에서,

$A_{sb} = \rho b \cdot b \cdot d = 0.0337 \times 200 \times (420 - 40)$

$\quad = 2,561.2 \, \text{mm}^2$

15 ④ 과다철근보(인장철근비 ρ_t > 균형철근비 ρ_b)가 되므로 중립축이 인장 측으로 하향하여 압축 측 콘크리트의 취성파괴가 일어나 위험한 상태가 된다.

16 ②
$$\rho_b = 0.85\beta_1 \times \frac{f_{ck}}{f_y} \cdot \frac{600}{600+f_y}$$
$$= 0.85 \times 0.85 \times \frac{24}{400} \times \frac{600}{600+400} = 0.0260$$
$f_y = 400\,\text{MPa}$이므로,
$\rho_{max} = 0.714\rho_b = 0.714 \times 0.0260 ≒ 0.0186$

17 ④
$f_y = 400\,\text{MPa}$이므로,
$\rho_{max} = 0.714\rho_b = 0.714 \times 0.034 ≒ 0.0243$
$\rho_{max} = \dfrac{A_{s,max}}{b \cdot d}$
$A_{s,max} = \rho_{max} \cdot b \cdot d = 0.0243 \times 300 \times 500$
$\qquad\qquad = 3{,}642\,\text{mm}^2$

18 ③
$f_{ck} = 21\,\text{Mpa} < 31\,\text{MPa}$이므로,
$\rho_{min} = \dfrac{1.4}{f_y} = \dfrac{1.4}{400} = 0.0035$

19 ④
$a = \dfrac{A_s \cdot f_y}{0.85 f_{ck} \cdot b} = \dfrac{1{,}200 \times 400}{0.85 \times 21 \times 300} = 89.64\,\text{mm}$
$M_n = A_s \cdot f_y \cdot (d - a/2)$
$\quad = 1{,}200 \times 400 \times (550 - 89.64/2)$
$\quad = 242{,}486{,}400\,\text{N·mm}$
$\quad ≒ 242.486\,\text{kN·m}$

20 ④
㉠ 인장지배 단면 : 콘크리트 압축연단변형률이 가정된 극한변형률인 0.003에 도달할 때 최외단 인장철근의 순인장 변형률 ε_t가 인장지배변형률 한계 이상인 단면
㉡ 압축지배 단면 : 콘크리트 압축연단 변형률이 0.003에 도달할 때 최외단 인장철근의 순인장 변형률 ε_t가 인장지배 변형율 한계 이하인 단면

ⓒ 변화구간 단면 : 최외단 인장철근의 순인장변형률 ε_t가 압축지배변형률 한계와 인장지배변형률 한계 사이인 단면 ($\varepsilon_y < \varepsilon_t < 0.005$)

21 ③
$$a = \frac{A_s \cdot f_y}{0.85 f_{ck} \cdot b} = \frac{1,500 \times 400}{0.85 \times 24 \times 300} = 98.04 \text{ mm}$$
$f_{ck} = 24 \text{ MPa} > 28 \text{ MPa} \rightarrow \beta_1 = 0.85$
$$a = \beta_1 \cdot c \rightarrow c = \frac{a}{\beta_1} = \frac{98.04}{0.85} = 115.34 \text{ mm}$$
$$\varepsilon_t = \frac{d_t - c}{c} \cdot \varepsilon_c = \frac{500 - 115.34}{115.34} \times 0.003$$
$$= 0.010 > 0.005$$
∴ 인장지배단면 부재이므로 $\phi = 0.85$를 적용한다.

22 ③
$$\varepsilon_t = \frac{d_t - c}{c} \cdot \varepsilon_c = \frac{550 - 220}{220} \times 0.003$$
$$= 0.0045$$
∴ $0.0020 < \varepsilon_t (= 0.0045) < 0.005$이므로 변화구간 단면의 부재이다.
$$\phi = 0.65 + (\varepsilon_t - 0.002) \times \frac{200}{3}$$
$$= 0.05 + (0.0045 - 0.002) \times \frac{200}{3} = 0.817$$

23 ②
$$M_h = 0.85 f_{ck} \cdot a \cdot b \cdot (d - a/2)$$
$$= 0.85 \times 21 \times 100 \times 300 \times (600 - 100/2)$$
$$= 294,525,000 \text{ N} \cdot \text{mm} = 294.525 \text{ kN} \cdot \text{m}$$
$\phi M_n = 0.85 \times 292.525 = 250.346 \text{ kN} \cdot \text{m}$

24 ②
$$a = \frac{A_s \cdot f_y}{0.85 f_{ck} \cdot b} = \frac{3 \times 387 \times 400}{0.85 \times 21 \times 300} = 86.72 \text{ mm}$$
$$M_n = A_s \cdot f_y \cdot (d - a/2)$$
$$= 3 \times 387 \times 400 \times (550 - 86.72/2)$$
$$= 235,283,616 \text{ N} \cdot \text{mm} = 235.283 \text{ kN} \cdot \text{m}$$

강도 감소계수 ϕ :
$f_{ck} = 21 \text{ MPa} > 28 \text{ MPa} \rightarrow \beta_1 = 0.85$

$$a = \beta_1 \cdot c \rightarrow c = \frac{a}{\beta_1} = \frac{86.72}{0.85} = 102.02 \, \text{mm}$$

$$\varepsilon_t = \frac{d_t - c}{c} \cdot \varepsilon_c = \frac{550 - 102.02}{102.02} \times 0.003$$

$$= 0.013 > 0.005$$

∴ 인장지배 단면 부재이므로 $\phi = 0.85$ 적용하면,

설계강도 $M_d (= \phi M_n) = 0.85 \times 235.283 \fallingdotseq 200 \, \text{kN} \cdot \text{m}$

25
③
$M_u \leq \phi M_n$ 이므로,

$M_u = 0.85 \times 200 = 170 \, \text{kN} \cdot \text{m}$

26
③
$M_u = M_d (= \phi M_n) = \phi \cdot A_s \cdot f_y \cdot (d - a/2)$

$$A_s = \frac{M_u}{\phi \cdot f_y \cdot (d - a/2)} = \frac{208 \times 10^6}{0.85 \times 300 \times (540 - 93/2)}$$

$$= 1,652.86 \, \text{mm}^2$$

27
③
복근보의 특징

- 단근보보다 설계강도를 크게 하고 장기 처짐이 감소된다.
- 스터럽(전단보강근)의 배근과 피복두께 유지가 편리하다.
- 압축 측 콘크리트의 취성파괴를 방지하여 보의 연성적 거동을 향상시킨다.
- 압축 측에 철근을 배근하여도 단면의 휨저항 모멘트는 크게 증대되지 않으므로 경제적이라고는 볼 수 없다.

28
②
$$a = \frac{A_s \cdot f_y}{0.85 f_{ck} \cdot b}$$

$$= \frac{(3,042 - 1,014) \times 400}{0.85 \times 21 \times 300} = 151.485 \, \text{mm}$$

29
①
T형 보(플랜지)의 유효폭 : ㉠, ㉡, ㉢ 중 최솟값

㉠ $16t_f + b_w$

㉡ 양측 슬래브 중심간 거리

㉢ 보 경간(span)의 1/4

30 ①
㉠ $b_e = 16t_f + b_w = 16 \times 120 + 300 = 2,220 \text{ mm}$
㉡ $b_e = $ 양측 슬래브 중심간 거리 $= 5,500 \text{ mm}$
㉢ $b_e = \frac{1}{4} \times$ 보의 스팬 $= \frac{1}{4} \times 8,000 = 2,000 \text{ mm}$
㉠, ㉡, ㉢ 중 최솟값

31 ②
㉠ $b_e = 6t_f + b_w = 6 \times 12 + 30 = 102 \text{ cm}$
㉡ $b_e = \frac{1}{2} \times$ (인접보와의 내측거리) $+ b_w$
$= \frac{1}{2} \times 400 + 30 = 230 \text{ cm}$
㉢ $b_e = \frac{1}{12} \times$ (보의 스팬) $+ b_w$
$= \frac{1}{12} \times 600 + 30 = 80 \text{ cm}$
㉠, ㉡, ㉢ 중 최솟값

32 ③
$\rho_t = \frac{A_s}{b_e \cdot d} = \frac{5 \times 287}{1,500 \times 550}$
$= 0.00173$

제5장 보의 처짐과 균열

5. 1 일반사항
5. 2 처 짐
5. 3 균 열

REINFORCED CONCRETE

제5장
보의 처짐과 균열

5.1 일반사항

철근콘크리트 구조물의 설계 시에는 외력에 안전하게 저항하도록 부재의 강도뿐만 아니라, 구조물의 사용목적에 알맞게 처짐과 균열에 대한 사항이 만족하도록 강성을 가져야 한다.

즉, 철근콘크리트 구조물에 과대한 처짐, 균열, 진동 등이 일어나면 구조물의 기능에 지장을 일으키고 사용자에게 불안감을 주게 된다. 그러므로 구조물은 외력에 대하여 안전해야 할 뿐만 아니라 사용성도 확보되어야 한다.

강도설계법에서는 고강도 철근과 고강도 콘크리트의 사용이 증가되면서 설계된 단면이 작아지고 강성은 저하된다. 따라서 이와 관련된 처짐, 균열폭에 대한 안전성이 검토되어야 한다.

철근콘크리트 부재의 안전성은 계수하중에 의하여 검토하지만, 처짐이나 균열 등은 사용하중에 의하여 검토한다. 그러므로 사용하중 상태에서 구조체는 탄성거동하는 것으로 가정하여 탄성이론을 적용한다.

5. 2 처 짐

철근콘그리드 부재의 처짐은 즉시처짐과 장기처짐으로 구분한다. 즉시처짐은 하중이 작용하자마자 발생하는 처짐으로 탄성처짐이라고도 말하며, 장기처짐은 콘크리트의 크리프와 건조수축에 의해 경과시간에 따라 진행되는 처짐으로서, 초기에는 많은 양이 발생하나 장기적으로는 처짐의 증가율이 둔화된다. 이와 같이 부재의 처짐은 사용하중하에서 휨부재의 탄성거동에 의하여 검토한다.

또한 설계시 구조부재의 처짐은 비구조 부재에 손상을 주지 않고 이들 비구조 부재들이 제 역할을 할 수 있도록 제한되어야 한다.

(1) 처짐 계산

① 즉시 처짐(탄성 처짐)

하중이 작용하자마자 발생하는 즉각적인 처짐으로 단순 지지된 보와 캔틸레버보에 발생하는 최대처짐(δ_{max})은 다음과 같다.

㈎ 집중하중(P)이 중앙에 작용할 때

$$\delta_{max} = \frac{Pl^3}{48EI}(단순보), \quad \delta_{max} = \frac{Pl^3}{3EI}(캔틸레버보) \cdots\cdots (5.\ 1)$$

㈏ 등분포하중(ω)이 전체에 작용할 때

$$\delta_{max} = \frac{5\omega l^4}{384EI}(단순보), \quad \delta_{max} = \frac{wl^4}{8EI}(캔틸레버보) \cdots\cdots (5.\ 2)$$

여기서, E는 콘크리트의 탄성계수(E_c)를 사용하며, I는 단면 2차 모멘트이다. 그리고, 인장측 콘크리트에 균열이 발생하지 않으면 전단면이 유효하다고 보고, 전단면에 대한 단면 2차 모멘트(I_g)를 사용한다. 편의상 철근의 단면 2차 모멘트는 무시한다.

인장측 콘크리트에 균열이 발생되기 전의 콘크리트 응력(f_t)는 다음과 같다.

$$f_t = \frac{M}{I_g} y_t \cdots\cdots\cdots\cdots\cdots\cdots\cdots\cdots\cdots\cdots\cdots\cdots\cdots\cdots\cdots\cdots\cdots (5.\ 3)$$

여기서, M : 외력에 의한 휨모멘트
y_t : 도심에서 인장측 하단까지의 거리

f_t가 콘크리트의 휨파괴강도(f_r)을 초과하면 균열이 발생하며 이 때의 모멘트를 균열모멘트(M_{cr})라 한다. 위의 식에서 M 대신에 M_{cr}을 대입하고, 또 $f_t=f_r$로 놓으면 균열모멘트는 다음과 같이 나타낼 수 있다.

$$M_{cr}=\frac{f_r I_g}{y_t} \quad \cdots\cdots\cdots\cdots\cdots\cdots\cdots\cdots\cdots\cdots\cdots\cdots\cdots\cdots\cdots\cdots\cdots\cdots\cdots\cdots (5.\ 4)$$

여기서, I_g : 철근을 무시하고 계산한 콘크리트 보의 전단면에 대한 단면 2차 모멘트
f_r : 콘크리트의 휨파괴강도 ($=0.63\sqrt{f_{ck}}$)

외력에 의한 휨모멘트 M이 균열모멘트 M_{cr}보다 커지면, 인장측 콘크리트에 균열이 발생하며, 이때의 처짐은 I_g를 사용하여 계산할 수 없으며, 균열단면에 대한 단면 2차 모멘트(I_{cr})을 사용하여야 한다. I_{cr}은 중립축에 대하여 압축측 콘크리트와 인장측 철근의 단면 2차 모멘트의 합이다.

그러나 철근콘크리트 보의 실제 처짐은 [그림 5. 1]과 같이 I_{cr}에 의해 계산된 값보다 작다. 이것은 실제의 단면 2차 모멘트(I)가 휨모멘트의 형상 및 균열의 상태에 따라 변화하기 때문이다. 그러므로 처짐계산을 위해서는 다음 식과 같은 유효단면 2차 모멘트(I_e)를 사용하여야 한다.

$$I_e=\left[\frac{M_{cr}}{M_a}\right]^3 I_g + \left[1-\left(\frac{M_{cr}}{M_a}\right)^3\right] I_{cr} \leq I_g \quad \cdots\cdots\cdots\cdots\cdots\cdots (5.\ 5)$$

여기서, M_{cr} : 균열모멘트
M_a : 처짐 계산시 부재의 최대 휨모멘트
I_{cr} : 균열환산단면 2차 모멘트

일반적으로 I_e는 다음 범위 내에 있다.

$$I_g > I_e > I_{cr} \quad \cdots\cdots\cdots\cdots\cdots\cdots\cdots\cdots\cdots\cdots\cdots\cdots\cdots\cdots\cdots\cdots\cdots (5.\ 6)$$

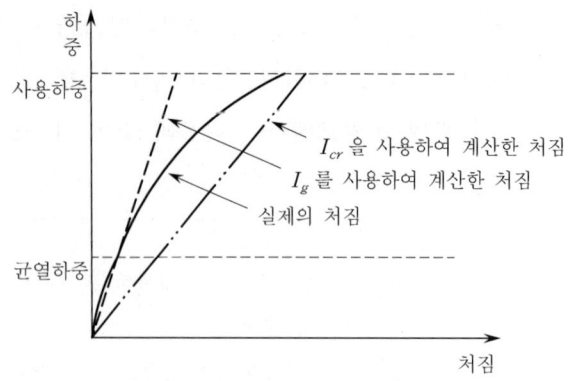

[그림 5. 1] 철근콘크리트 보의 처짐

또한, 연속보에 있어서 정(+)모멘트 단면의 I_e와 부(−)모멘트 단면의 I_e를 각각 구하고, 다음 식에 의하여 유효단면 2차 모멘트 I_e를 계산하여 처짐을 계산한다. 평균 유효단면 2차 모멘트 $(I_e)_{avg}$는 다음과 같다.

$(I_e)_{avg} = 0.7 I_m + 0.15(I_{e1} + I_{e2})$　　　　　$(I_e)_{avg} = 0.85 I_m + 0.15 I_{ec}$

　　　(a) 양단연속일 경우　　　　　　　　　　　(b) 일단연속일 경우

여기서, I_m : 보 중앙에서의 I_e
　　　　I_{e1}, I_{e2} : 보의 단부에서 I_e
　　　　I_{ec} : 연속단에서의 I_e

[그림 5. 2] 평균 유효단면 2차 모멘트

예제 5.1 그림과 같은 단면의 보에서 인장측의 균열모멘트 M_{cr}을 구하라.(단, $f_{ck}=24$MPa, $f_y=400$MPa이다.)

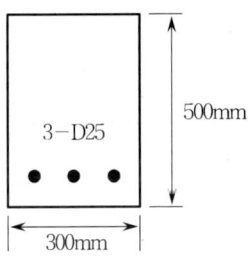

【풀이】 ① $f_r = 0.63\sqrt{f_{ck}} = 0.63\sqrt{24} = 3.09$MPa

② $I_g = \dfrac{bh^3}{12} = \dfrac{300 \times 500^3}{12} = 3,125,000,000\,\text{mm}^4$

③ $y_t = 250$ mm

$\therefore M_{cr} = \dfrac{f_r}{y_t} I_g = \dfrac{3.09}{250} \times 3,125,000,000 = 38,625,000\,\text{N}\cdot\text{mm} = 38.63\,\text{kN}\cdot\text{m}$

예제 5.2 그림과 같이 등분포하중을 받는 철근콘크리트 보의 최대처짐을 구하라.(단, $I_g = 5,000,000,000\,\text{mm}^4$, $I_{cr} = 2,000,000,000\,\text{mm}^4$, $M_{cr} = 50\,\text{kN}\cdot\text{m}$, $E_c = 25,000\,\text{MPa}$이다.)

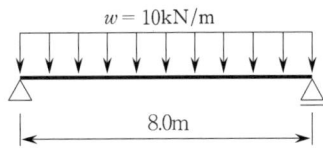

【풀이】 ① $M_a = \dfrac{wl^2}{8} = \dfrac{10 \times 8^2}{8} = 80\,\text{kN}\cdot\text{m}$

② $I_e = \left(\dfrac{M_{cr}}{M_a}\right)^3 I_g + \left[1 - \left(\dfrac{M_{cr}}{M_a}\right)^3\right] I_{cr}$

$= \left(\dfrac{50}{80}\right)^3 \times 5,000,000,000 + \left[1 - \left(\dfrac{50}{80}\right)^3\right] \times 2,000,000,000$

$= 2,732,421,875\,\text{mm}^4$

③ $w = 10\,\text{kN/m} = 10/1,000\,(\text{kN/mm}) = 0.01\,\text{kN/mm}$

$\therefore \delta_{\max} = \dfrac{5wl^4}{384 E_c I_e} = \dfrac{5 \times (0.01 \times 1,000) \times (8 \times 1,000)^4}{384 \times 25,000 \times 2,732,421,875} = 7.81\,\text{mm}$

예제 5.3 그림과 같은 캔틸레버 보에서 집중하중 20kN가 작용할 때 캔틸레버 보에서의 즉시 처짐을 구하라.(단, $f_{ck}=24$MPa, $E=2.1\times10^4$MPa이다.)

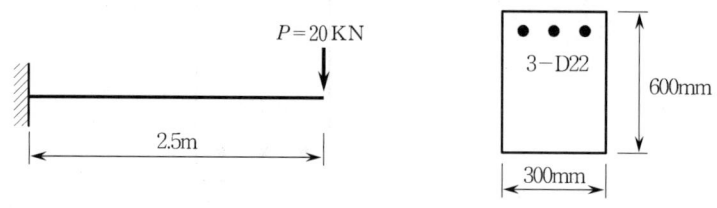

【풀이】 (1) 단면 2차 모멘트

$$M_a = 20 \times 2.5 = 50 \text{ kN} \cdot \text{m}$$

$$M_{cr} = \frac{f_r I_g}{y_t} = \frac{0.63 \times \sqrt{24} \times \frac{300 \times (600)^3}{12}}{300} = 55.55 \text{ kN} \cdot \text{m} > M_a$$

그러므로 균열이 발생하지 않으므로 단면 2차 모멘트 $I=I_g$를 사용한다.

(2) 처짐 계산

$$\delta = \frac{Pl^3}{3EI} = \frac{20 \times 10^3 \times (2,500)^3}{3 \times 2.1 \times 10^4 \times \frac{300 \times (600)^3}{12}} = 0.92 \text{ mm}$$

② 장기처짐

철근콘크리트 보의 처짐은 즉시처짐 외에 시간의 경과에 따라 장기처짐이 추가된다. 장기처짐에 영향을 주는 요인들은 부재에 대한 온도와 습도, 양생조건, 재하시의 재령과 함수량, 압축철근의 단면적, 지속하중의 크기 등이다. 하중이 지속적으로 부재에 작용한다면 콘크리트의 크리프와 건조수축에 의해 증가한다.

철근콘크리트 복근 보의 경우는 압축변형률의 증가에 의하여 압축 철근의 응력은 증가하나, 콘크리트의 압축응력은 감소하여 압축 철근의 양을 증가시키면 크리프가 감소하게 된다. 따라서 압축철근은 철근콘크리트 보의 장기처짐을 감소시키는데 효과적인 작용을 한다.

이러한 장기처짐(δ_a)은 즉시처짐에 계수 λ를 곱하여 다음과 같이 구한다.

$$\delta_a = \delta \cdot \lambda \quad \cdots\cdots\cdots\cdots\cdots\cdots\cdots\cdots\cdots\cdots\cdots\cdots\cdots\cdots\cdots (5.7)$$

$$\lambda = \frac{\xi}{1+50\rho'} \quad \cdots\cdots\cdots\cdots\cdots\cdots\cdots\cdots\cdots\cdots\cdots\cdots\cdots (5.8)$$

여기서, $\rho' = \dfrac{A_s'}{bd}$ (단순 보 및 연속 보에서는 경간 중앙단면의 압축철근비, 캔틸레버 보에서는 지지단면의 압축철근비)이며, ξ는 지속하중의 재하기간에 따른 크리프와 건조수축에 의한 재료 특성을 나타내는 계수로 [표 5. 1]과 같다.

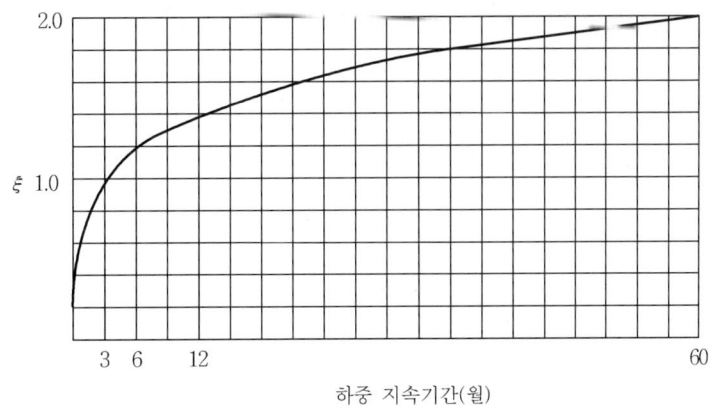

[그림 5-2] 장기변형에서 시간경과계수

[표 5. 1] 재하기간에 따른 ξ의 값

기간(월 수)	1	3	6	12	18	24	36	48	60 이상
ξ	0.5	1.0	1.2	1.4	1.6	1.7	1.8	1.9	2.0

(2) 허용처짐

보통 콘크리트의 1방향 구조물에 대한 처짐은 처짐 계산을 하지 않아도 되며 최소두께 또는 깊이를 [표 5. 2]의 값 이상으로 처짐을 제한하고 있다.

이와 같이 보나 슬래브의 과다한 처짐은 칸막이벽에 균열을 일으키거나 문, 창문 등의 기능을 저해하고 바닥이나 지붕에서 방수 등에 문제를 일으키기 때문에 처짐에 대한 제한을 두고 있다.

또한, 처짐이 없이 구조물을 양호한 상태로 사용하기 위해서는 구조물의 종류, 사용 목적, 하중의 종류 등을 고려하여 허용처짐량을 정해야 한다. 따라서, 순간처짐과 장기처짐 효과를 고려하여 계산한 전체 처짐량은 [표 5. 3]의 최대 허용처짐 값을 초과해서는 안 된다.

[표 5.2] 1방향 슬래브나 보의 최소두께(mm)

부 재	최 소 두 께 (h)			
	단순지지	1단 연속	양단 연속	캔틸레버
	큰 처짐에 의해 손상되기 쉬운 간막이벽이나 기타 구조물을 지지 또는 부착하지 않은 부재			
보, 리브가 있는 1방향 슬래브	$\dfrac{l}{16}$	$\dfrac{l}{18.5}$	$\dfrac{l}{21}$	$\dfrac{l}{8}$
1방향 슬래브	$\dfrac{l}{20}$	$\dfrac{l}{24}$	$\dfrac{l}{28}$	$\dfrac{l}{10}$

[주] 이 표의 값은 일반콘크리트 ($w_c = 2,300\,\text{kgf/m}^3$)와 $f_y = 400\,\text{MPa}$를 기준으로 한 것이므로 다른 조건에 대해서는 다음과 같이 수정한다.
　① 1,500~2,000kg/m³ 범위의 단위 체적 질량을 갖는 경량콘크리트에 대해서는 계산된 h 값에 $(1.65 - 0.0031\,w_c)$와 1.09 중 큰 값을 곱한다.
　② 철근의 항복강도 $f_y = 400\,\text{MPa}$ 이외의 철근에 대해서는 계산된 h의 값에 $(0.43 + f_y/700)$를 곱한다.

[표 5.3] 최대 허용처짐

부재의 형태	고려해야 할 처짐	처짐한계
과도한 처짐에 의해 손상되기 쉬운 비구조 요소를 지지 또는 부착하지 않은 평지붕 구조	활하중 L에 의한 순간처짐	$\dfrac{l}{180}$
과도한 처짐에 의해 손상되기 쉬운 비구조 요소를 지지 또는 부착하지 않은 바닥 구조	활하중 L에 의한 순간처짐	$\dfrac{l}{360}$
과도한 처짐에 의해 손상되기 쉬운 비구조 요소를 지지 또는 부착한 지붕 또는 바닥구조	전체 처짐 중에서 비구조 요소가 부착된 후에 발생하는 처짐부분 (모든 지속하중에 의한 장기처짐과 추가적인 활하중에 의한 순간 처짐의 합)	$\dfrac{l}{480}$
과도한 처짐에 의해 손상될 염려가 없는 비구조 요소를 지지 또는 부착한 지붕 또는 바닥구조		$\dfrac{l}{240}$

예제 5.4 경간 10m인 단순지지보에서 처짐을 계산하지 않도록 보의 최소 깊이를 구하라.(단, 일반 콘크리트와 $f_y=400$MPa인 철근을 사용한다.)

【풀이】 보의 최소 깊이 $=\dfrac{l}{16}=\dfrac{10,000}{16}=625$ mm

예제 5.5 그림과 같은 복근 보의 즉시처짐이 20mm일 때 5년 후에 유발되는 장기처짐을 구하라.(단, 5년 후의 계수 $\xi=2.0$이다.)

$A_s' = 1,500 \text{ mm}^2$, A_s, 400mm, 250mm

【풀이】 $\rho' = \dfrac{A_s'}{bd} = \dfrac{1,500}{250 \times 400} = 0.015$

$\lambda = \dfrac{\xi}{1+50\rho'} = \dfrac{2.0}{1+(50 \times 0.015)} = 1.14$

∴ 장기처짐 = 즉시처짐 $\times \lambda = 20 \times 1.14 = 22.8$ mm

예제 5.6 하중재하 지속기간이 5년 이상인 부재에 즉시처짐이 20mm일 때, 이 부재의 전체 처짐량을 구하라.(단, 압축 철근비는 0.02이다.)

【풀이】 $\xi=2.0$, $\lambda = \dfrac{\xi}{1+50\rho'} = \dfrac{2.0}{1+(50 \times 0.02)} = 1$

장기처짐 = 즉시처짐 $\times \lambda = 20 \times 1 = 20$ mm

∴ 전체 처짐량 = 즉시처짐 + 장기처짐 $= 20 + 20 = 40$ mm

예제 5.7 단근 보에 하중이 작용하여 10mm의 처짐이 생겼다. 이 하중이 장기하중으로 계속 작용할 때의 전체 처짐량을 구하라.

【풀이】 $\lambda = \dfrac{\xi}{1+50\rho'} = \dfrac{2.0}{1+(50\times 0)} = 2.0$

장기처짐 = 즉시처짐 $\times \lambda = 10 \times 2.0 = 20\,\text{mm}$

∴ 전체 처짐량 = 즉시처짐 + 장기처짐 = 10 + 20 = 30mm

5. 3 균 열

(1) 일반사항

콘크리트 부재에 작용하는 인장응력이 콘크리트의 파괴계수를 넘어서면 균열이 발생하게 된다. 일반적으로 발생된 인장응력은 파괴계수를 초과하게 되므로 사용하중 하에서 균열이 발생된다. 이러한 균열은 철근의 부식, 표면오염 등으로 부재의 내력을 저하시키고 구조물의 내구성을 감소시키게 된다.

이와 같이 초기의 미소균열 이후에 발생하는 주 균열은 같은 위치에서 철근과 콘크리트의 변형률이 다르기 때문에 생기는 균열이다. 주 균열의 거동은 철근이 적은 응력을 받는 단계에서는 균열의 수가 증가되는 반면, 한두 균열이 다른 균열보다 더 깊게 되어 위험한 균열을 형성한다. 따라서 균열 문제는 균열의 수가 아니라 균열의 폭이 문제가 된다.

그리고 높은 사용하중의 응력이 생기는 곳에서 고강도 철근을 사용할 때에는 매우 큰 균열이 발생되므로 철근배근 상세에서 균열을 억제하는 조치를 하여야 한다.

따라서 최선의 균열 억제방법은 철근을 콘크리트의 최대 인장력에 고르게 배근하여야 하며, 여러 개의 철근을 적당한 간격으로 배근하는 것 같은 단면적을 가진 한 두 개의 철근을 배근하는 것보다 균열을 억제하는 데는 더 효율적이다.

(2) 균열의 제한

사용하중에 의한 휨균열폭(w)은 다음 식으로 구하고, 허용 균열폭(w_a) 이하가 되도록 한다.[그림 5. 4 참조]

$$w = 1.08\beta_c f_s \sqrt[3]{d_c A} \times 10^{-5}\ (\text{mm}) \quad\quad\quad (5.9)$$

여기서, w : 균열폭(mm)

β_c : 도심에서 보 밑까지의 거리를 도심에서 철근까지의 거리로 나눈 값($=h_2/h_1$), 일반적으로 보 1.2, 슬래브 1.35로 한다.

f_s : 철근의 인장응력(MPa), 계산할 수 없는 경우는 $0.6f_y$로 한다.

d_c : 인장측 연단에서 그에 가까이 있는 철근 중심까지의 거리(mm)

A : 인장철근을 둘러싸는 콘크리트 면적($b \times 2y$)을 철근의 개수로 나눈 유효인장 단면적(mm²)

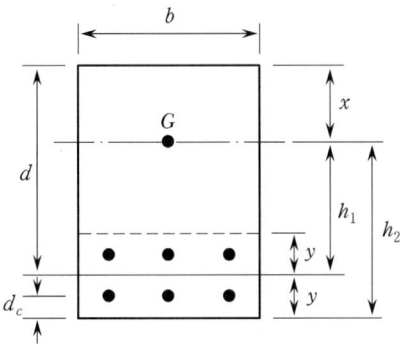

[그림 5. 4] 휨 균열폭 식의 기호

(3) 허용 균열폭

① 허용 균열폭(w_a)은 구조물이 접하고 있는 환경조건과 부재의 조건 등을 고려한 것으로 [표 5. 4]와 같다.

[표 5. 4] 허용 균열폭 w_a(mm)

부재의 조건		건조 환경	습윤 환경	부식성 환경	고부식성 환경
철 근	건물	0.4mm	0.3mm	$0.004\,t_c$	$0.0035\,t_c$
	기타 구조물	$0.006\,t_c$	$0.005\,t_c$		

[주] t_c : 최소 피복두께(mm)

건조 환경 : 일반 옥내부재, 습윤 환경 : 일반 옥외의 경우를 나타낸다.

② 물을 저장하는 수조와 같은 구조의 허용 균열폭은 0.1mm이다.

예제 5.8 그림과 같은 단근 보에서 균열 검토를 위한 유효인장 단면적(A)을 구하라.

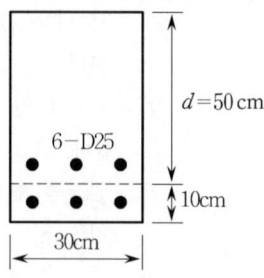

【풀이】 $A = \dfrac{b \times 2y}{n} = \dfrac{300 \times (2 \times 100)}{6} = 10,000 \text{ mm}^2$

예제 5.9 그림과 같은 건물 내부 보의 균열을 검토하라.(단, $f_y = 400\text{MPa}$, $f_s = 0.5 f_y$로 한다.)

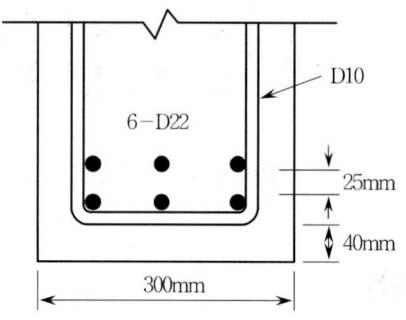

【풀이】 ① $\beta_c = 1.2$(보)

② $f_s = 0.5 \times 400 = 200 \text{ MPa}$

③ 인장연단으로부터 가장 근접한 인장철근 중심까지의 거리
$d_c = 40 + 10 + 22/2 = 61 \text{ mm}$,
인장연단으로부터 2단 철근의 중심까지의 거리
$40 + 10 + 22 + 25 + 22/2 = 108 \text{ mm}$

④ 철근의 도심 (y)
$y = \dfrac{3 \times 387.1 \times 61 + 3 \times 387.1 \times 108}{6 \times 387.1} = 84.5 \text{ mm}$

⑤ 유효 인장 단면적(A)

$$A = \frac{300 \times 2 \times 84.5}{6} = 8,450 \, \text{mm}^2$$

⑥ 균열 제한 검토

$$w = 1.08 \beta_c f_s \sqrt[3]{d_c A} \times 10^{-5}$$

$$= 1.08 \times 1.2 \times 200 \times \sqrt[3]{61 \times 8,450} \times 10^{-5} = 0.21 \, \text{mm}$$

건물내부 보는 건조한 환경에 속하므로 허용균열폭

$$w_a = 0.006 t_c = 0.006 \times 40 = 0.24 \, \text{mm} \quad \text{또는} \quad 0.4 \, \text{mm}$$

$$\therefore w \leq w_a, \quad \text{OK}$$

제5장 연습문제

01 극한강도설계(USD)에서 처짐 검토에 적용되는 하중은?
① 계수하중　　　　　　　　② 설계하중
③ 사용하중　　　　　　　　④ 부가하중

02 강도설계법에서 크리프와 건조수축에 따른 추가 장기처짐은 순간처짐량에 다음의 어느 값을 곱하여 구하는가?(단, ε는 시간경과계수, ρ'는 압축철근비)
① $\lambda_\Delta = \dfrac{\xi}{50+\rho'}$　　　　　　② $\lambda_\Delta = \dfrac{\xi}{1+50\rho'}$
③ $\lambda_\Delta = \dfrac{\rho'}{50+\xi}$　　　　　　④ $\lambda_\Delta = \dfrac{\rho'}{1+50\xi}$

03 철근콘크리트 부재의 장기처짐에 대한 설명으로 옳은 것은?
① 압축철근비가 클수록 장기처짐은 감소한다.
② 장기처짐은 즉시처짐과 관계가 없다.
③ 장기처짐은 상대습도, 온도 등 제반 환경에는 영향을 크게 받으나 부재의 크기에는 영향을 받지 않는다.
④ 시간경과계수의 최댓값은 3이다.

04 강도설계법에서 처짐을 계산하지 않아도 되는 보의 최소 춤(depth) 규준으로 옳지 않은 것은? (단, l은 보의 길이)
① 단순 지지 : $\dfrac{l}{16}$　　　　　② 1단 연속 : $\dfrac{l}{18}$
③ 양단 연속 : $\dfrac{l}{21}$　　　　　④ 캔틸레버 : $\dfrac{l}{8}$

05 강도설계법 규준에 의한 처짐을 계산하지 않는 경우의 1방향 슬래브 최소 두께 규정으로 옳지 않은 것은?(단, L은 경간 길이, 보통 콘크리트와 400MPa 철근 사용)

① 단순지지 슬래브 : $l/20$
② 1단연속 슬래브 : $l/24$
③ 양단연속 슬래브 : $l/30$
④ 캔틸레버 슬래브 : $l/10$

06 철근콘크리트 강도설계법에서 처짐을 계산하지 않는 경우, 단순지지된 보의 최소 춤(h)을 구하면?(단, 보의 길이=5,000mm, 보통 콘크리트 사용, $f_y=400$MPa)

① 312.5mm
② 365.2mm
③ 412.6mm
④ 432.8mm

07 강도설계법에서 1단연속 1방향 슬래브의 스팬이 3.6m일 때 처짐을 계산하지 않는 경우 최소 두께는?(단, 보통중량콘크리트 사용, $f_y=400$MPa 철근 사용)

① 12cm
② 13cm
③ 15cm
④ 18cm

08 강도설계법의 규준에 의한 양단 연속이고 스팬 4.2m인 1방향 슬래브의 최소 두께는 얼마인가?(단, 처짐을 검토하지 않아도 되며, 보통콘크리트 사용 $f_y=400$MPa)

① 100mm
② 120mm
③ 130mm
④ 150mm

09 처짐을 계산하지 않는 경우 각 조건에 따른 1방향 슬래브의 최소 두께로 틀린 것은?

① 경간 3m의 1단연속 슬래브 : 100m
② 경간 3m의 단순지지 슬래브 : 150mm
③ 경간 2.8m의 양단연속 슬래브 : 100m
④ 경간 1.5m의 캔틸레버 슬래브 : 150m

10 다음 그림과 같은 철근콘크리트 보에서 처짐을 계산하지 않아도 되는 경우의 보의 최소두께는 얼마인가?(단, 단위질량 $m_c = 2,300 \text{kg/m}^3$인 보통 콘크리트이며 $f_{ck} = 27\text{MPa}$, $f_y = 400\text{MPa}$)

① 385mm
② 324mm
③ 297mm
④ 286mm

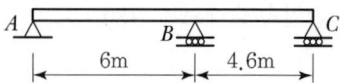

11 과도한 처짐에 의해 손상되기 쉬운 비구조 요소를 지지 또는 부착하지 않은 바닥구조의 처짐한계는 다음 중 어느 값보다 작아야 하는가?

① $\dfrac{l}{360}$
② $\dfrac{l}{300}$
③ $\dfrac{l}{240}$
④ $\dfrac{l}{180}$

제5장 연습문제 해설

01 ③ 극한강도 설계법에서는 계수하중을 사용하여 부재설계를 하나, 처짐의 검토는 사용하중에 의한다.

02 ② 장기처짐＝탄성처짐×λ_Δ

$\lambda_\Delta = \dfrac{\xi}{1+50\rho'}$

ρ' : 압축철근비 → 압축철근비가 커지면 장기처짐은 감소한다.

03 ①
② 장기처짐＝즉시처짐(탄성처짐)×λ_Δ
③ 처짐은 부재의 크기에 큰 영향을 미친다.
④ 시간경과계수 ξ의 최댓값은 2이다.

04 ② 본문 표[8. 1] 참조

05 ③ 양단연속 슬래브 : $h_{min} = \dfrac{l}{28}$

06 ① $h_{min} = \dfrac{l}{16} = \dfrac{5,000}{16} = 312.5 \text{ mm}$

07 ③ $h_{min} = \dfrac{l}{24} = \dfrac{360}{24} = 15 \text{ cm}$

08 ④ $h_{min} = \dfrac{l}{28} = \dfrac{4,200}{28} = 150 \text{ mm}$

09 1단연속 슬래브 : $h_{min} = \dfrac{l}{24} = \dfrac{3,00}{24} = 125$ mm
①

10 연속보에서 경간의 길이가 각각 다른 경우, 긴 경간을 적용한다.
② $h_{min} = \dfrac{l}{18.5} = \dfrac{6,000}{18.5} = 324.324$ mm

11 본문 [표 5. 3] 참조
①

제6장 전단과 비틀림 설계

6. 1 일반사항

6. 2 전단보강

6. 3 전단에 대한 보의 거동

6. 4 전단설계

6. 5 깊은 보(Deep Beam)

6. 6 비틀림(Torsion)

REINFORCED CONCRETE

제6장 전단과 비틀림 설계

6.1 일반사항

보에 하중이 작용하면 휨모멘트와 전단력이 발생하므로 보의 설계시 대부분의 경우, 보의 크기는 휨모멘트에 의하여 결정되고 휨모멘트에 의해 설계된 단면은 다시 전단에 대한 안전성을 검토해야 한다.

이때 휨에 대한 설계는 균형철근비 이하로 배근하여 연성적인 파괴를 일으키도록 하여야 한다. 이러한 휨파괴가 발생하는 경우에는 인장측 콘크리트에 균열이 발생하고 처짐이 나타나서 사용자에게 파괴의 위험성을 예고해 준다. 반면에 전단에 의한 파괴는 취성적 파괴거동의 특성을 많이 나타내기 때문에 예고없이 갑작스런 붕괴가 일어난다.

따라서 보에 파괴가 발생한다면 전단파괴가 아닌 휨파괴가 일어나도록 설계하는 것이 보설계의 기본 개념이다.

6.2 전단보강

(1) 사인장 응력

콘크리트 보에 대한 전단설계는 전단응력 그 자체보다는 실제로 발생하는 사인장력이다.([그림 6.1] 참조)

[그림 6. 2]는 하중이 작용하는 단순보의 균열상태를 나타내고 있다. 이 균열상태를 분석해 보면 보의 중앙에서의 전단력은 매우 작고 모멘트는 매우 크기 때문에 균열이 수직으로 나타나게 된다.

즉, 보의 중앙부에서는 사인장력은 발생하지 않고 휨에 의한 수평인장력만이 크게 작용하고 있다. 반면에 상대적으로 모멘트는 작고 전단력이 큰 단부로 갈수록 균열은 경사가 지고 있다.

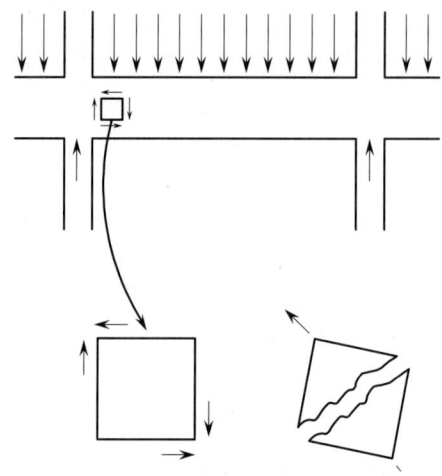

[그림 6. 1] 사인장 균열

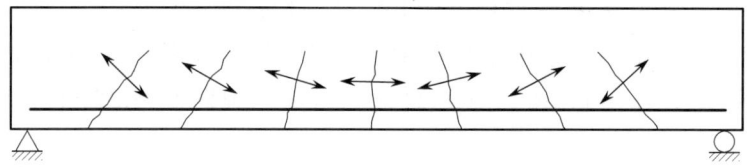

[그림 6. 2] 단순보의 균열 방향

(2) 전단보강근

보에서 U자 형태로 된 전단보강 철근을 스터럽(Stirrup)이라 한다. 스터럽은 주로 D10, D13 철근이 사용되며 대표적인 형태는 [그림 6. 3]과 같다.

대개의 경우 스터럽의 간격은 전단력의 크기에 따라서 보의 길이에 따라 변한다. 또한 스터럽은 휨 철근이 모멘트에 저항할 때 예상되는 균열에 직각이 되도록 배근하는 것처럼 사인장 균열에 직각이 되도록 배근하는 것이 가장 효율적이지만, 시공성을 고려하여 수직으로 배근하며 배근 간격도 보 전체에 걸쳐 몇 개의 구간으로 나눠 일정한 간격으로 배근하는 것이 보통이다.

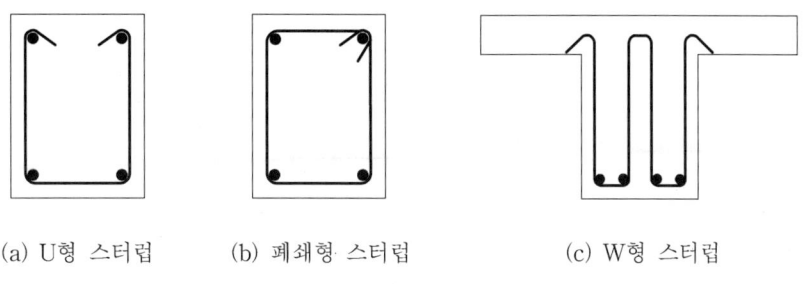

(a) U형 스터럽　　(b) 폐쇄형 스터럽　　(c) W형 스터럽

[그림 6. 3] 스터럽의 형태

(3) 전단에 대한 위험단면

보가 지지되거나 또는 기둥과 일체로 된 보의 지점 근처에서는 사인장력을 상쇄시키는 압축응력이 형성되기 때문에 최대전단력이 생기는 단면에 대해서 전단설계를 하지 않고, 지점에서 [그림 6. 4]와 같이 d만큼 떨어진 곳에서의 감소된 전단력에 대하여 설계한다. 이때 d만큼 떨어진 단면을 위험단면이라 하며, 이것은 설계용 전단력이 지점부분에서가 아니고 지점에서 d만큼 떨어진 곳이라는 것을 나타내고 있다.

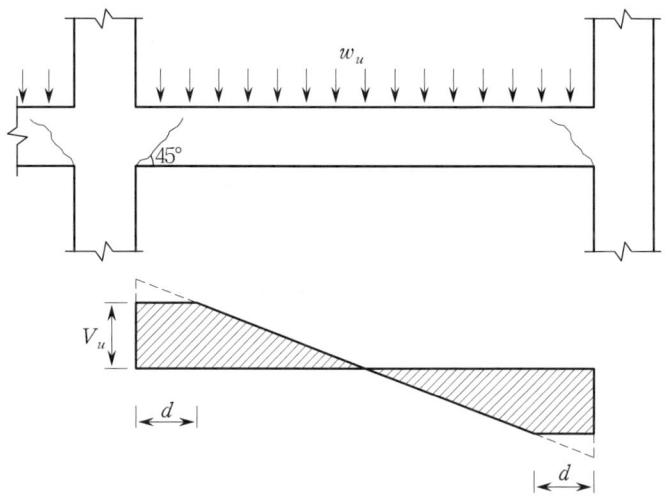

[그림 6. 4] 보의 위험단면

이러한 전단력 감소 규정은 모든 부재에 적용되는 것이 아니라 하중의 상태에 따라 전단설계용 최대 전단력 산정지점이 다르게 된다. [그림 6. 5]는 지지조건에 따라 위험단면의 위치를 나타낸 것이다.

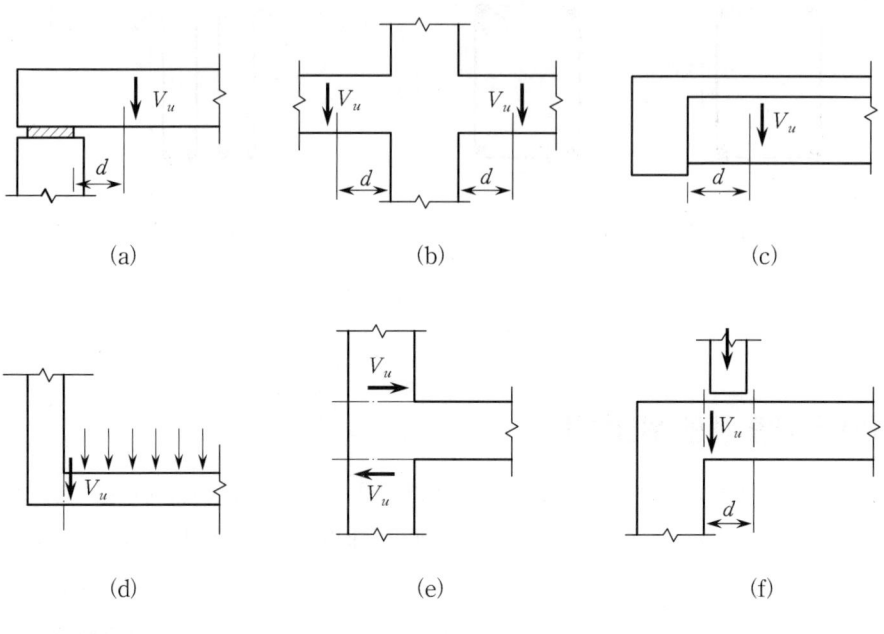

[그림 6. 5] 전단 위험단면

예제 6.1 그림과 같은 철근콘크리트 단순보에서 전단 설계용 최대 전단력을 구하라.(단, 보의 크기 $b \times d = 300 \times 600$ mm이다.)

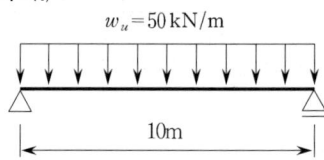

【풀이】 $V = \dfrac{\omega_u \times l}{2} = \dfrac{50 \times 10}{2} = 250\,\text{kN}$

$V : 5 = V_d : (5 - 0.6), \quad 250 : 5 = V_d : 4.4$

$\therefore\ V_d = \dfrac{250 \times 4.4}{5} = 220\,\text{kN}$

6. 3 전단에 대한 보의 거동

(1) 전단보강되지 않은 보의 거동

전단 경간(a)과 유효 깊이(d)와의 비, 즉 전단 경간(Shear span)비에 따라 철근콘크리트 보의 거동은 달라진다.([그림 6. 6] 참조)

① $\dfrac{a}{d} < 1$일 때 깊이가 큰 보로서 전단력에 의해 지배되며 주로 쪼갬파괴 또는 압축파괴가 일어난다.([그림 6. 7] 참조)

② $1 < \dfrac{a}{d} < 2.5$일 때 경간이 짧은 보로서 주로 전단 압축파괴가 일어난다. ([그림 6. 8] 참조)

③ $2.5 < \dfrac{a}{d} < 6$일 때 보통의 보로서 주로 사인장균열에 의해서 파괴된다. ([그림 6. 9] 참조)

④ $\dfrac{a}{d} > 6$일 때 경간이 긴 보로서 주로 휨파괴가 일어난다.

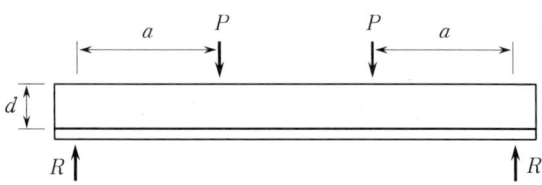

[그림 6. 6] 전단 경간비

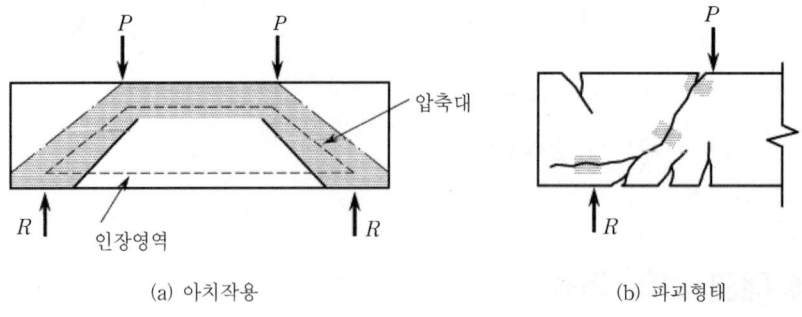

[그림 6. 7] 깊은 보의 파괴형태

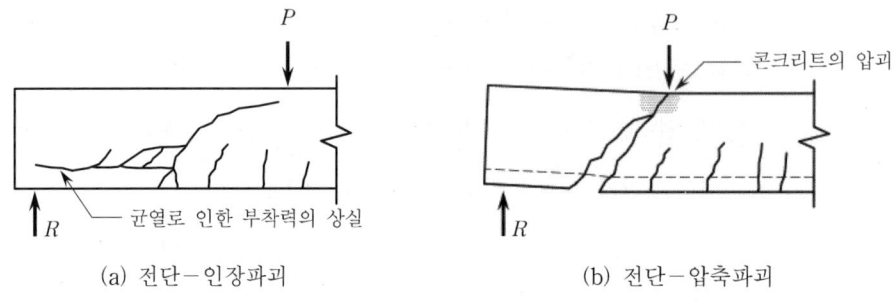

[그림 6. 8] 짧은 보의 파괴형태

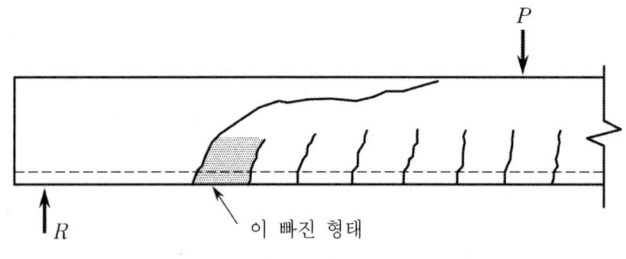

[그림 6. 9] 중간길이 보의 파괴형태

(2) 전단철근의 보강

사인장 균열에 대한 전단철근을 배근할 경우 복부전단철근 보강방법은 [그림 6. 10]과 같이 수직 스터럽, 경사 스터럽, 굽힘철근 등을 사용하며, 일반적으로 수직 스터럽을 가장 많이 사용하고 있다.

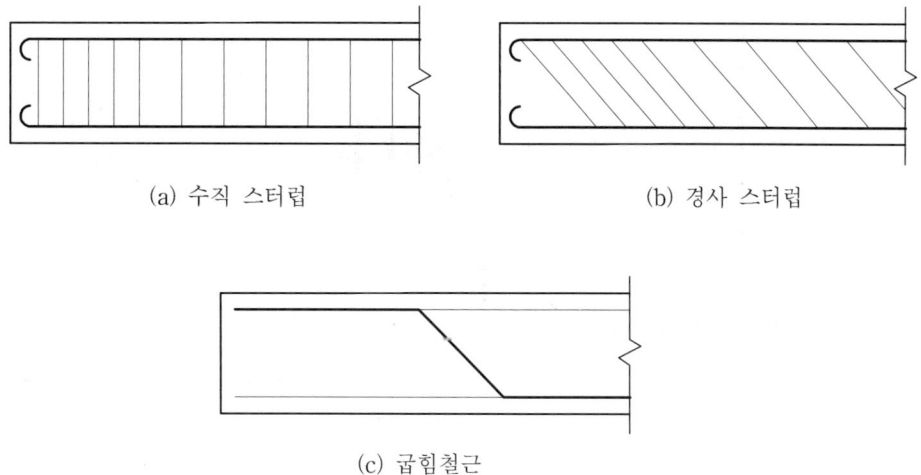

[그림 6. 10] 전단보강근의 종류

    스터럽은 사인장 균열이 발생되기 전에는 콘크리트와 동일하게 거동하므로 보강효과가 현저하게 나타나지 않으나, 사인장 균열이 발생하면 전단철근의 인장저항성능으로 전단저항을 증진시킬 뿐만 아니라 균열을 억제하여 골재의 맞물림 작용의 효율을 높이고 장부작용(Dowel Action)에 의한 전단저항성능을 크게 하는 역할을 한다.

    수직 스터럽으로 보강된 보에 사인장 균열이 발생하였을 때 힘의 분포는 [그림 6. 11]과 같고 이는 전단보강되지 않은 보에서의 힘의 분포에 스터럽이 지지하는 전단력 V_s가 추가된 형태로서 다음과 같다.

$$V = V_c + V_{ay} + V_d + V_s \quad \cdots\cdots\cdots\cdots\cdots\cdots\cdots\cdots\cdots\cdots\cdots\cdots (6.\ 1)$$

    여기서, V_c : 균열이 없는 압축측 콘크리트가 지지하는 전단력
             V_{ay} : 균열 양면에서 골재의 맞물림 작용에 의하여 전달되는 전단력
             V_d : 인장철근의 장부작용에 의한 전단력
             V_s : 균열이 발생하는 부위의 전단철근의 인장 저항력

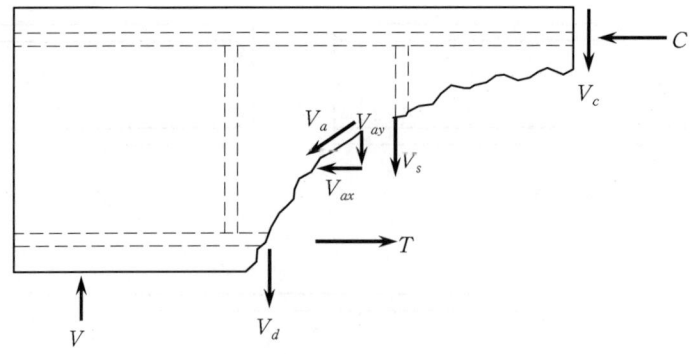

[그림 6. 11] 전단보강된 보의 균열 후 힘의 분포

이와 같이 전단보강근이 없는 보는 사인장균열 발생 후 전 전단력의 33~50%는 골재의 맞물림 작용으로, 20~40%는 균열이 생기지 않은 압축측 콘크리트에 의해, 15~25%는 장부작용에 의해 전달된다.

6. 4 전단 설계

전단설계에서의 기본적인 사항은 부재의 전 길이에 걸쳐서 어떤 단면에 대해서도 계수하중에 의한 전단력 V_u가 설계전단강도 ϕV_n을 넘어서는 안되는 조건을 만족해야 한다.

$$V_u \leq \phi(V_c + V_s) = \phi V_n \quad \cdots\cdots\cdots\cdots (6.\ 2)$$

여기서, V_u : 계수하중에 의한 전단력(계수전단력)
V_n : 부재의 공칭전단강도
V_c : 콘크리트에 의한 전단강도
V_s : 전단보강근에 의한 전단강도
ϕ : 강도감소계수(=0.75)

(1) 콘크리트의 공칭 전단강도

전단력과 휨모멘트가 작용하는 부재에서 전단철근 없이 콘크리트가 부담할 수 있는 공칭 전단강도는 다음과 같다.

① 약산식

$$V_c = \frac{1}{6} \lambda \sqrt{f_{ck}} b_w d \quad \cdots\cdots\cdots\cdots (6.\ 3)$$

여기서, λ는 경량콘크리트계수로 7.3(2)에 따른다.

② 정밀식

$$V_c = \left(0.16\sqrt{f_{ck}} + 17.6\rho_w \frac{V_u d}{M_u}\right) b_w d < 0.29\lambda\sqrt{f_{ck}} b_w d \cdots (6.4)$$

여기서, $\rho_w = \dfrac{A_s}{b_w d}$, $\dfrac{V_u d}{M_u} \leq 1.0$

M_u : 전단 검토 단면에서의 V_u와 동시에 생기는 계수휨모멘트

예제 6.2 철근콘크리트 직사각형 보의 크기가 $b \times d = 300\text{mm} \times 600\text{mm}$일 때 콘크리트가 부담하는 공칭 전단강도 V_c를 구하라.(단, $f_{ck}=24\text{MPa}$, $f_y=400\text{MPa}$이다.)

【풀이】 $V_c = \dfrac{1}{6}\lambda\sqrt{f_{ck}} b_w d = \dfrac{1}{6} \times 1.0 \times \sqrt{24} \times 300 \times 600 \times 10^{-3} = 146.97\,\text{kN}$

예제 6.3 그림과 같은 단면에 $M_u = 120\text{kN}\cdot\text{m}$, $V_u = 150\text{kN}$가 작용할 때 콘크리트의 설계전단강도 ϕV_c를 구하라.(단, $f_{ck}=24\text{MPa}$, $f_y=400\text{MPa}$이다.)

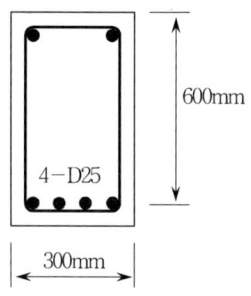

【풀이】 ① 약산식에 의한 설계전단강도

$$\therefore \phi V_c = 0.75 \times \left(\frac{1}{6}\lambda\sqrt{f_{ck}} b_w d\right)$$

$$= 0.75 \times \frac{1}{6} \times 1.0 \times \sqrt{24} \times 300 \times 600 \times 10^{-3} = 110.23\,\text{kN}$$

② 정밀식에 의한 설계전단강도

$$\rho_w = \frac{A_s}{b_w d} = \frac{4 \times 506.7}{300 \times 600} = 0.0113$$

$$\frac{V_u d}{M_u} = \frac{150 \times 600}{120 \times 1,000} = 0.75$$

$$\phi V_c = \phi \left(0.16\sqrt{f_{ck}} + 17.6\rho_w \frac{V_u d}{M_u}\right) b_w d$$

$$= 0.75(0.16\sqrt{24} + 17.6 \times 0.0113 \times 0.75) \times 300 \times 600 \times 10^{-3} = 125.95 \text{kN}$$

$$= \phi 0.29\lambda\sqrt{f_{ck}} b_w d = 0.75 \times 0.29 \times 1.0 \times \sqrt{24} \times 300 \times 600 \times 10^{-3} = 191.8 \text{ kN}$$

$191.8 \text{kN} > 125.95 \text{kN}$

$\therefore \phi V_c = 125.95 \text{kN}$

(2) 전단보강근에 의한 전단강도

① 전단보강근의 전단강도

계수전단력 V_u가 ϕV_c보다 큰 경우에는 초과된 전단력을 부담할 수 있도록 스터럽을 배근하여야 한다. 스터럽과 교차하는 사인장 균열은 [그림 6. 12]와 같으며, 스터럽에 의해서 지지되는 전단력은 다음 식과 같다.

$$V_s = \frac{A_v f_{yt} d}{s} \quad \quad \quad \quad (6.5)$$

여기서, A_v : 스터럽의 단면적
f_{yt} : 전단철근(스터럽)의 설계기준항복강도
d : 유효깊이
s : 스터럽의 간격

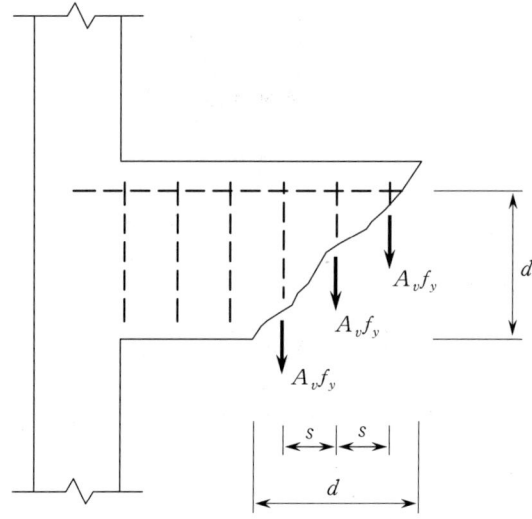

[그림 6. 12] 사인장 균열이 발생된 보에서의 힘의 작용

또한, 스터럽의 간격은 다음과 같다.

$$s = \frac{A_v f_{yt} d}{V_s} = \frac{\phi A_v f_{yt} d}{V_u - \phi V_c} \quad \cdots\cdots (6.6)$$

단, 전단보강근의 항복강도 f_{yt}는 500MPa를 초과할 수 없다.

② 전단보강근의 간격

사인장 균열이 생긴 곳에 대하여 규준에서는 전단보강근으로 사용되는 수직 스터럽의 최대간격을 $\frac{d}{2}$와 600mm 이하로 정하고 있다. 그리고 ($V_u - \phi V_c$) 값이 $\phi \lambda (\sqrt{f_{ck}}/3) b_w d$값을 넘으면 전단보강근의 최대간격은 전술한 값의 $\frac{1}{2}$로 $\frac{d}{4}$나 300mm 이하로 한다.

이때 ($V_u - \phi V_c$)값이 $\phi (2\lambda \sqrt{f_{ck}}/3) b_w d$보다 작아야 하며, 이 값 이상의 전단강도에 대해서는 보의 단면을 크게 하거나 콘크리트 강도를 높이는 방법으로 조절하여야 한다.

③ 최소 전단보강근

계수전단력 V_u가 $\frac{1}{2}(\phi V_c)$보다 큰 경우에는 최소 전단보강근이 배근되어야 하며, 이때 요구되는 전단보강근의 최소 단면적은 다음과 같다.

$$A_{v,\min} = 0.0625 \sqrt{f_{ck}} \frac{b_w S}{f_{yt}} \quad \cdots\cdots (6.7)$$

단, 최소 전단보강근량은 $0.35 b_w S/f_{yt}$ 이상으로 해야한다.

따라서, 최소 전단보강근이 배근될 때 단면의 전체 설계전단강도는 다음과 같다.

$$\phi V_n = \phi(V_c + V_s)$$

$$= \phi \left(V_c + \frac{A_v f_{yt} d}{s} \right)$$

$$\therefore \phi V_n = \phi(V_c + 0.35 b_w d) \quad \cdots\cdots (6.8)$$

이때, 전단철근의 최대간격은 $\frac{d}{2}$와 600mm를 넘지 않아야 한다.

(3) 전단설계 절차

철근콘크리트 보의 전단설계법을 정리하면 다음과 같다.

① 계수 전단력의 산정

부재의 전 길이에 걸쳐 위험단면에서의 계수전단력을 산정하여야 한다. 이때, 지점에서부터의 거리 d만큼 떨어진 위험단면에서의 계수전단력을 구한다. 수직하중에 대한 계수전단력은 $V_u = 1.2 V_D + 1.6 V_L$이다.

② 콘크리트의 전단강도 산정

콘크리트의 전단강도 (ϕV_c) 약산식은 $\phi(0.16\sqrt{f_{ck}}\,b_w d)$이며 이때, 감소계수 ϕ는 0.75이다.

③ 전단설계방법

(가) $V_u \leq \dfrac{1}{2}\phi V_c$: 전단보강근이 필요없다.

(나) $\dfrac{1}{2}\phi V_c < V_u \leq \phi V_c$: 전단보강근의 최소규준을 적용한다.

$\phi V_{s,\min} = \phi(0.35)b_w d$

최대간격 : $s_{\max} \leq \dfrac{d}{2} \leq 600\,\text{mm}$

(다) $\phi V_c < V_u \leq (\phi V_c + \phi V_{s,\min})$

$\phi V_{s,\min} = \phi(0.35)b_w d$

$s_{\max} \leq \dfrac{d}{2} \leq 600\,\text{mm}$

(라) $(\phi V_c + \phi V_{s,\min}) < V_u \leq \phi(V_c + 0.33\sqrt{f_{ck}}\,b_w d)$

$\phi V_s = V_u - \phi V_c$

$s = \dfrac{A_v f_{yt} d}{V_s}$

$s_{\max} \leq \dfrac{d}{2} \leq 600\,\text{mm}$

(마) $\phi(V_c + (\lambda\sqrt{f_{ck}}/3)b_w d) < V_u \leq \phi(V_c + (2\lambda\sqrt{f_{ck}}/3)b_w d)$

$\phi V_s = V_u - \phi V_c$

$s = \dfrac{A_v f_{yt} d}{V_s}$

$s_{\max} \leq \dfrac{d}{4} \leq 300\,\text{mm}$

(사) $V_u > \phi(V_c + (2\lambda\sqrt{f_{ck}}/3)b_w d)$일 때 단면을 재가정하거나, 콘크리트의 압축강도를 증가시킨다.

(아) 전단보강근의 배근 설계

안전성, 경제성 및 시공성을 고려하여 전단보강근의 배근도를 작성한다. 일반적으로 전단보강근은 D10과 D13을 많이 사용하며, 경제적인 배근은 전단보강의 3가지 배근간격에 의하여 제한하는데, 첫 번째 전단보강근은 최소간격 확보로써 지지면으로부터 5cm에 위치하며, 중간간격 ($s/2$), 그리고 마지막으로 최대간격은 $d/2$까지이다.

전단보강에 대한 중요사항은 [그림 6. 13]과 같다.

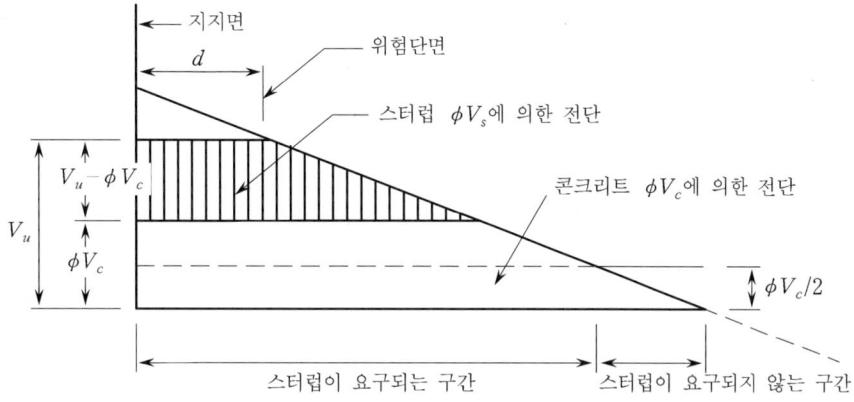

[그림 6. 13] 전단보강 시의 중요사항

예제 6.4 전단력 $V_u = 80$kN가 작용할 때 전단보강근 없이 지지하고자 할 경우 필요한 보의 유효깊이 d를 구하라.(단, $f_{ck}=24$MPa, $f_y=300$MPa, $b_w=400$mm이다.)

【풀이】 $V_u \leq \frac{1}{2}\phi V_c$일 때 최소 전단보강근이 필요하지 않다.

$$V_u = \frac{1}{2}\phi V_c = \frac{1}{2} \times 0.75 \times \frac{1}{6}\lambda\sqrt{f_{ck}}b_w d = 80\,\text{kN}$$

$$\therefore d = \frac{80 \times 1,000 \times 2 \times 6}{0.75 \times \sqrt{24} \times 400} = 653.20\,\text{mm}$$

예제 6.5 그림과 같이 $b_w \times d = 350\text{mm} \times 650\text{mm}$인 보에서 수직 스터럽을 200mm로 배근할 때 최소 전단보강근의 단면적을 구하라.(단, $f_{ck}=21\text{MPa}$, $f_{yt}=300\text{MPa}$이다.)

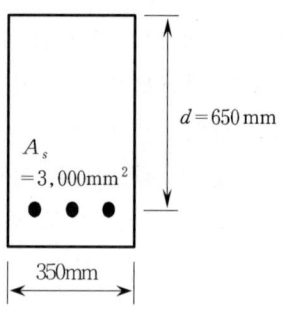

【풀이】 $A_v = 0.35 \dfrac{b_w s}{f_{yt}} = 0.35 \times \dfrac{350 \times 200}{300} = 81.67\,\text{mm}^2$

예제 6.6 직사각형 보($b_w \times d = 300\text{mm} \times 600\text{mm}$)에서 전단설계를 할 때 수직 스터럽의 최대간격을 구하라.

【풀이】 수직 스터럽의 최대간격 : $\dfrac{d}{2}$ 이하 또는 600mm 이하

$s = \dfrac{d}{2} = \dfrac{600}{2} = 300\,\text{mm}$

$s = 600\,\text{mm}$

∴ $s = 300\,\text{mm}$

예제 6.7 직사각형 보($b_w \times d = 300\text{mm} \times 550\text{mm}$)에서 공칭 전단강도 $V_s = 200\text{kN}$가 작용할 때 수직 스터럽의 최대 간격을 구하라.(단, $f_{ck}=24\text{MPa}$, $f_y=400\text{MPa}$이다.)

【풀이】 수직 스터럽의 최대 간격은 $(\lambda\sqrt{f_{ck}}/3)b_w d$에 따라 다르므로

$(\lambda\sqrt{f_{ck}}/3)b_w d = (1.0 \times \sqrt{24}/3) \times 300 \times 550 = 266.75\,\text{kN}$

$V_s[=200\,\text{kN}] < (\lambda\sqrt{f_{ck}}/3)b_w d[=269.44\text{kN}]$이므로, 최대간격은 $\dfrac{d}{2}$ 이하 또는 600mm 이하이다.

$$s = \frac{d}{2} = \frac{550}{2} = 275 \text{ mm}$$

$$s = 600 \text{ mm}$$

$$\therefore \ s = 275 \text{ mm}$$

예제 6.8 유효깊이 600mm인 보에 전단력 V_s가 $(\lambda\sqrt{f_{ck}}/3)b_w d$를 초과하여 작용할 때 수직 스터럽의 최대 간격을 구하라.

【풀이】 $V_s > (\lambda\sqrt{f_{ck}}/3)b_w d$일 때, $\frac{d}{4}$ 이하 또는 300mm 이하

$$s = \frac{d}{4} = \frac{600}{4} = 150 \text{ mm}$$

$$s = 300 \text{ mm}$$

$$\therefore \ s = 150 \text{ mm}$$

예제 6.9 전단보강근이 부담해야 할 전단력 V_s가 300kN일 때 전단보강근(D13)의 간격 s를 구하라.(단, $f_{ck}=24$MPa, $f_{yt}=400$MPa, $b_w=300$mm, $d=500$mm이다.)

【풀이】 $s = \dfrac{A_v f_{yt} d}{V_s} = \dfrac{2 \times 126.7 \times 400 \times 500}{300 \times 10^3} = 168.93 \text{ mm}$

$V_s[=300 \text{ kN}] > (\lambda\sqrt{f_{ck}}/3)b_w d \left[= 1.0 \times \sqrt{24} \times \dfrac{1}{3} \times 300 \times 500 = 244.95 \text{ kN} \right]$

$$s = \frac{d}{4} = \frac{500}{4} = 125 \text{ mm}$$

$$s = 300 \text{ mm}$$

$$\therefore \ s = 125 \text{ mm}$$

예제 6.10 직사각형 보($b_w \times d = 350\text{mm} \times 650\text{mm}$) 단면에 U형 수직 스터럽(D10@250)으로 전단보강 되었을 때 스터럽의 설계 전단강도를 구하라.(단, $f_{ck}=24$MPa, $f_{yt}=400$MPa이다.)

【풀이】 $V_s = \dfrac{A_v f_{yt} d}{s} = \dfrac{2 \times 71.3 \times 400 \times 650}{250} = 148.30 \text{ kN}$

$$\therefore \ V_d = \phi V_s = 0.75 \times 148.30 = 111.23 \text{ kN}$$

예제 6.11 그림과 같은 보가 받을 수 있는 설계전단강도를 구하라.(단, $f_{ck}=24$MPa, $f_y=300$MPa 이다.)

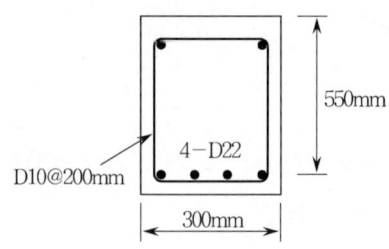

【풀이】 $V_c = \left(\dfrac{1}{6}\lambda\sqrt{f_{ck}}\right)b_w d = \left(\dfrac{1}{6}\times 1.0\times\sqrt{24}\right)\times 300\times 550 = 134,721.94\,\text{N} \fallingdotseq 134.72\,\text{kN}$

$V_s = \dfrac{A_v f_{yt} d}{s} = \dfrac{2\times 71.3\times 300\times 550}{200} = 117.645\,\text{N} \fallingdotseq 117.65\,\text{kN}$

$\therefore \phi V_n = \phi(V_c + V_s) = 0.75\times(134.72+117.65) = 252.37\,\text{kN}$

예제 6.12 그림과 같은 직사각형 단순보에서 순경간 $l_n=10$m에 $w_D=24$kN/m, $w_L=18$kN/m가 작용할 때 전단보강설계를 하라.(단, $f_{ck}=24$MPa, $f_{yt}=400$MPa, 스터럽 = D10이다.)

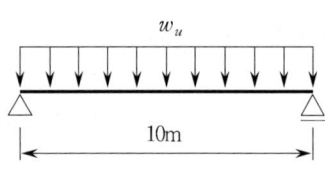 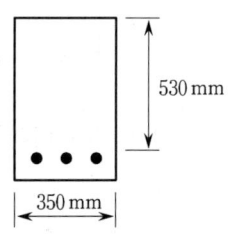

【풀이】 (1) 계수전단력 ($V_{u,d}$)

① 계수하중: $w_u = 1.2w_D + 1.6w_L = (1.2\times 24)+(1.6\times 18) = 57.6\,\text{kN/m}$

② 지점에서의 계수전단력: $V_u = \dfrac{w_u l}{2} = \dfrac{57.6\times 10}{2} = 288\,\text{kN}$

③ 위험단면에서의 계수전단력 ($V_{u,d}$) [보조그림 (a) 참조]

$[5:288 = (5-0.53):V_{u,d}]$

$\therefore V_{u,d} = \dfrac{288\times 4.47}{5} = 255.47\,\text{kN}$

(2) 콘크리트의 전단강도 (ϕV_c)

$$\phi V_c = \phi\left(\frac{1}{6}\lambda\sqrt{f_{ck}}\right)b_w d = 0.75 \times \left(\frac{1}{6}\times 1.0 \times \sqrt{24}\right) \times 350 \times 530 = 113.60\,\text{kN}$$

(3) 전단보강근의 전단강도 (ϕV_s)

$$\phi V_s = V_{u,d} - \phi V_c = 255.47 - 113.60 = 141.87\,\text{kN}$$

$$V_s = \frac{141.87}{0.75} = 189.16\,\text{kN}$$

(4) 콘크리트 전단강도를 초과하는 구간

$\phi V_c = 113.60\,\text{KN}$되는 지점까지의 거리 ($X_c$)

$5.0 : 288 = X_c : (288 - 113.60)$

$$\therefore X_c = \frac{5\times(288-113.60)}{288} = 3.03\,\text{m}$$

(5) 최소 전단보강근이 배근될 구간

$\frac{1}{2}\phi V_c = \frac{1}{2}\times 113.60 = 56.80\,\text{kN}$되는 지점까지의 거리 ($X_m$)

$5.0 : 288 = X_m : (288 - 56.80)$

$$\therefore X_m = \frac{5\times(288-56.80)}{321} = 3.60\,\text{m}$$

(6) 전단보강근의 설계

① 지지점으로부터 d 떨어진 곳의 스터럽 간격

$$s = \frac{A_v f_{yt} d}{V_s} = \frac{2\times 71.3\times 400\times 530}{189.16\times 10^3} = 159.82\,\text{mm}$$

② 전단보강근의 최대간격의 검토

$$V_s [=195.23\,\text{kN}] < (\lambda\sqrt{f_{ck}}/3)b_w d$$

$$\left[=1.0\times\sqrt{24}\times\frac{1}{3}\times 350\times 530 = 302.92\,\text{kN}\right]$$

∴ 스터럽의 최대간격 : $s_{\max} = \frac{d}{2}\left[=\frac{530}{2}=265\,\text{mm}\right]$ 또는 600mm 이하

최소 전단보강근 소요 단면적에 의한

$$s_{\max} = \frac{A_v f_{yt}}{0.35 b_w} = \frac{2\times 71.3\times 400}{0.35\times 350} = 465.63\,\text{mm}$$

∴ D10@150으로 배근한다.

(7) 전단보강근의 배근

① D10@150의 스터럽은 지지점에서 d만큼 떨어진 위치에서 필요한 간격이다. 부재의 중앙으로 가면서 V_s는 감소하고, $X_c = 3.1\,\text{m}$에서는 0이 된다.

② 지지점으로부터 $1.8\,\text{m}\left(\frac{X_m}{2}=\frac{3.60\,\text{m}}{2}\right)$ 떨어진 단면에서의 스터럽 간격

지지점으로부터 2.0m 위치의 계수전단력 ($V_{u,2.0}$)

$[5.0 : 288 = (5.0-1.8) : V_{u,2.0}]$

$$\therefore V_{u,2.0} = \frac{288 \times (5-1.8)}{5} = 184.32 \text{ kN}$$

$$\phi V_{s,2.0} = V_{u,2.0} - \phi V_c = 184.32 - 113.60 = 70.72 \text{ kN}$$

$$V_{s,2.0} = \frac{70.72}{0.75} = 94.29 \text{ kN}$$

$$s = \frac{A_v f_{yt}}{V_{s,2.0}} = \frac{2 \times 71.3 \times 400 \times 530}{94.29 \times 10^3} = 320 \text{ mm}$$

$$V_{s,2.0}[= 94.29 \text{kN}] < (\lambda \sqrt{f_{ck}}/3) b_w d [= 302.92 \text{kN}]$$

$$\therefore s_{max} = \frac{d}{2} \left[= \frac{530}{2} = 265 \text{ mm} \right] \text{ 또는 } 600 \text{mm 이하}$$

∴ D10@250으로 배근한다.

③ 지지점으로부터 2.0m까지는 D10@150 간격, 2.0m에서 4.0m 지점까지는 D10@250 간격으로 스터럽을 배근한다. 그리고 첫번째 스터럽은 기점에서 $\frac{s}{2}$ 만큼 떨어진 곳에 배근한다.

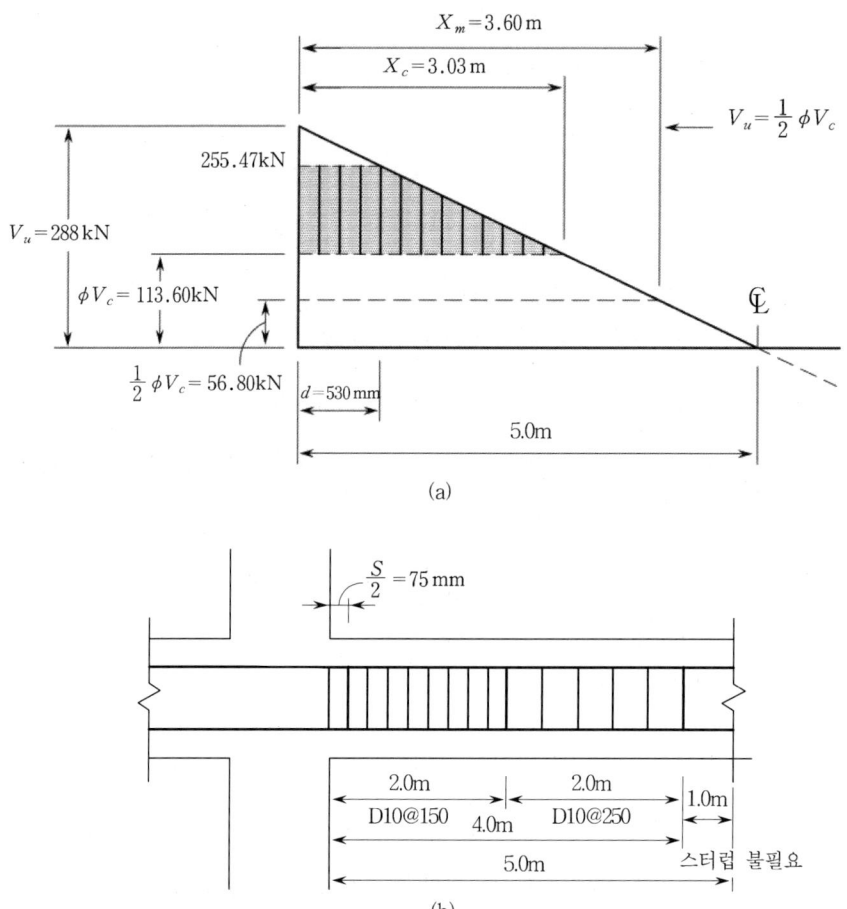

6. 5 깊은 보(Deep Beam)

(1) 구조 형태와 거동

[그림 6. 14 (a)]와 같이 보의 순경간(l_n)이 부재 깊이의 4배 이하이거나 하중이 받침부로부터 부재 깊이의 2배 거리 이내에 작용하고 하중의 작용점과 받침부가 서로 반대편에 있어서 하중 작용점과 받침부 사이에 압축대가 형성될 수 있는 부재를 깊은 보라 한다. 이러한 보에는 수평하중을 받는 바닥판, 수직하중을 받는 벽판, 무거운 하중을 지탱하는 길이가 짧은 보, 전단벽 등이 있다. 이 보는 역학적으로 보의 깊이가 크기 때문에 휨보다는 전단에 의해 지배된다. 또한 하중의 많은 부분이 압축대를 통하여 직접 전달되므로 전단강도가 일반 보에 비하여 2~3배 정도 크다.

그리고 [그림 6. 14 (b)]와 같이 중립축이 보의 중간에서 인장측에 가깝게 생기며, 응력과 변형도는 비선형 분포를 나타낸다. 따라서, 깊은 보의 내력에는 수평철근이 지배적인 효과를 보이며 수직철근은 효과가 적게 나타난다.

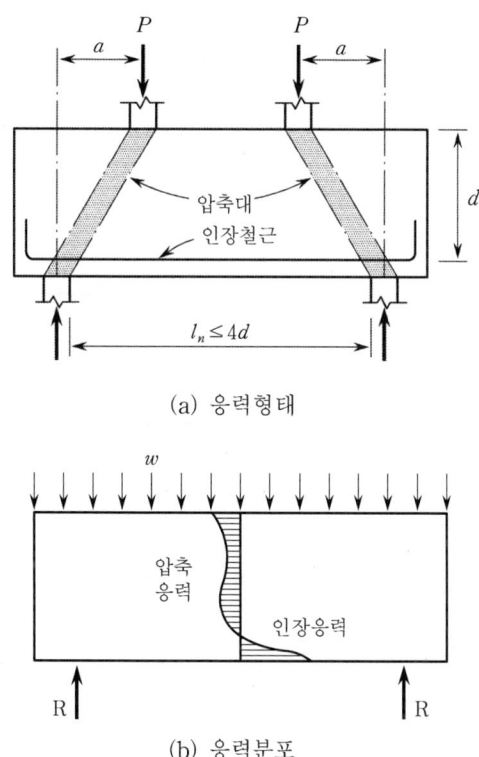

(a) 응력형태

(b) 응력분포

[그림 6. 14] 깊은 보의 형태와 응력분포도

(2) 설계 기준

① 전단에 대한 위험단면은 받침부 내면에서 등분포하중을 받는 보에서는 0.15 l_n, 집중하중을 받는 보에서는 $0.5a$만큼 떨어진 곳으로, 이 거리는 d를 초과할 수 없다.

② 깊은 보의 철근 배근방법에서 수직철근은 간격 $(s) = \dfrac{d}{5}$ 이하 또는 300mm 이하이며, 단면적 $(A_v) = 0.0025 b_w s$ 이상으로 한다. 수평철근은 간격 $(s_h) = \dfrac{d}{5}$ 이하 또는 300mm 이하이며, 단면적 $(A_{vh}) = 0.0015 b_w s_h$ 이상으로 한다.

6.6 비틀림(Torsion)

보에 작용하는 하중이 항상 대칭으로 작용하지 않기 때문에 거의 모든 휨재에서는 작은 비틀림이 작용한다. 그리고 부재에 편심이 걸리는 경우는 커다란 비틀림이 생긴다.

[그림 6.15]와 같이 전 경간에 걸쳐서 하중이 작용하면 내부구간에 있는 보는 좌우 대칭으로 하중이 작용하며, 외부의 테두리 보는 한쪽에서만 하중이 작용하고 있어 휨 모멘트뿐만 아니라 비틀림도 받게 된다.

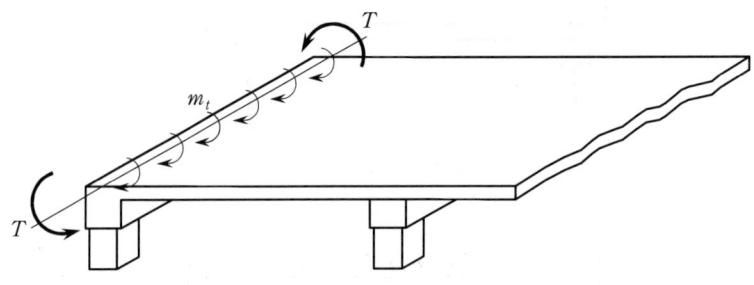

[그림 6.15] 비틀림 모멘트

비틀림으로 인하여 생기는 전단응력은 추가적으로 철근보강이 필요한 사인장력을 유발시킨다. 비틀림에 의한 전단응력은 보의 단면 상단과 하단에서 0이 되는 휨전단과는 달리 단면 전체에 걸쳐서 발생한다. 따라서, 비틀림에 의한 전단응력을 보강하기 위한 스터럽은 완전히 폐쇄된 형태의 스터럽을 사용해야 한다.

또한 비틀림에 대한 구조적인 성상을 고려하면 보폭이 보춤에 비해 넓을수록 유리하다. 비틀림 균열이 발생한 보는 균열이 커짐에 따라서 보의 길이방향으로 늘어나려는 성질이 있기 때문에 비틀림을 위해서 배근되는 스터럽은 항상 세로근과 함께 설치되어야 하며, 휨을 보강하기 위한 세로근은 부재의 모든 면에서 300mm를 초과하지 않게 배근해야 한다.

제6장 연습문제

01 철근콘크리트 단순보의 단부에서 큰 전단력과 작은 휨모멘트가 발생함으로써 일어나는 균열의 형태는?

① 크리프 균열
② 수직 균열
③ 휨 균열
④ 사인장 균열

02 철근콘크리트 보에서 늑근의 사용 목적으로 적절하지 않은 것은?

① 전단력에 의한 전단균열 방지
② 철근 조립의 용이성
③ 주철근의 고정
④ 부재의 휨강성 증대

03 철근콘크리트 단순보에서 스터럽의 배근에 대한 설명으로 가장 적절한 것은?

① 스터럽은 일반적으로 보의 중앙부에 많이 배근한다.
② 스터럽은 일반적으로 보의 인장철근이 많은 곳에 많이 배근한다.
③ 스터럽은 일반적으로 압축철근이 많은 곳에 많이 배근한다.
④ 스터럽은 일반적으로 보의 양단부에 많이 배근한다.

04 철근콘크리트 부재의 전단철근으로 적합하지 않은 것은?

① 주인장철근에 30°의 각도로 설치되는 스터럽
② 주인장철근에 30°의 각도로 구부린 굽힘철근
③ 주인장철근에 45°의 각도로 구부린 굽힘철근
④ 스터럽과 굽힘철근의 조합

05 콘크리트의 공칭전단강도(V_c)가 30kN, 전단보강근에 의한 공칭전단강도(V_s)가 20kN일 때 계수전단력(V_u)으로 옳은 것은?(단, 전단력에 대한 강도감소계수는 0.75)

① 64.8kN ② 58.4kN
③ 37.5kN ④ 32.7kN

06 전단과 휨만을 받는 철근콘크리트 보에서 콘크리트 부담하는 전단강도는?

① $V_c = \lambda\sqrt{f_{ck}} \cdot b_w \cdot d$
② $V_c = \dfrac{1}{2}\lambda\sqrt{f_{ck}} \cdot b_w \cdot d$
③ $V_c = \dfrac{1}{3}\lambda\sqrt{f_{ck}} \cdot b_w \cdot d$
④ $V_c = \dfrac{1}{6}\lambda\sqrt{f_{ck}} \cdot b_w \cdot d$

07 강도설계법에 의한 철근콘크리트 보에서 콘크리트만의 설계전단강도는 얼마인가?(단, f_{ck} = 24MPa, m_c = 2,300kg/m³)

① 31.5kN
② 75.8kN
③ 110.2kN
④ 145.6kN

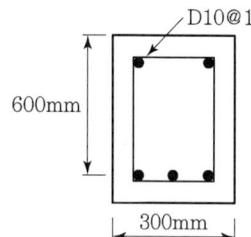

08 강도설계법에 의한 전단 설계 시 부재축에 직각인 전단철근을 사용할 때 전단철근에 의한 전단강도 V_s는?(단, s는 전단철근의 간격)

① $V_s = \dfrac{A_v \cdot f_{yt} \cdot s}{d}$
② $V_s = \dfrac{A_v \cdot s \cdot d}{f_{yt}}$
③ $V_s = \dfrac{s \cdot f_{yt} \cdot d}{A_v}$
④ $V_s = \dfrac{A_v \cdot f_{yt} \cdot d}{s}$

09 극한강도설계법에서 V_s = 210kN, d = 500mm, f_{yt} = 300MPa, A_v = 254mm²(U형, 2-D13)일 때 수직 스터럽의 간격으로 가장 적당한 것은?

① 150mm ② 180mm
③ 200mm ④ 250mm

10 철근콘크리트 보에서 헌치(Haunch)를 설치하는 이유에 관한 설명으로 가장 적당한 것은?

① 보의 중앙부 전단파괴를 방지하기 위하여
② 보의 단부에서 휨모멘트 내력과 전단내력을 증가시키기 위하여
③ 보의 횡좌굴 방지를 위하여
④ 보가 기둥을 고정하는 효과를 높여서 기둥의 안전성을 확보하기 위하여

11 철근콘크리트 구조의 전단보강에 대한 기술 중 옳지 않은 것은?

① 철근콘크리트 부재의 경우 주인장철근 30° 이상의 각도로 구부린 굽힘철근은 전단보강근으로 사용이 가능하다.
② 전단철근의 설계기준 항복강도는 500MPa를 초과하여 취할 수 없다.
③ 부재축에 직각으로 설치되는 철근콘크리트의 스터럽 간격은 0.5d 이하, 900mm 이하여야 한다.
④ 깊은 보의 전단설계 시 수직전단철근의 간격은 d/5 이하, 300mm 이하로 한다.

제6장 연습문제 해설

01 단순보의 균열 형태
④
- 사인장 균열 : 전단력은 크고 휨모멘트는 작은 부분(양단부)
- 휨전단 균열 : 전단력과 휨모멘트가 보통인 부분(중간부)
- 휨 균열 : 전단력은 작고 휨모멘트 큰 부분(중앙부)

02 늑근(stirrup, 전단보강철근)의 사용목적
④
- 전단력에 의한 전단 균열 방지
- 주철근의 위치 고정
- 균열 증대의 억제효과
- 철근 조립의 용이성

03 스터럽은 전단보강철근으로 전단력이 큰 보의 양단부 쪽에 많이 배근한다.
④

04 전단철근의 종류와 형태
①
- 주철근에 직각으로 설치하는 스터럽(늑근)
- 30° 이상의 각도로 구부린 굽힘주철근
- 주철근에 45° 또는 그 이상의 경사스터럽(늑근)
- 스터럽과 굽힘철근의 조합
- 부재 축에 직각인 용접철망

05 $V_u = \phi V_n = \phi(V_c + V_s)$
③ $\quad\quad = 0.75 \times (30+20) = 37.5\,\mathrm{kN}$

06 콘크리트 전단강도(직사각형 단면)
④ $\quad V_c = \dfrac{1}{6}\lambda\sqrt{f_{ck}} \cdot b_w \cdot d$

07 ③

$$\phi V_c = \phi \frac{1}{6} \lambda \sqrt{f_{ck}} \cdot b_w \cdot d$$
$$= 0.75 \times \frac{1}{6} \times 1.0 \times \sqrt{24} \times 300 \times 600$$
$$= 110,227 \text{N} = 110.227 \text{kN}$$

08 ④

수직 전단철근(스터럽)의 전단강도 산정식

$$V_s = \frac{A_v \cdot f_{yt} \cdot d}{s}$$

09 ②

150

$$s = \frac{A_v \cdot f_{yt} \cdot d}{V_s} = \frac{254 \times 300 \times 500}{210 \times 10^3}$$
$$= 181.43 \text{ mm}$$

10 ②

보의 단부에 설치하는 헌치(Haunch)는 전단력이나 휨모멘트가 큰 곳에 부재의 단면을 크게 하여 단면저항 능력을 증대시킨다.

11 ③

전단철근(스터럽)의 최대 간격

㉠ $V_s \leq \frac{1}{3} \lambda \sqrt{f_{ck}} \cdot b_w \cdot d$ 일 경우, $d/2$ 이하, 또는 어느 경우이든 600mm 이하로 하여야 한다.

㉡ $V_s > \frac{1}{3} a\sqrt{f_{ck}} \cdot b_w \cdot d$ 일 경우, ㉠의 값의 $\frac{1}{2}$ 을 적용한다.

제7장 철근의 정착과 이음

7. 1 일반사항

7. 2 철근의 부착

7. 3 철근의 정착

7. 4 철근의 이음

REINFORCED CONCRETE

제7장
철근의 정착과 이음

7. 1 일반사항

철근콘크리트는 콘크리트 중에서 철근이 미끄러지지 않게 하기 위하여 철근과 콘크리트 사이에 충분한 부착력(bond stress)이 있어야 한다. 이렇게 철근이 미끄러지려 할 때 단위표면적에 작용하는 전단응력도를 부착강도라 한다.

부착강도의 원인은 거의 순부착력, 마찰저항력 및 기계적 저항력 등이 있다. 순부착력은 콘크리트 표면과 철근이 분리되지 않는 상태에 대한 시멘트의 접착력을 말하며 마찰저항력은 콘크리트가 건조수축하면 철근에는 압력이 가해지는 마찰계수에 의한 저항력을 말한다.

그리고 이형철근에서는 표면에 리브나 마디의 요철이 있으므로, 이 사이에 있는 콘크리트는 철근이 미끄러져 나오려 하는데 대한 전단강도 또는 부분압축강도로 저항하게 되는데 이들을 기계적 저항력이라 한다.

7. 2 철근의 부착

철근콘크리트 부재에서 부착강도에 영향을 주는 요인은 다음과 같다.

(1) 콘크리트의 압축강도

콘크리트의 압축강도가 클수록 맞물림 효과가 커지므로 부착강도가 커진다.

(2) 철근 표면의 거칠기

이형철근은 표면의 리브와 마디로 인하여 원형철근보다 부착강도가 2배 정도 크다. 그리고 약간 녹이 슨 철근이 매끈한 철근보다 부착강도가 크다.

(3) 철근의 지름과 피복두께

같은 양의 철근을 배근할 때 철근의 지름이 큰 것보다는 가는 철근을 여러 개 사용하는 것이 좋으며, 피복두께가 클수록 맞물림과 장부효과가 커지므로 부착강도는 증대된다.

(4) 철근의 배치방향

블리딩의 영향으로 수평철근이 수직철근보다 부착강도가 작으며, 수평철근 중에서도 상부철근이 하부철근보다 부착강도가 작다.

7. 3 철근의 정착

(1) 일반사항

철근이 효과적으로 거동하기 위해 콘크리트로부터 빠져 나오지 않도록 고정되는 것을 정착이라 하고, 콘크리트에 묻혀 있는 철근이 힘을 받을 때 뽑히거나 미끄러짐 변형이 생기는 일이 없이 항복강도에 이르기까지 응력을 발휘할 수 있게 하는 최소한의 묻힘 길이를 정착길이라 한다.

여기에서, 철근의 크기와 강도, 콘크리트의 압축강도 등 부재가 공통으로 가지고 있는 요소들에 의하여 정하여지는 정착길이를 기본정착길이라 하며, 정착방법에는 묻힘 길이, 갈고리, 기계적 정착 또는 이들의 조합에 의해 철근을 정착하는 것 등이 있다.

(2) 인장을 받는 이형철근의 정착

① 인장을 받는 이형철근의 기본 정착길이

$$l_{db} = \frac{0.6 d_b f_y}{\lambda \sqrt{f_{ck}}} \quad \cdots\cdots\cdots\cdots\cdots\cdots\cdots\cdots\cdots\cdots\cdots\cdots\cdots\cdots\cdots\cdots (7.1)$$

② 인장을 받는 이형철근의 정착길이

$$정착길이\,(l_d) = 기본정착길이\,(l_{db}) \times 보정계수 \geq 300\text{mm} \cdots (7.2)$$

여기서, d_b는 철근의 지름이며, $\sqrt{f_{ck}} \leq 8.4\text{MPa}$이어야 한다. 이것은 콘크리트의 압축강도가 70MPa에 이르면 더 이상 정착길이가 감소되지 않으므로 $\sqrt{f_{ck}}$는 8.4MPa를 초과하지 못하도록 규정하고 있다.

예제 7.1 일반 철근콘크리트 구조에서 D22인 인장철근의 기본 정착길이를 구하라.(단, $f_{ck}=24\text{MPa}$, $f_y=400\text{MPa}$이다.)

【풀이】 $l_{db} = \dfrac{0.6 d_b f_y}{\lambda \sqrt{f_{ck}}} = \dfrac{0.6 \times 22 \times 400}{1.0 \times \sqrt{24}} = 1{,}077.78\text{mm}$

③ 인장에 대한 보정계수

식 (7.2)에서의 보정계수는 철근배근 위치, 에폭시 도막 여부 및 콘크리트 종류에 따라 [표 7.1]과 같다.

[표 7.1] 보정계수

조건	D19 이하의 철근	D22 이상의 철근
① 정착되거나 이어지는 철근의 순간격이 d_b 이상이고 피복두께도 d_b 이상이면서 l_d 전 구간에 규정된 최소철근량 이상의 스터럽 또는 띠철근을 배근한 경우	$0.8\alpha\beta$	$\alpha\beta$
② 정착되거나 이어지는 철근의 순간격이 $2d_b$ 이상이고 피복두께가 d_b 이상인 경우		
기타	$1.2\alpha\beta$	$1.5\alpha\beta$

그리고 [표 7.1]에 수록된 α, β, λ는 다음과 같이 구한다.

(가) α : 철근배근 위치계수
- 상부철근(정착길이 또는 이음부 아래 30mm를 초과되게 굳지 않은 콘크리트를 친 수평철근)의 경우 : 1.3
- 기타 철근의 경우 : 1.0

(나) β : 에폭시 도막계수
- 피복두께가 $3d_b$ 미만 또는 순간격이 $6d_b$ 미만인 에폭시 도막철근 또는 철선의 경우 : 1.5
- 기타 에폭시 도막철근 또는 철선의 경우 : 1.2
- 아연도금 철선의 경우 : 1.0
- 도막되지 않은 철근의 경우 : 1.0

(다) λ : 경량 콘크리트계수
- f_{sp}가 주어지지 않은 경량 콘크리트의 경우
  - 전경량콘크리트 : 0.75
  - 모래경량콘크리트 : 0.85
- f_{sp}가 주어진 경량 콘크리트의 경우 : $\lambda = f_{sp}/(0.56\sqrt{f_{ck}}) \leq 1.0$
- 일반 콘크리트의 경우 : 1.0

  여기서, f_{sp} : 콘크리트의 인장강도

(라) 에폭시 도막철근이 상부철근인 경우에 상부철근의 보정계수 α와 에폭시 도막계수 β의 곱 $\alpha\beta$가 1.7보다 작도록 한다.

예제 7.2 일반 철근콘크리트 직사각형 보에서 D22 철근이 인장을 받을 때 정착길이를 구하라. (단, $f_{ck}=24\text{MPa}$, $f_y=400\text{MPa}$, $\alpha=1.3$, $\beta=1.0$이다.)

【풀이】 $l_{db}=\dfrac{0.6d_b f_y}{\lambda\sqrt{f_{ck}}}=\dfrac{0.6\times22\times400}{1.0\times\sqrt{24}}=1,077.78\text{mm}$

보정계수 $=\alpha\beta\lambda=1.3\times1.0\times1.0=1.3$

∴ 정착길이 : $l_d=l_{db}\times$보정계수$=1,077.78\times1.3=1,401.11\text{mm} > 300\text{mm}$

예제 7.3 D25인 인장철근이 경량 콘크리트의 상단에 배근되었을 때 정착길이를 구하라.(단, $f_{ck}=21\text{MPa}$, $f_y=400\text{MPa}$이며, 철근의 순간격과 피복두께가 d_b 이상이다.)

【풀이】 $l_{db}=\dfrac{0.6d_b f_y}{\lambda\sqrt{f_{ck}}}=\dfrac{0.6\times25\times400}{0.75\times\sqrt{21}}=1,745.74\text{mm}$

보정계수는 $\alpha\beta$로서, $\alpha=1.3$(상부근), $\beta=1$이다.

∴ $l_d=1.3\times1.0\times1,745.74=2,269.47 > 300\text{mm}$

(3) 압축을 받는 이형철근의 정착

① 압축을 받는 이형철근의 기본 정착길이

$$l_{db}=\dfrac{0.25d_b f_y}{\lambda\sqrt{f_{ck}}}\geq 0.043d_b f_y \quad\cdots\cdots (7.3)$$

② 압축을 받는 이형철근의 정착길이

정착길이 $(l_d)=$기본 정착길이$(l_{db})\times$보정계수$\geq 200\text{mm}\cdot$ (7.4)

③ 압축에 대한 보정계수

압축철근에서는 주위 콘크리트에 균열이 거의 발생하지 않기 때문에 인장철근과 같이 철근간격과 피복두께 등에 민감하게 영향을 받지 않는다. 또한 나선철근과 같은 횡보강철근은 압축철근의 부착효과를 높여주기 때문에 이러한 효과 정도를 고려하여 설계기준에서는 다음과 같이 규정하고 있다.

㈎ 해석 결과 소요되는 철근량을 초과하여 배근한 경우 : $\dfrac{\text{소요철근량}}{\text{배근철근량}}$의 비

㈏ 지름 6mm 이상이고 나선간격이 100mm 이하인 나선철근 또는 중심간격 100mm 이하로 배근된 D13 띠철근으로 둘러싸인 경우 : 0.75

예제 7.4 압축을 받는 D22 철근의 기본 정착길이를 구하라.(단, $f_{ck}=24$MPa, $f_y=400$MPa 이다.)

【풀이】 $l_{db}=\dfrac{0.25d_b f_y}{\lambda\sqrt{f_{ck}}}=\dfrac{0.25\times 22\times 400}{1.0\times\sqrt{24}}=449.07$ mm

$l_{db}=0.043d_b f_y=0.043\times 22\times 400=378.4$ mm

∴ $l_{db}=449.07$ mm

예제 7.5 압축을 받는 D25 철근의 정착길이를 구하라.(단, $f_{ck}=24$MPa, $f_y=350$MPa, 소요철근 $A_s=1{,}650$mm², 배근된 철근 $A_s=2{,}028$mm²이다.)

【풀이】 $l_{db}=\dfrac{0.25d_b f_y}{\lambda\sqrt{f_{ck}}}=\dfrac{0.25\times 25\times 350}{1.0\times\sqrt{24}}=446.52$mm

$l_{db}=0.043d_b f_y=0.043\times 25\times 350=376.25$ mm

- 보정계수 $=\left(\dfrac{\text{소요철근량}}{\text{배근철근량}}\right)=\dfrac{1{,}650}{2{,}028}=0.814$

∴ $l_d = l_{db}\times$ 보정계수 $=446.52\times 0.814=363.47$ mm

(4) 다발철근의 정착

철근콘크리트 보나 기둥 등에서 철근을 2개, 3개 또는 4개로 묶어 사용하는 것을 다발철근이라 한다. 이러한 철근들은 콘크리트와 부착되는 면적이 각 철근의 부착면적의 합보다 작아지기 때문에 부착강도도 이에 따라 감소한다.

따라서, 설계기준에서는 이러한 점을 고려하여 인장이나 압축을 받는 다발철근 중 각 철근의 정착길이를 1개 철근인 경우의 값을 기준으로 3개로 된 다발철근에 대하여 20%, 4개로 된 다발철근에 대하여는 33% 증가시키도록 규정하고 있다.

예제 7.6 D19 철근 1개의 정착길이가 $l_d = 600\text{mm}$라면 4개의 다발철근으로 사용할 때의 정착길이를 구하라.

【풀이】 $l_d = 600 \times (1 + 0.33) = 798\,\text{mm}$

(5) 갈고리에 의한 인장철근의 정착

① 표준 갈고리

철근의 정착길이가 부족하거나 철근이 묻힐 수 있는 거리가 짧아 충분한 부착강도가 확보되기 어려운 경우에는 [그림 7.1], [그림 7.2]와 같이 표준 갈고리를 사용할 수 있다.

㈎ 주근 갈고리
- 구부림 각도 180°에 자유단의 길이가 $4d_b$ 및 60mm 이상되는 갈고리
- 구부림 각도 90°에 자유단의 길이가 $12d_b$ 이상되는 갈고리

㈏ 스터럽 및 띠철근 갈고리
- D16 이하의 철근으로 구부림 각도 90°에 자유단의 길이가 $6d_b$ 이상되는 갈고리
- D19, D22 및 D25의 철근으로 구부림 각도 90°에 자유단의 길이가 $12d_b$ 이상되는 갈고리
- D25 이하의 철근으로 구부림 각도 135°에 자유단의 길이가 $6d_b$ 이상되는 갈고리

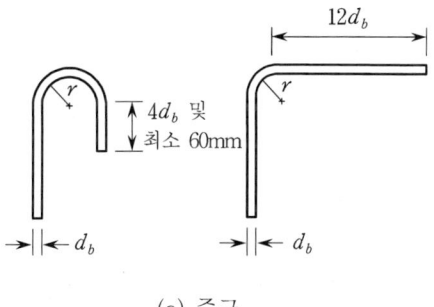

(a) 주근

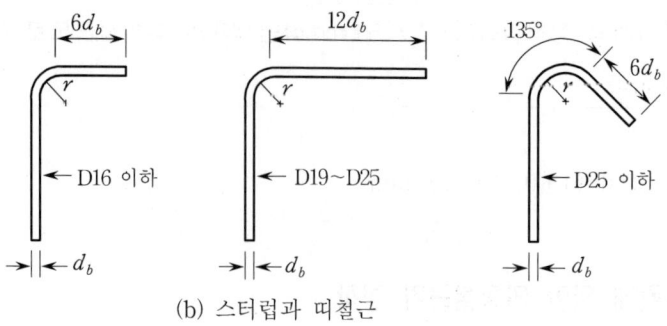

(b) 스터럽과 띠철근

[그림 7. 1] 표준 갈고리

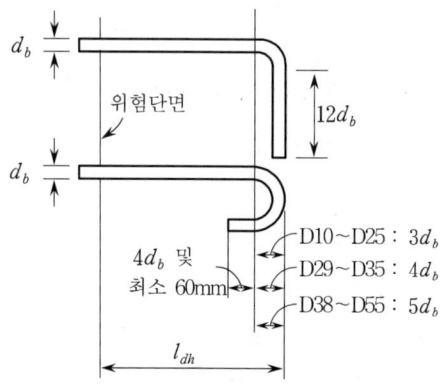

[그림 7. 2] 표준 갈고리 철근의 상세

② 갈고리 철근의 정착길이

㈎ 기본 정착길이

$$l_{hb} = \frac{0.24\beta d_b f_y}{\lambda\sqrt{f_{ck}}} \quad \cdots\cdots\cdots\cdots\cdots\cdots\cdots\cdots\cdots\cdots\cdots\cdots (7.5)$$

㈏ 단부에 표준 갈고리가 있는 인장철근의 정착길이

정착길이 (l_{dh}) = 기본 정착길이 (l_{hb}) × 보정계수 ≧ $8d_b$

또는 150mm $\cdots\cdots\cdots\cdots\cdots\cdots\cdots\cdots\cdots\cdots\cdots\cdots$ (7. 6)

③ 보정계수

㈎ 콘크리트의 피복두께

90° 갈고리가 사용된 D35 이하의 철근으로 갈고리면에 수직한 피복두께가 70mm 이상이고 갈고리에서 뻗은 자유단 철근의 피복두께가 50mm 이상인 경우 : 0.7

㈏ 띠철근 또는 스터럽 부근

- D35 이하 90° 갈고리 철근에서 전체 정착길이 l_{dh} 구간을 $3d_b$ 이하 간격으로 띠철근 또는 스터럽이 정착된 철근을 수직으로 둘러싼 경우, 또는 갈고리 끝 연장부와 구부림부의 전 구간을 $3d_b$ 이하 간격으로 띠철근 또는 스터럽이 정착된 철근을 평행하게 둘러싼 경우 : 0.8
- D35 이하 180° 갈고리 철근에서 정착길이 l_{dh} 구간을 $3d_b$ 이하 간격으로 띠철근 또는 스터럽이 정착된 철근을 수직으로 둘러싼 경우 : 0.8

㈐ 과다철근

f_y에 대한 정착이 특별히 요구되지 않고 배근된 철근이 소요량 이상인 경우 : $\left(\dfrac{소요철근량}{배근철근량}\right)$의 비

㈑ 경량골재 콘크리트 : 1.3

㈒ 에폭시 도막된 철근 : 1.2

㈓ 보정계수를 적용한 갈고리 철근의 정착길이 l_{dh}는 $8d_b$ 또는 150mm보다 큰 값이 되어야 한다.

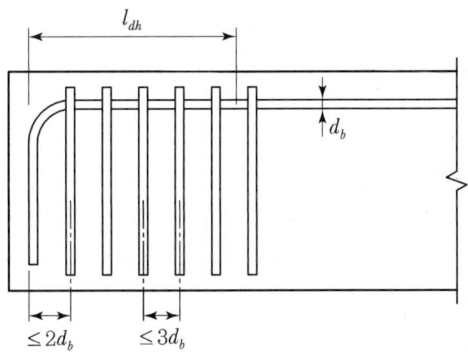

(a) 정착길이 l_{dh} 구간을 띠철근 또는 스터럽이 정착된 철근에 수직으로 둘러싼 경우

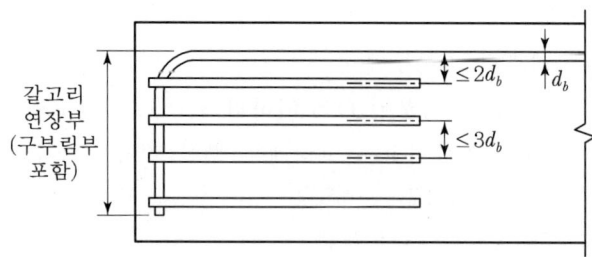

(b) 갈고리 연장부를 띠철근 또는 스터럽이 정착된 철근에 평행으로 둘러싼 경우

[그림 7. 3] 띠철근 또는 스터럽 부근 철근의 상세

예제 7. 7 D25인 인장철근을 단부에 표준 갈고리로 정착시킬 때 정착길이를 구하라.(단, $f_{ck}=$ 24MPa, $f_y=$ 300MPa이다.)

【풀이】 $l_{hb} = \dfrac{0.24\beta d_b f_y}{\lambda\sqrt{f_{ck}}} = \dfrac{0.24\times 1.0\times 25\times 300}{1.0\times\sqrt{24}} = 367.42\,\text{mm}$

$8d_b[=8\times 25 = 200\,\text{mm}]$ 또는 150mm

∴ $l_{dh} = 367.42\,\text{mm}$

(6) 철근의 정착길이 결정 시 유의사항

① 휨부재에서 최대 응력점과 경간 내에서 인장철근이 끊어지거나 철근이 굽어진 위험단면에서 철근의 정착에 대한 안전을 검토하여야 한다.
② 휨철근은 휨을 저항하는데 더 이상 철근을 요구하지 않는 점에서 부재의 유효깊이 d 또는 $12d_b$ 이상 더 연장되어야 한다.
③ 휨부재의 철근은 가능한 한 인장구역에서 절단할 수 없으며 전체 철근량의 50%를 초과하여 한 단면에서 절단하지 않아야 한다.
④ 단순부재에서 정모멘트 철근의 1/3 이상, 연속부재에서 정모멘트 철근의 1/4 이상을 부재의 같은 면을 따라 받침부까지 연장하여야 한다. 보의 경우는 받침부 내로 150mm 이상 연장하여야 한다.
⑤ 받침부에서 부모멘트에 대해 배근된 전체 인장철근량의 1/3 이상은 반곡점을 지나 부재의 유효깊이 d, $12d_b$ 또는 순경간의 1/16에서 제일 큰 값 이상의 묻힘 길이가 확보되어야 한다.

7. 4 철근의 이음

철근은 제작과 운반에 따른 한정된 길이와 부재에서의 철근조립, 시공줄눈의 설치, 철근지름의 변동 등의 이유로 철근의 이음이 필요하다.

철근의 이음에는 용접이음, 기계적 이음, 겹침이음 등이 있으며, 어느 경우에나 힘의 전달이 연속적이고 응력집중 등 부작용이 생기지 않아야 된다. 따라서 철근이음의 위치는 가능한 한 응력이 작은 곳으로 하고 엇갈리게 배치하는 것이 바람직하다.

겹침이음은 두 철근의 겹침길이를 충분히 하여 원래 철근의 힘이 콘크리트의 부착응력에 의하여 이어지는 철근으로 전달되도록 한다. 그리고 휨부재에서 겹침이음을 할 때 철근의 순간격은 겹침이음 길이의 1/5 이하 또는 150mm 이하로 한다.

또한, 철근의 이음을 용접이나 기계적 이음으로 할 때에는 철근의 응력이 $1.25f_y$ 이상 발휘될 수 있도록 이어야 한다.

(1) 인장철근의 겹침이음

① 인장을 받는 철근 및 철선의 겹침이음 최소길이는 다음 값 이상 또는 300mm 이상으로 한다.

      A급 이음 : $1.0l_d$

      B급 이음 : $1.3l_d$

여기서, l_d는 식 (7. 1)과 식 (7. 2)의 인장철근 정착길이이며, 인장철근의 겹침이음에 영향을 주는 요인에 따른 등급은 [표 7. 2]와 같다.

[표 7. 2] 인장철근의 겹침 이음

사용철근량 / 소요철근량	겹침길이 내에서 전체 철근에 대한 이음철근의 비율	
	50% 이하	50% 초과
2 이상	A급	B급
2 미만	B급	B급

② 다발철근의 겹침이음은 묶음 내의 각 철근이 요구하는 겹침이음길이를 기준으로 하여 겹침이음길이를 증가시킨다.

③ D35를 초과하는 인장철근은 겹침이음을 하지 않는다.

예제 7.8 D25인 인장철근을 겹침이음할 때 겹침이음길이를 구하라.(단, f_{ck}=24MPa, f_y=400MPa, 보정계수는 $\alpha=1.0$, $\beta=1.0$ A급 이음이다.)

【풀이】 ① 정착길이의 산정

- 기본 정착길이 : $l_{db} = \dfrac{0.6 d_b f_y}{\lambda \sqrt{f_{ck}}} = \dfrac{0.6 \times 25 \times 400}{1.0 \times \sqrt{24}} = 1,224.75$ mm
- 보정계수 $= \alpha\beta = (1.0 \times 1.0) = 1.0$
- 정착길이 : $l_d = l_{db} \times$ 보정계수 $= 1,224.75 \times 1.0$
  $= 1,224.75$ mm

② 겹침이음길이 : A급이므로 $1.0 l_d$

$\therefore l_d = 1,224.75$ mm > 300 mm

(2) 압축철근의 겹침이음

① 압축철근의 최소 겹침이음길이는 다음과 같다.

$$l_d \leq \left(\dfrac{1.4 f_y}{\lambda \sqrt{f_{ck}}} - 52 \right) \times d_b \text{일 때} \quad l_d = 0.072 f_y d_b \quad \cdots\cdots\cdots\cdots (7.7)$$

② 여기서 산정된 압축철근의 최소 겹침이음길이는 다음의 값 이상 또는 300mm 이상으로 하며, f_{ck}가 21MPa 미만일 때는 이 겹침이음길이를 1/3 증가시킨다.

$f_y \leq 400$ MPa일 때 $\quad l_d = 0.072 f_y d_b \quad \cdots\cdots\cdots\cdots$ (7. 8a)

$f_y > 400$ MPa일 때 $\quad l_d = (0.13 f_y - 24) d_b \quad \cdots\cdots\cdots\cdots$ (7. 8b)

③ 겹침이음 철근의 크기가 다를 때에는 굵은 철근의 정착길이와 가는 철근의 이음길이 중 큰 것을 겹침이음길이로 한다.

④ 단부 지압이음은 압축철근의 이음위치가 폐쇄 띠철근, 폐쇄 스터럽 또는 나선철근 등으로 보강되어 있는 압축부재에서만 가능하다.

예제 7.9 D25인 압축철근을 겹침이음할 때 겹침이음길이를 구하라.(단, $f_{ck}=24$MPa, $f_y=400$MPa이다.)

【풀이】 $f_y \leq 400$ MPa에서

$$\therefore l_d = 0.072 f_y d_b = 0.072 \times 400 \times 25 = 720 \text{ mm}$$

(3) 기둥철근의 이음

① 계수하중에 의해 철근이 압축력을 받는 경우에 철근의 겹침이음은 식 (7. 8a)와 식 (7. 8b)에 따라야 하며 다음의 경우에도 적용되어야 한다.

 (가) 띠철근 기둥의 경우는 겹침 이음길이 전체에 걸쳐서 띠철근이 $0.0015\,hs$ 이상의 유효 단면적을 갖는다면 겹침 이음길이에 계수 0.83을 곱하며, 보정된 겹침 이음길이는 300mm 이상되어야 한다. 여기서 h는 부재의 치수, s는 띠철근의 간격이다.

 (나) 나선철근 기둥의 경우는 나선철근으로 둘러싸인 축방향 철근의 겹침 이음길이에 계수 0.75를 곱하며, 보정된 겹침 이음길이는 300mm 이상이어야 한다.

② 철근이 $0.5 f_y$ 이하의 인장응력을 받고 어느 한 단면에서 전체 철근의 1/2을 초과하는 철근이 겹침이음되면 B급 이음, 전체 철근의 1/2 이하가 겹침이음되고 그 겹침이음이 교대로 l_d 이상 서로 엇갈려 있으면 A급 이음으로 한다.

③ 철근이 $0.5 f_y$보다 큰 인장응력을 받는 겹침이음은 B급 이음으로 한다.

④ 기둥 각 면에 배근된 연속철근은 그 면에 배근된 수직 철근단면적에 $0.25 f_y$를 곱한 값 이상의 인장강도이어야 한다.

예제 7.10 기둥의 단면이 500mm×500mm이며 압축철근 D29와 D25, 띠철근 D13@300으로 배근되어 있을 때 겹침이음길이를 구하라.(단, $f_{ck}=24$MPa, $f_y=400$MPa이다.)

【풀이】 ① 이음길이의 산정

 압축철근의 크기가 다를 때는 큰 지름 철근의 정착길이와 작은 지름 철근의 겹침이음길이 중 큰 값을 사용한다.

 • D29의 정착길이

$$l_d = \frac{0.25 d_b f_y}{\lambda \sqrt{f_{ck}}} = \frac{0.25 \times 29 \times 400}{1.0 \times \sqrt{24}} = 591.96 \text{ mm} > 0.043 \times 29 \times 400 = 498.80 \text{ mm}$$

- D25의 이음길이

$$l_d = 0.072 d_b f_y = 0.072 \times 25 \times 400 = 720\,\text{mm} > 591.96\,\text{mm}$$

② 띠철근의 설계

D13@300 띠철근의 유효단면적

$$0.0015 h \cdot s = 0.0015 \times 500 \times 300 = 225\,\text{mm}^2$$

D13 띠철근은 각면 두 가닥이므로 유효단면적 = $2 \times 126.7 = 253.4\,\text{mm}^2$

띠철근의 유효단면적이 $0.0015\,h \cdot s$ 이상이 되므로 보정계수는 0.83이다.

∴ 겹침이음길이 = $720 \times 0.83 = 597.6\,\text{mm}$

제7장 연습문제

01 철근 직경(d_b)에 따른 표준갈고리의 구부림 최소 내면반지름 기준으로 틀린 것은?

① D13 주철근 : $2d_b$ 이상 ② D25 주철근 : $3d_b$ 이상
③ D13 띠철근 : $2d_b$ 이상 ④ D16 띠철근 : $2d_b$ 이상

02 철근콘크리트의 부착응력에 대한 설명으로 가장 옳지 않은 것은?

① 압축강도가 큰 콘크리트일수록 부착력은 커진다.
② 콘크리트의 부착력은 철근의 길이에 반비례한다.
③ 철근의 표면상태와 단면 모양에 따라 부착력이 증감된다.
④ 부착력은 정착길이를 크게 증가함에 따라서 비례증가되지는 않는다.

03 강도설계법에서 D19 인장철근의 기본정착길이로 옳은 것은? (단, f_{ck}=27 MPa, f_y=300 MPa, 경량콘크리트계수 1)

① 290mm ② 330mm
③ 660mm ④ 820mm

04 인장 이형철근의 정착길이를 보정계수에 의해 증가시켜야 하는 경우가 아닌 것은?

① 일반콘크리트 ② 에폭시 도막철근
③ 철근의 크기   ④ 상부 철근

05 철근콘크리트 보의 인장 이형철근 정착길이 보정계수와 관련이 없는 것은?

① 강도감소계수   ② 철근도막계수
③ 경량콘크리트계수 ④ 철근배치위치계수

06 기본정착길이(l_{db})의 계산값이 730mm이고 고려해야 할 보정계수가 1.4와 1.18인 부재에서 철근의 소요정착길이(l_d)는?

① 1,022mm ② 1,164mm
③ 1,206mm ④ 1,442mm

07 강도설계법에서 인장을 받는 이형철근의 정착길이 l_d 의 최솟값은?

① 150mm ② 200mm
③ 250mm ④ 300mm

08 f_{ck} = 24MPa, f_y = 400MPa으로 된 부재에 인장을 받는 표준갈고리를 둔다면 기본정착길이는?(단, 철근의 공칭지름은 25.4mm(D25)인 에폭시 도막되지 않은 경우, m_c = 2,300 kg/m³)

① 500mm ② 520mm
③ 540mm ④ 560mm

09 인장을 받는 이형철근의 직경이 9.53mm이고 콘크리트 강도가 30MPa인 표준갈고리의 기본정착길이는?(단, f_y = 400MPa, 에폭시 도막되지 않은 경우, m_c = 2,300kg/m³)

① 85mm ② 150mm
③ 167mm ④ 175mm

10 압축이형철근(D29)의 기본정착길이로 알맞은 것은?(단, f_{ck} = 24MPa, f_y = 350MPa, m_c = 2,300kg/m³)

① 220mm ② 320mm
③ 420mm ④ 520mm

11 압축을 받는 D22 이형철근의 기본정착길이는?(단, 보통중량콘크리트 f_{ck} = 25MPa, 철근직경 25mm, 철근강도 f_y = 400MPa)

① 378.4mm ② 440mm
③ 500.3mm ④ 520mm

12 강도설계법에 의한 철근콘크리트 설계 시 겹침이음을 하지 않아야 하는 철근은?
① D25를 초과하는 철근 ② D29를 초과하는 철근
③ D22를 초과하는 철근 ④ D35를 초과하는 철근

13 D25(공칭지름 $d_b = 25.4$mm)를 압축철근으로 사용 시 최소 겹침이음길이는?(단, $f_y = $ 400MPa)
① 300mm ② 639mm
③ 732mm ④ 952mm

제7장 연습문제 해설

01 표준갈고리의 구부림 최소 내면반지름
① ㉠ 180° 표준갈고리와 90° 표준갈고리의 구부림 내면반지름

철근 직경	구부림 내면반지름
D10~D25	$3d_b$ 이상
D29~D35	$4d_b$ 이상
D38 이상	$5d_b$ 이상

㉡ 스터럽이나 띠철근에서 구부림 내면반지름은 D16 이하일 때 $2d_b$ 이상이고, D19 이상일 때는 위의 표를 따라야 한다.

02 콘크리트의 부착력은 철근의 길이에 비례한다.
②

03
③
$$l_{d_b} = \frac{0.6 d_b \cdot f_y}{\lambda \sqrt{f_{ck}}} = \frac{0.6 \times 19 \times 300}{1.0 \times \sqrt{27}}$$
$$= 658.18 \text{ mm} \fallingdotseq 660 \text{ mm}$$

04 인장 이형철근의 정착길이 보정계수
①
- 철근 배근 위치계수 (α)
- 철근 도막계수 (β)
- 철근 또는 철선의 크기계수 (γ)
- 경량콘크리트계수 (λ)
- 횡방향철근지수 (K_{tr})

05 04번 해설 참고
①

06 ③

$l_d = l_{db} \times$ 보정계수
$= 730 \times 1.4 \times 1.18 = 1,205.96\,\mathrm{mm}$

07 ④

$l_d = l_{db} \times$ 보정계수 $\geq 300\,\mathrm{mm}$
도막되지 않은 철근이므로 $\beta = 1.0$

08 ①

$l_{hb} = \dfrac{0.24\beta \cdot d_b \cdot f_y}{\lambda\sqrt{f_{ck}}} = \dfrac{0.24 \times 1.0 \times 25.4 \times 400}{1.0 \times \sqrt{24}}$
$= 497.74\,\mathrm{mm} \fallingdotseq 500\,\mathrm{mm}$

09 ③

도막되지 않은 철근이므로 $\beta = 1.0$
$l_{hb} = \dfrac{0.24\beta \cdot d_b \cdot f_y}{\lambda\sqrt{f_{ck}}} = \dfrac{0.24 \times 1.0 \times 9.53 \times 400}{1.0 \times \sqrt{30}}$
$= 167.03\,\mathrm{mm}$

10 ④

㉠ $l_{db} = \dfrac{0.25 d_b \cdot f_y}{\lambda\sqrt{f_{ck}}} = \dfrac{0.25 \times 29 \times 350}{1.0 \times \sqrt{24}} = 517.97\,\mathrm{mm}$
㉡ $l_{db} = 0.043 d_b \cdot f_y = 0.043 \times 29 \times 350 = 436.45\,\mathrm{mm}$
㉠, ㉡ 중 큰 값으로 한다.

11 ②

㉠ $l_{db} = \dfrac{0.25 d_b \cdot f_y}{\lambda\sqrt{f_{ck}}} = \dfrac{0.25 \times 22 \times 400}{1.0 \times \sqrt{25}} = 440\,\mathrm{mm}$
㉡ $l_{db} = 0.043 d_b \cdot f_y = 0.043 \times 22 \times 400 = 378.4\,\mathrm{mm}$
㉠, ㉡ 중 큰 값으로 한다.

12 ④

D35를 초과하는 철근은 겹침이음을 하지 않고 용접이나 기계적 이음을 사용하여야 한다.

13 ③

압축철근의 겹침이음 길이
$l_d \leq 0.072 d_b \cdot f_y \,(f_y \leq 400\,\mathrm{MPa})$
$= 0.072 \times 25.4 \times 400 = 731.52\,\mathrm{mm}$

제8장 슬래브 설계

8. 1 일반사항

8. 2 슬래브의 종류

8. 3 1방향 슬래브의 설계

8. 4 2방향 슬래브의 설계

8. 5 슬래브의 전단설계

REINFORCED CONCRETE

제8장
슬래브 설계

8. 1 일반사항

건축물에서 슬래브는 일반적으로 평탄하고 일정한 두께를 가진 평판구조로 슬래브 자체의 고정하중과 그 위에 작용하는 활하중을 휨강성으로 지지하여 슬래브를 받치는 보나, 벽체, 기둥에 전달하는 부재이다. 철근콘크리트 슬래브는 하중을 지지하며 분산시키는 기능을 함께 가지고 있으며, 철근콘크리트 구조뿐만 아니라 철골구조와 조적조에서도 널리 사용되고 있다.

8. 2 슬래브의 종류

(1) 하중의 흐름방향에 따른 분류

① 1방향 슬래브(One way slab), $\dfrac{l_y}{l_x} > 2$: 하중이 1방향(단변방향)으로 흐르는 슬래브 구조이다.([그림 8. 1 (a), (b)] 참조)

② 2방향 슬래브(Two way slab), $\dfrac{l_y}{l_x} \leq 2$: 하중이 2방향으로 흐르는 슬래브 구조이다.([그림 8. 1 (c)] 참조)

여기서, l_x : 단변의 순길이, l_y : 장변의 순길이

즉, 1방향 슬래브는 한 방향의 내력근이 하중을 부담하며, 2방향 슬래브는 두 방향의 내력근이 하중을 부담하는 바닥판을 말한다.

(2) 슬래브의 구조에 따른 분류

① 플랫 슬래브(Flat Slab)

보가 없고 기둥만으로 지지되는 슬래브로서 기둥둘레의 전단력과 부모멘트를 감소시키기 위하여 지판(Drop panel)과 기둥머리를 둔 구조이다.([그림 8. 1 (d)] 참조)

② 평판 슬래브(Flat Plate Slab)

지판과 기둥머리가 없이 기둥만으로 지지하는 슬래브로서 하중이 크지 않거나 경간이 짧은 경우에 사용된다.([그림 8. 1 (e)] 참조)

③ 격자 슬래브(Grid Slab)

슬래브의 고정하중을 감소시키기 위해 전면적에 격자 보를 둔 슬래브이다.([그림 8. 1 (f)] 참조)

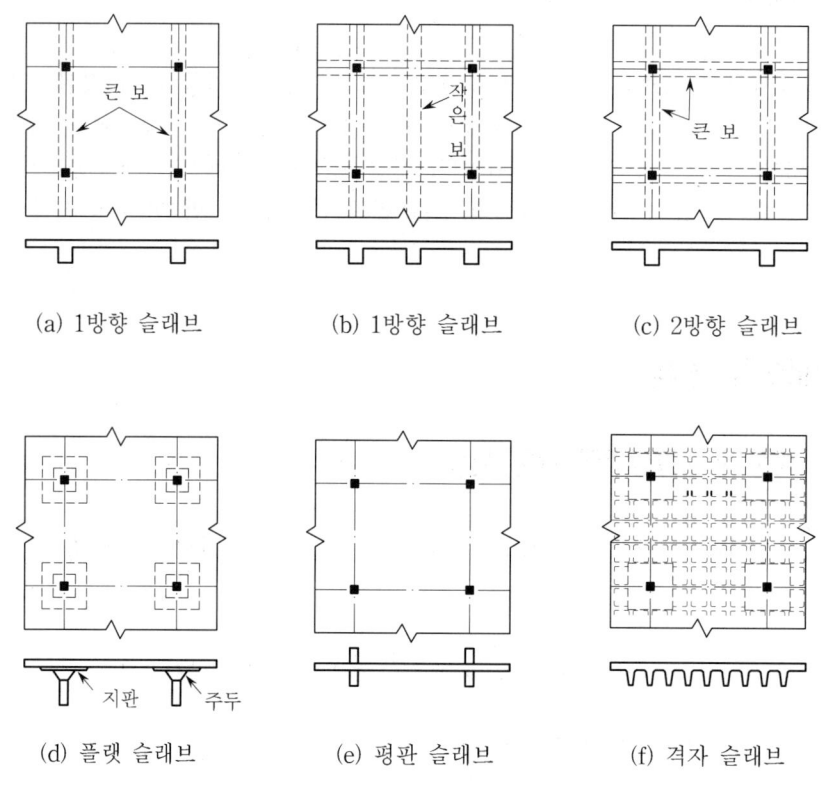

(a) 1방향 슬래브   (b) 1방향 슬래브   (c) 2방향 슬래브

(d) 플랫 슬래브   (e) 평판 슬래브   (f) 격자 슬래브

[그림 8. 1] 슬래브의 종류

(3) 슬래브의 지지조건 및 지지변의 수에 따른 분류

슬래브를 지지조건에 따라 단순 슬래브, 고정 슬래브, 연속 슬래브 등으로 분류하며, 슬래브의 지지변의 수에 따라 1변 지지슬래브, 2변 지지슬래브, 3변 지지슬래브, 4변 지지슬래브로 구분한다.

8.3 1방향 슬래브의 설계

슬래브는 단위폭 1m를 가지는 연속보 형태의 휨부재이기 때문에 휨모멘트에 대한 1방향 슬래브의 철근량 산정방법은 보에서와 같다.

(1) 모멘트 계수법(실용해법)

슬래브 단부가 지지하고 있는 보와 일체로 된 경우, 단부의 구속 정도에 따라서 부(−)모멘트의 크기가 달라진다. 경간 중앙부의 정(+)모멘트는 슬래브 단부가 단순지지일 경우 커지고, 단부지점의 부(−)모멘트는 슬래브단이 고정되어 있을 때 큰 값을 나타낸다.

따라서, 1방향 슬래브는 경간의 최대휨모멘트가 일어나도록 재하하여 탄성이론에 의한 정밀해석으로 휨모멘트를 구해야 하지만, 규준에서는 설계의 편의를 위하여 다음과 같은 근사적인 해법으로 휨모멘트와 전단력을 사용하여 설계한다. ([그림 8.2] 참조)

여기에서, 실용해법을 적용할 경우에는 다음의 조건을 만족해야 한다.
- 두 경간 이상인 경우
- 서로 인접한 2개 경간길이의 차이가 작은 경간의 20% 이하인 경우
- 등분포하중을 받는 경우
- 활하중이 고정하중의 3배 이하인 경우

여기서, w_u는 계수하중이며 l_n은 부재 양쪽지지면 사이의 순경간이다. 또한, [그림 8.2]에서 점선 내의 값은 슬래브의 중앙부 정모멘트를 나타낸다.

① 정모멘트

   (가) 최외측 경간

      • 불연속 단부가 구속되지 않는 경우(단순지지) ················ $\frac{1}{11} w_u l_n^2$

      • 불연속 단부가 구속된 경우(테두리보, 기둥) ················ $\frac{1}{14} w_u l_n^2$

   (나) 내부 경간 ··· $\frac{1}{16} w_u l_n^2$

② 부모멘트

   (가) 최외단 경간의 연속단부

      • 2개의 경간인 경우 ··· $\dfrac{1}{9} w_u l_n^{\,2}$

      • 3개 이상의 경간인 경우 ··· $\dfrac{1}{10} w_u l_n^{\,2}$

   (나) 내부 경간 ·· $\dfrac{1}{11} w_u l_n^{\,2}$

   (다) 최외단 경간의 불연속단부

      • 받침부가 테두리 보인 경우 ································· $\dfrac{1}{24} w_u l_n^{\,2}$

      • 받침부가 기둥인 경우 ·· $\dfrac{1}{16} w_u l_n^{\,2}$

③ 전단력

   (가) 최외단 경간의 연속단부 ··· $1.15 \dfrac{w_u l_n}{2}$

   (나) 그 외의 단부 ·· $\dfrac{w_u l_n}{2}$

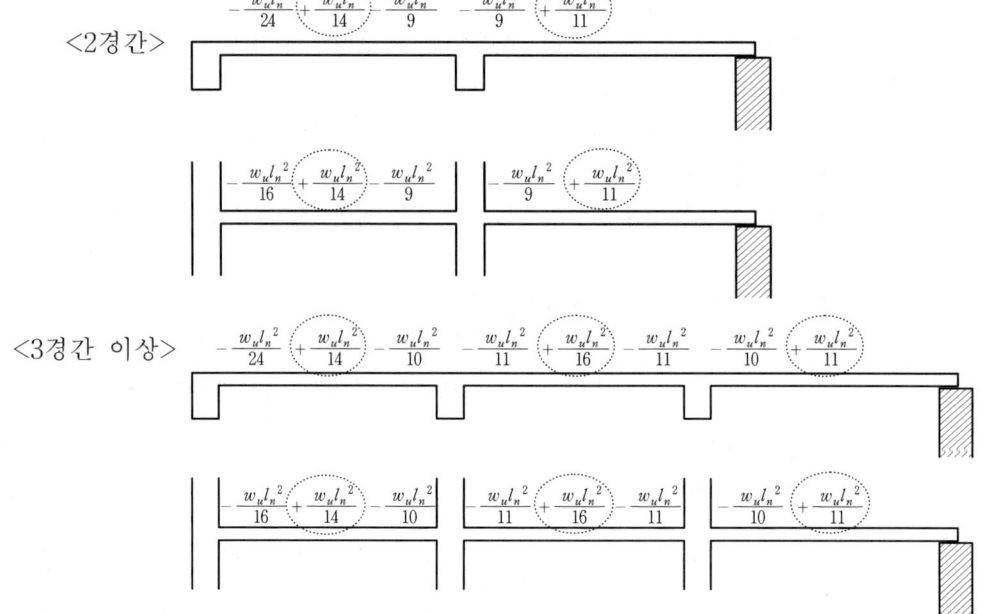

(a) 휨모멘트 계수

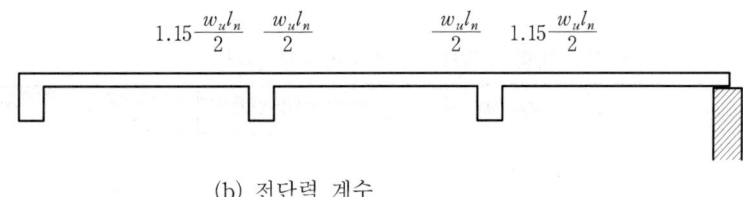

(b) 전단력 계수

[그림 8. 2] 1방향 슬래브의 휨모멘트 계수 및 전단력 계수

예제 8.1 고정하중 4kN/m², 활하중 2kN/m²을 받고, 순경간이 4.2m인 단순지지된 1방향 슬래브의 중앙부 모멘트 M_u를 구하라.

【풀이】 계수하중 : $w_u = 1.2 \times 4 + 1.6 \times 2 = 8 \, \text{kN/m}^2$

$$\therefore M_u = \frac{w_u l_n^2}{8} = \frac{8 \times (4.2)^2}{8} = 17.64 \, \text{kN} \cdot \text{m}$$

예제 8.2 고정하중 4kN/m², 활하중 3kN/m²를 받고, 보중심 간격 4.5m, $b_w = 300$mm인 3경간 이상의 연속 보에서 내부경간의 정·부모멘트를 구하라.

【풀이】 계수하중 : $w_u = 1.2 \times 4 + 1.6 \times 3 = 9.6 \, \text{kN/m}^2$

보의 순경간 : $l_n = 4.5 - 0.3 = 4.2 \, \text{m}$

$$\therefore \text{중앙부 모멘트} \, (M_u) = \frac{w_u l_n^2}{16} = \frac{9.6 \times (4.2)^2}{16} = 10.58 \, \text{kN} \cdot \text{m}$$

$$\text{단부 모멘트} \, (M_u) = -\frac{w_u l_n^2}{11} = -\frac{9.6 \times (4.2)^2}{11} = -15.39 \, \text{kN} \cdot \text{m}$$

(2) 1방향 슬래브의 구조사항

① 슬래브의 두께

처짐을 계산하지 않는 경우, 1방향 슬래브의 두께(h)는 [표 8. 1]의 값 이상으로 해야 하며 최소 100mm 이상으로 한다.

[표 8. 1]의 값은 일반 콘크리트($w_c = 2,300 \text{kgf/m}^3$)와 항복강도 $f_y = 400$MPa인 철근을 사용한 경우이며, 이외의 항복강도를 가진 철근인 경우에는 위의 값에 다음 식 (8.1)의 값을 곱해야 한다.

$$\left(0.43 + \frac{f_y}{700}\right) \quad \cdots\cdots\cdots\cdots\cdots\cdots\cdots\cdots\cdots (8.1)$$

[표 8. 1] 1방향 슬래브의 최소두께(l은 경간)

부 재	단순지지	1단연속	양단연속	캔틸레버
• 1방향 슬래브	$\dfrac{l}{20}$	$\dfrac{l}{24}$	$\dfrac{l}{28}$	$\dfrac{l}{10}$
• 보 • 리브가 있는 1방향 슬래브	$\dfrac{l}{16}$	$\dfrac{l}{18.5}$	$\dfrac{l}{21}$	$\dfrac{l}{8}$

② 주철근의 간격 및 피복두께

슬래브의 정·부모멘트를 받는 중앙부 및 단부의 정철근 또는 부철근의 간격은 최대모멘트가 일어나는 단면에서는 슬래브 두께의 2배 이하, 또는 300mm 이하로 한다. 기타의 단면에서는 슬래브 두께의 3배 이하, 또는 400mm 이하로 한다. 또한, 슬래브의 피복두께는 20mm 이상으로 한다.

③ 온도·수축 철근

정철근 또는 부철근에 직각 방향으로 배치한 철근을 배력철근이라 한다. 이 철근은 응력을 분포시키며, 주철근의 간격을 유지시켜 주고 콘크리트의 건조수축이나 온도변화에 의한 수축을 감소시키며, 균열을 분포시키는데 유효하다. 이러한 목적으로 배치되는 철근을 온도·수축철근이라 한다. 온도·수축철근의 콘크리트 총단면적에 대한 철근비 ρ는 다음 값 이상으로 한다.

㈎ 항복강도 400MPa 이하인 이형철근을 사용한 슬래브의 경우
·· 0.002

㈏ 0.0035의 항복변형도에서 측정한 철근의 항복강도가 400MPa를 초과한 경우 ··· $\dfrac{0.002 \times 400}{f_y}$

온도·수축철근의 철근비는 0.0014 이상이어야 하며, 또한 철근의 배치간격은 슬래브 두께의 5배 이하 또는 450mm 이하로 한다.

예제 8.3 그림과 같은 1방향 연속 슬래브에서 내부경간 슬래브의 두께를 구하라.(단, $f_{ck}=$ 21MPa, $f_y=$ 300MPa, $b_w=$ 300mm이다.)

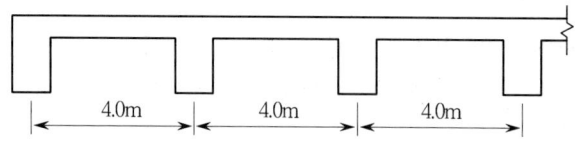

【풀이】 $h = \dfrac{l}{28}\left(0.43 + \dfrac{f_y}{700}\right) = \dfrac{4,000}{28}\left(0.43 + \dfrac{300}{700}\right) = 122.7\,\text{mm}$

∴ 처짐을 고려한 슬래브의 두께는 $h = 130\,\text{mm}$로 정한다.

예제 8.4 그림과 같은 1방향 슬래브에서 단위 폭 1m에 필요한 최소 철근량을 구하라.(단, $f_{ck}=$ 24MPa, $f_y=$ 400MPa이다.)

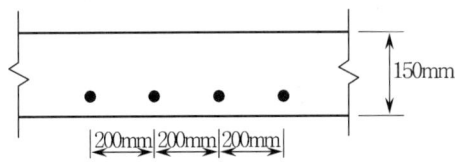

【풀이】 $f_y \leq 400\,\text{MPa}$일 때 $\rho_{\min} = 0.002$

$\rho = \dfrac{A_s}{b \times h} = 0.002$

∴ $A_{s,\min} = (b \times h) \times 0.002 = 1,000 \times 150 \times 0.002 = 300\,\text{mm}^2$

예제 8.5 다음 조건의 1방향 슬래브에서 온도철근의 배근간격을 구하라.(단, $h = 200\,\text{mm}$, D13 사용, $f_y = 350\,\text{MPa}$이다.)

【풀이】 $A_s = 0.002 A_g = 0.002 \times (200 \times 1,000) = 400\,\text{mm}^2$

$A_s = \dfrac{1,000 \times a_1}{s}$ 에서 (a_1 : 철근 1개의 단면적)

∴ $s = \dfrac{1,000 \times a_1}{A_s} = \dfrac{1,000 \times 126.7}{400} = 316.75\,\text{mm}$

예제 8.6 1방향 슬래브에서 $M_u = 18\,\text{kN} \cdot \text{m/m}$가 작용할 때 철근의 배근간격을 구하라.(단, $h = 120\,\text{mm}$, D13, $f_{ck} = 24\,\text{MPa}$, $f_y = 400\,\text{MPa}$이다.)

【풀이】 슬래브의 설계는 단위폭 1m의 직사각형 보로 설계한다.

① 유효깊이 계산

$$d = 120 - 20 - \frac{13}{2} = 93.5 \text{ mm}$$

② 철근량 산정

$$R_n = \frac{M_u}{\phi b d^2} = \frac{18 \times 1{,}000 \times 1{,}000}{0.85 \times 1{,}000 \times 93.5^2} = 2.42 \text{MPa}$$

$$\rho = \frac{0.85 f_{ck}}{f_y} \left[1 - \sqrt{1 - \frac{2R_n}{0.85 f_{ck}}}\right] = \frac{0.85 \times 24}{400} \left[1 - \sqrt{1 - \frac{2 \times 2.42}{0.85 \times 24}}\right] = 0.0065$$

$$A_s = \rho b d = 0.0065 \times 1{,}000 \times 93.5 = 607.8 \text{ mm}^2/\text{m}$$

③ 철근의 간격계산

$$A_s = \frac{1{,}000 a_1}{s} \text{ 에서,}$$

$$\therefore s = \frac{1{,}000 a_1}{A_s} = \frac{1{,}000 \times 126.7}{607.8} = 208.5 \text{ mm}$$

④ 규준검토

최소철근량 $= 1{,}000 \times 120 \times 0.002 = 240 \text{mm}^2/\text{m} < 607.8 \text{mm}^2/\text{m}$, O.K

최소배근간격 $= 3 \times h = 3 \times 120 = 360 \text{mm} > 208.5 \text{mm}$, O.K

$400 \text{mm} > 208.5 \text{cm}$, O.K

예제 8.7 1방향 슬래브에서 유효깊이 $d = 150$mm, D13@200으로 배근되어 있는 슬래브의 공칭 저항모멘트 ϕM_n을 구하라.(단, $f_{ck} = 24$MPa, $f_y = 400$MPa이다.)

【풀이】 ① 단위폭 1m에 대한 철근량

$$A_s = \frac{1{,}000 a_1}{s} = \frac{1{,}000 \times 127}{200} = 635 \text{ mm}^2/\text{m}$$

② 철근비에 대한 검토

$$\rho = \frac{A_s}{bd} = \frac{635}{1{,}000 \times 150} = 0.00423$$

[표 4.3]에서 $\rho_{max} = 0.0195 > 0.00423$, O.K

$\rho = 0.00423 > \rho_{min} = 0.0020$ (온도철근비), O.K

③ 단위폭 1m에 대한 저항 모멘트 산정

$$\phi M_n = \phi A_s f_y \left(d - \frac{a}{2}\right)$$

$$a = \frac{A_s f_y}{0.85 f_{ck} b} = \frac{635 \times 400}{0.85 \times 24 \times 1{,}000} = 12.45 \text{ mm}$$

$$\therefore \phi M_n = 0.85 \times 635 \times 400 \times \left(150 - \frac{12.45}{2}\right) \times 10^{-6} = 31.04 \text{ kN} \cdot \text{m}$$

8. 4 2방향 슬래브의 설계

슬래브의 장변의 순길이와 단변의 순길이 비가 2 이하인 2방향 슬래브는 하중이 2방향으로 전달되기 때문에 휨에 대한 보강으로 배근되는 철근은 2방향으로 배치되어야 한다. 일반적으로 2방향 슬래브는 평판 슬래브, 플랫 슬래브, 격자 슬래브 등이다.

(1) 설계방법

2방향 슬래브에 발생하는 응력과 변형에 대한 정확한 해석은 슬래브가 고차 의 부정정구조물이므로 매우 복잡하다. 따라서 규준에서는 2방향 슬래브 설계에 대하여 다음의 세 가지 방법을 제안하고 있다.

① 직접 설계법

2방향 슬래브의 해석과 설계를 하는 간접적인 방법으로서 등분포하중을 받으며 기둥의 간격이 일정한 슬래브에 한하여 적용할 수 있다. 이 방법은 휨모멘트 계수를 사용하여 위험단면에서의 설계모멘트를 계산한다.

② 등가 골조법

3차원 구조물을 기둥의 중심선을 기준으로 하여 2차원 등가 골조로 분할하여 해석하는 방법이다.

③ 휨모멘트 계수법

여러 가지 지지조건을 가진 2방향 슬래브에 대한 모멘트의 정확한 계산은 복잡하므로, 4변이 보로 지지된 경우 슬래브의 모멘트, 전단력, 반력 등을 산정하는데 단순한 방법인 모멘트 계수법을 사용하고 있다. 이 방법은 여러 가지 지지조건에 따라 [표 8. 5~8. 8]의 모멘트 계수법을 사용한다.

(2) 2방향 슬래브의 구조 사항

① 슬래브의 두께

㈎ 내부에 보가 없는 슬래브

테두리 보를 제외하고는 슬래브 주변에 보가 없거나, 보의 평균 강성비 $α_m$이 0.2 이하인 슬래브의 최소 두께는 [표 8. 2]와 같으며 다음 값 이상으로 한다.
- 지판이 없는 슬래브 : 120mm
- 지판이 있는 슬래브 : 100mm

여기서, α_m : 같은 슬래브에 있는 주변 보에 대한 α의 평균값

α : 보 양쪽의 슬래브판 중심선에 의하여 구획되는 슬래브의 휨강성에 대한 보 휨강성의 비, 즉 $\alpha = \dfrac{E_{cb}I_b}{E_{cs}I_s}$

E_{cb}, E_{cs} : 보 및 슬래브의 콘크리트 탄성계수

I_b, I_s : 보 및 슬래브 단면의 중심축에 대한 단면 2차 모멘트

[표 8. 2] 내부에 보가 없는 슬래브의 최소 두께

설계기준 항복강도 f_y (MPa)	지판이 없는 경우			지판이 있는 경우		
	외부 슬래브		내부 슬래브	외부 슬래브		내부 슬래브
	테두리 보가 없는 경우	테두리 보가 있는 경우		테두리 보가 없는 경우	테두리 보가 있는 경우	
300	$\dfrac{l_n}{32}$	$\dfrac{l_n}{35}$	$\dfrac{l_n}{35}$	$\dfrac{l_n}{35}$	$\dfrac{l_n}{39}$	$\dfrac{l_n}{39}$
350	$\dfrac{l_n}{31}$	$\dfrac{l_n}{34}$	$\dfrac{l_n}{34}$	$\dfrac{l_n}{34}$	$\dfrac{l_n}{37.5}$	$\dfrac{l_n}{37.5}$
400	$\dfrac{l_n}{30}$	$\dfrac{l_n}{33}$	$\dfrac{l_n}{33}$	$\dfrac{l_n}{33}$	$\dfrac{l_n}{36}$	$\dfrac{l_n}{36}$

(나) 내부에 보가 있는 슬래브

보의 평균 강성비 α_m이 0.2를 초과하는 내부 보를 가진 슬래브의 최소 두께는 α_m의 값에 따라 다음과 같다.

- $0.2 < \alpha_m < 2.0$인 경우

$$h = \dfrac{l_n\left(800 + \dfrac{f_y}{1.4}\right)}{36,000 + 5,000\beta(\alpha_m - 0.2)} \geq 120\,\text{mm} \quad \cdots\cdots\cdots (8.\ 2)$$

- $\alpha_m \geq 2.0$인 경우

$$h = \dfrac{l_n\left(800 + \dfrac{f_y}{1.4}\right)}{36,000 + 9,000\beta} \geq 90\,\text{mm} \quad \cdots\cdots\cdots (8.\ 3)$$

여기서, l_n : 장변방향의 순경간 길이

β : 2방향 슬래브에서 단변 방향에 대한 장변 방향의 순경간비

- 불연속 단부인 슬래브에 대해서는 강성비 α의 값이 0.8 이상되는 테두리 보를 설치하거나 식 (8. 2)와 식 (8. 3)에서 구한 슬래브 최소 두께의 1.1배 이상으로 해야 한다.

예제 8.8 테두리 보가 있고 슬래브 주변에 보와 지판이 없는 경우에서, 평균 강성비 (α_m)가 0인 2방향 슬래브의 최소 두께를 구하라.(단, 단변 : l_n=5m, 장변 : l_n=6m, f_y=400MPa이다.)

【풀이】 내부·외부 슬래브 두께

$$h = \frac{l_n}{33} = \frac{6,000}{33} = 181.81 \, mm \geq 120 \, mm \, \text{이므로}$$

$$\therefore \ h = 190 \, mm$$

예제 8.9 슬래브 주변에 보가 있으면서 평균 강성비 (α_m)가 3.0일 때 2방향 슬래브의 최소 두께를 구하라.(단, 단변 : l_n=5m, 장변 : l_n=6m, f_y=400MPa이다.)

【풀이】 $\beta = \frac{6}{5} = 1.2$

$\alpha_m \geq 2.0$인 경우이므로

$$h = \frac{l_n\left(800 + \frac{f_y}{1.4}\right)}{36,000 + 9,000\beta} = \frac{6,000 \times \left(800 + \frac{400}{1.4}\right)}{36,000 + (9,000 \times 1.2)} = 139.19 \, mm \geq 90 \, mm \, \text{이므로}$$

$$\therefore \ h = 140 \, mm$$

② 주열대와 중간대

슬래브 설계에서는 슬래브를 주열대(柱列帶 ; column strip)와 중간대(中間帶 ; middle strip)로 나누어 구조해석을 한다. 이와 같이 구분하여 나누는 것은 슬래브에 발생하는 모멘트가 기둥선에 집중되는 현상을 고려한 것이다. 주열대는 [그림 8.3]과 같이 기둥 중심선에서 양측으로 $\frac{l_1}{4}$와 $\frac{l_2}{4}$ 중에서 작은 값과 같은 폭을 가지는 설계대로, 보가 있는 경우에는 그 보가 주열대에 포함된다. 또한 중간대는 2개 주열대 사이의 설계대를 말한다.

여기에서, l_1은 모멘트가 산정되는 방향의 받침부 중심 간의 경간길이이며, l_2는 l_1에 직각방향의 받침부 중심 간의 경간길이를 말한다.

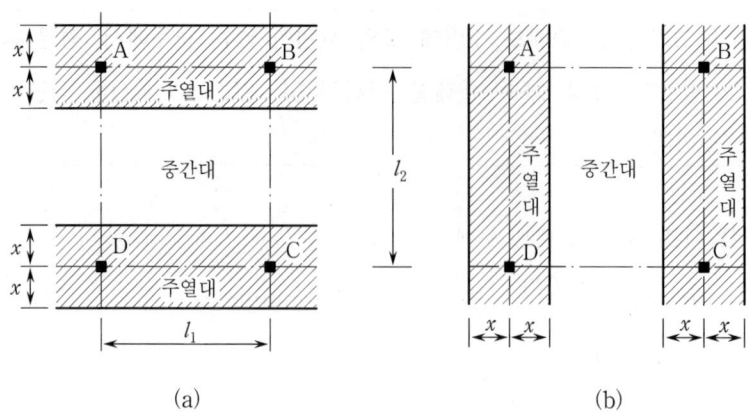

[그림 8. 3] 슬래브의 주열대와 중간대 (x는 $\dfrac{l_1}{4}$ 또는 $\dfrac{l_2}{4}$ 중의 작은 값)

③ 2방향 슬래브의 철근

 ㈎ 철근량의 계산과 간격

  2방향 슬래브에서 각 설계대별 철근량은 위험단면에서의 모멘트 값으로 계산하며 이 철근량은 1방향 슬래브의 온도·수축 철근에서 요구되는 최소 철근량 이상이어야 하며, 철근의 배근간격은 슬래브 두께의 2배 이하 또한 300mm 이하로 한다.

 ㈏ 철근의 정착과 배근

- 불연속 단부에 수직한 정(+)모멘트에 대한 철근은 슬래브끝까지 연장하고 직선 또는 갈고리를 150mm 이상 테두리 보, 기둥 또는 벽체 속에 묻어야 한다.
- 불연속 단부에 수직한 부(−)모멘트에 대한 철근은 받침면에 정착되도록 테두리 보, 기둥 또는 벽체 속으로 구부리거나 갈고리로 정착시켜야 한다.
- 불연속 단부에서 슬래브가 테두리 보나 벽체로 지지되어 있지 않은 경우, 또는 슬래브가 캔틸레버로 되어 있는 경우에는 철근을 슬래브 내부에 정착시킨다.
- 2방향 슬래브에서는 [그림 8. 4]와 같이 단경간 방향의 철근을 장경간 철근보다 슬래브 바닥에 가깝게 배근한다. 즉, 단경간 철근을 슬래브의 외측(바깥쪽)에 배근한다.

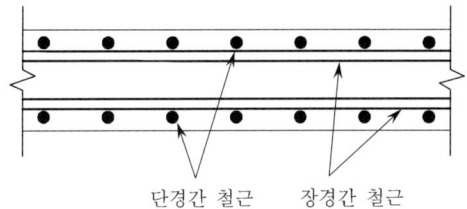

[그림 8. 4] 2방향 슬래브의 철근배근

(다) 슬래브 모서리부의 특별철근배근
- 슬래브 상하에 있는 이 철근은 슬래브의 최대 정모멘트와 크기가 같은 모멘트에 견딜 수 있을 만큼 배근되어야 한다.
- 슬래브 상부는 모서리로부터 그은 대각선에 수직인 축에 대하여, 슬래브 하부는 이 대각선에 평행한 축에 대하여 모멘트가 작용하는 것으로 가정할 수 있다.([그림 8. 5 (a)] 참조)
- 특별철근은 모서리로부터 긴 경간의 1/5 길이만큼 각 방향에 배치한다.([그림 8. 5 (b)] 참조)
- 특별철근은 슬래브 상부에서 대각선에 평행한 폭에 배근하고, 슬래브 하부의 경우 대각선에 수직한 폭에 배근한다.([그림 8. 5 (c)] 참조)

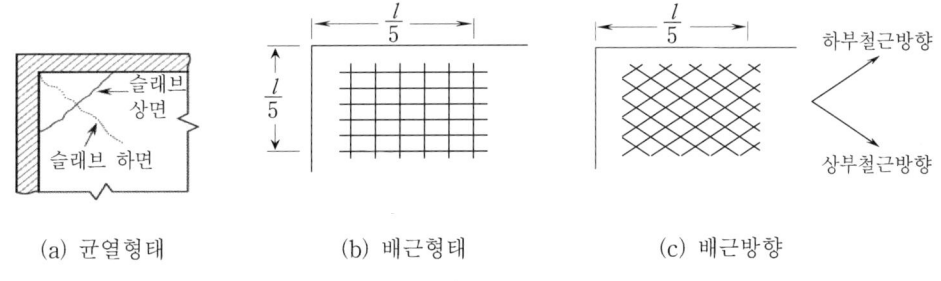

(a) 균열형태　　　(b) 배근형태　　　(c) 배근방향

[그림 8. 5] 슬래브 모서리부의 철근 보강법

(3) 직접 설계법

① 일반사항

직접 설계법은 2방향 슬래브 구조를 해석하기 위한 근사적인 방법으로 다음의 제한조건을 만족하는 경우에만 적용이 가능하다.

㈎ 각 방향으로 3 경간 이상 연속되어야 한다.

㈏ 슬래브 판은 직사각형 슬래브로 장변길이가 단변길이의 2배 이하이어야 한다.

㈐ 각 방향으로 연속한 받침부 경간 길이의 차이는 긴 경간의 $\frac{1}{3}$ 이하이어야 한다.

㈑ 연속한 기둥 중심선으로부터 기둥의 이탈은 이탈방향 경간의 최대 $\frac{1}{10}$ 이내이어야 한다.

㈒ 모든 하중은 등분포하중이 작용하는 것으로 생각하고 활하중은 고정하중의 3배 이하이어야 한다.

㈓ 모든 변에서 보가 슬래브 판을 지지할 경우, 직교하는 두 방향에서의 보의 상대강성은 $\frac{a_1 l_2^{\,2}}{a_2 l_1^{\,2}}$ 은 0.2 이상 5.0 이하이어야 한다.

㈔ 직접 설계법으로 설계된 슬래브에서는 모멘트 재분배를 적용할 수 없다.

② 설계 모멘트의 산정

㈎ 전체 정적 계수모멘트

- 보가 양단고정 또는 연속이어서 양단에 동일한 부(−)모멘트를 갖는다면 [그림 8. 6]과 같이 전체 정적 계수모멘트는 정(+)모멘트와 평균 부모멘트의 절대치의 합으로 $M_o = M_n + M_p$로 된다.

  이때 슬래브에 하중 w가 경간 l_1에 수직한 폭 l_2에서 작용한다면 $w = w_u l_2$이므로 전체 정적 계수모멘트는 $M_o = \frac{1}{8} w_u l_2 l_1^{\,2}$이 된다. 슬래브의 순경간을 l_n이라면 전체 정적 계수모멘트는 다음과 같다.

$$M_o = \frac{w_u l_2 l_n^{\,2}}{8} \quad \cdots\cdots\cdots\cdots\cdots\cdots\cdots\cdots\cdots\cdots\cdots\cdots \text{(8. 4)}$$

- 순경간 l_n : 기둥, 기둥머리, 브래킷 또는 벽체의 내면 사이의 거리로, 위의 식에 사용된 l_n값은 0.65 l_1 이상으로 한다.

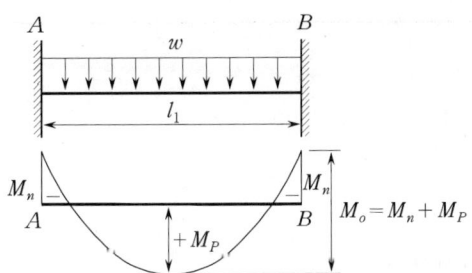

[그림 8. 6] 고정단 보에서의 모멘트

(나) 전체 정적 계수모멘트의 분배
- 내부경간에서는 정역학적 전체 정적 계수모멘트 M_o를 다음과 같이 분배한다.
    - 부계수모멘트(-) $M_n = 0.65 M_o$
    - 정계수모멘트(+) $M_P = 0.35 M_o$ ··· (8. 5)
- 단부경간에서 정적 계수모멘트 M_o를 [표 8. 3]과 같이 분배한다.

[표 8. 3] 단부 경간에서 정계수 및 부계수 모멘트의 분배율

구 분	(1) 구속되지 않은 외부 받침부	(2) 모든 받침부 사이에 보가 있는 슬래브	(3) 내부 받침부 사이에 보가 없는 슬래브 — 테두리 보가 없는 경우	(4) 내부 받침부 사이에 보가 없는 슬래브 — 테두리 보가 있는 경우	(5) 완전 구속된 외부 받침부
내부 받침부의 부계수 모멘트	0.75	0.70	0.70	0.70	0.65
정계수 모멘트	0.63	0.57	0.52	0.50	0.35
외부 받침부의 부계수 모멘트	0	0.16	0.26	0.30	0.65

(다) 주열대와 중간대의 계수모멘트 분배

- 경간 길이의 비 $\dfrac{l_2}{l_1}$, 보와 슬래브의 휨강성의 비 α 및 테두리 보의 비틀림 변형 구속 능력에 따라 좌우된다.
- 주열대에서의 계수모멘트 분배율(%)은 [표 8. 4]와 같이 분배된다.
- 중간대에서는 주열대에서 분담하지 않는 나머지를 지지한다.

[표 8. 4] 주열대에서의 계수모멘트의 분배율(%)

구 분			l_2/l_1		
			0.5	1.0	2.0
내부 받침부의 부계수 모멘트	$(\alpha_1 l_2/l_1)=0$		75	75	75
	$(\alpha_1 l_2/l_1) \geq 1.0$		90	75	45
외부 받침부의 부계수 모멘트	$(\alpha_1 l_2/l_1)=0$	$\beta_t=0$	100	100	100
		$\beta_t \geq 2.5$	75	75	75
	$(\alpha_1 l_2/l_1) \geq 1.0$	$\beta_t=0$	100	100	100
		$\beta_t \geq 2.5$	90	75	45
중앙부의 정계수 모멘트	$(\alpha_1 l_2/l_1)=0$		60	60	60
	$(\alpha_1 l_2/l_1) \geq 1.0$		90	75	45

[주]
- $\alpha = \dfrac{E_{cb}I_b}{E_{cs}I_s}$, α_1 : l_1 방향의 α값

- β_t : 비틀림 강성비 $= \dfrac{E_{cb}C}{2E_{cs}I_s}$

$$C : 비틀림\ 상수 = \Sigma\left[\left(1-0.63\dfrac{x}{y}\right)\dfrac{x^3y}{3}\right]$$

(여기서, x는 직사각형 슬래브의 단변길이, y는 장변길이를 나타낸다.)

㈜ 보의 계수모멘트
- $(\alpha_1 l_2/l_1) \geq 1.0$인 경우, 받침부 사이의 보는 주열대 모멘트의 85%를 견디도록 설계한다.
- $(\alpha_1 l_2/l_1) < 1.0$인 경우, 보가 견딜 주열대 모멘트 분담률은 85%와 0% 사이를 직선 보간법을 적용하여 구한다.

㈜ 기둥과 벽체의 계수모멘트
- 슬래브와 일체인 기둥과 벽체들은 슬래브에 작용하는 계수하중으로부터 발생하는 모멘트에 견딜 수 있어야 한다.
- 기둥의 설계용 모멘트

$$M = 0.07[(\omega_D+0.5\omega_L)l_2 l_n^2 - \omega_D' l_2'(l_n')^2] \quad \cdots\cdots\cdots\cdots (8.6)$$

여기서, ω_D, ω_L, l_n : 긴 경간에서의 계수 고정하중과 활하중
ω_D', l_2', l_n' : 짧은 경간에서의 값

예제 8.10 그림과 같은 2방향 플랫 슬래브의 짧은 경간에 대한 전체 정적 계수모멘트 M_o를 구하라.(단, $\omega_D=10\text{kN/m}^2$, $\omega_L=15\text{kN/m}^2$, 기둥의 크기=300mm×300mm이다.)

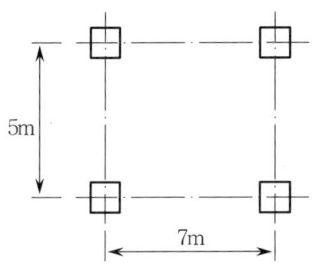

【풀이】 $l_n = 5 - 0.3 = 4.7\text{m}$

$l_2 = 7\text{m}$

$\omega_u = 1.2 \times 10 + 1.6 \times 15 = 36\,\text{kN/m}^2$

$\therefore M_o = \dfrac{\omega_u l_2 l_n^2}{8} = \dfrac{36 \times 7 \times 4.7^2}{8} = 695.84\,\text{kN} \cdot \text{m}$

예제 8.11 양단 연속인 2방향 슬래브를 직접 설계법에 의해 설계할 경우, 전체 정적 계수모멘트 $M_o=300\text{KN} \cdot \text{m}$가 작용할 때 슬래브 단부와 중앙부의 분배모멘트를 구하라.

【풀이】 • 단부 분배모멘트 : $M_u = 0.65 M_o = 0.65 \times 300 = 195\,\text{kN} \cdot \text{m}$

• 중앙부 분배모멘트 : $M_u = 0.35 M_o = 0.35 \times 300 = 105\,\text{kN} \cdot \text{m}$

(4) 휨모멘트 계수법

슬래브 주변이 보로 지지된 슬래브가 등분포하중을 받는 경우 2방향 슬래브에서의 모멘트를 역학적으로 정확히 계산하는 것은 불가능하다. 따라서 4변이 보로 지지된 슬래브는 모멘트, 전단력, 반력 등을 결정하는데 직접 설계법, 등가 골조법보다 훨씬 단순한 방법인 모멘트 계수법을 사용한다.

이 방법은 여러 가지 슬래브의 지지조건에 따라 [표 8.5~8.8]과 같은 모멘트 계수표를 사용한다. 휨모멘트 계수법은 주변 슬래브의 연속, 불연속 상태에 따라 9가지로 분류하여 정·부모멘트를 계산하는 방법이다. 따라서 중간대에 대한 각 방향의 모멘트는 다음과 같다.

$$M_a = C_a \omega_u l_1^2 \quad \cdots\cdots\cdots\cdots\cdots\cdots\cdots\cdots\cdots\cdots\cdots\cdots\cdots\cdots\cdots\cdots \quad (8.7a)$$

$$M_b = C_b \omega_u l_2^2 \quad \cdots\cdots\cdots\cdots\cdots\cdots\cdots\cdots\cdots\cdots\cdots\cdots\cdots\cdots\cdots\cdots \quad (8.7b)$$

여기서, C_a, C_b : 표에 제시된 계수
ω_u : 등분포 계수하중(kN/m^2)
l_1, l_2 : 단변, 장변의 순경간 길이

이 방법에서 각 슬래브는 슬래브 폭의 1/2에 해당하는 중간대와 중간대의 양측 1/4에 해당하는 주열대로 나뉜다.
중간대에서는 표에서 계산된 값으로 설계하고, 주열대에서는 중간대의 값이 단부에 가서 1/3로 감소하는 것으로 한다.

[표 8. 5] 슬래브의 부모멘트 계수 (l_1 : 단변의 길이, l_2 : 장변의 길이)

$M_{a,\,neg} = C_{a,\,neg} w_u l_1^2$

$M_{b,\,neg} = C_{b,\,neg} w_u l_2^2$

$w_u = 1.2D + 1.6L$

계수 m $m=\dfrac{l_1}{l_2}$	경우 1	경우 2	경우 3	경우 4	경우 5	경우 6	경우 7	경우 8	경우 9
$C_{a,\,neg}$ 1.00		0.045		0.050	0.075	0.071		0.033	0.061
$C_{b,\,neg}$		0.045	0.076	0.050			0.071	0.061	0.033
$C_{a,\,neg}$ 0.95		0.050		0.055	0.079	0.075		0.038	0.065
$C_{b,\,neg}$		0.041	0.072	0.045			0.067	0.056	0.029
$C_{a,\,neg}$ 0.90		0.055		0.060	0.080	0.079		0.043	0.068
$C_{b,\,neg}$		0.037	0.070	0.040			0.062	0.052	0.025
$C_{a,\,neg}$ 0.85		0.060		0.066	0.082	0.083		0.049	0.072
$C_{b,\,neg}$		0.031	0.065	0.034			0.057	0.046	0.021
$C_{a,\,neg}$ 0.80		0.065		0.071	0.083	0.086		0.055	0.075
$C_{b,\,neg}$		0.027	0.061	0.029			0.051	0.041	0.017
$C_{a,\,neg}$ 0.75		0.069		0.076	0.085	0.088		0.061	0.078
$C_{b,\,neg}$		0.022	0.056	0.024			0.044	0.036	0.014
$C_{a,\,neg}$ 0.70		0.074		0.081	0.086	0.091		0.068	0.081
$C_{b,\,neg}$		0.017	0.050	0.019			0.038	0.029	0.011
$C_{a,\,neg}$ 0.65		0.077		0.085	0.087	0.093		0.074	0.083
$C_{b,\,neg}$		0.014	0.043	0.015			0.031	0.024	0.008
$C_{a,\,neg}$ 0.60		0.081		0.089	0.088	0.095		0.080	0.085
$C_{b,\,neg}$		0.010	0.035	0.011			0.024	0.018	0.006
$C_{a,\,neg}$ 0.55		0.084		0.092	0.089	0.096		0.085	0.086
$C_{b,\,neg}$		0.007	0.028	0.008			0.019	0.014	0.005
$C_{a,\,neg}$ 0.50		0.086		0.094	0.090	0.097		0.089	0.088
$C_{b,\,neg}$		0.006	0.022	0.006			0.014	0.010	0.003

[주] 위 그림의 ////// 는 연속이거나 고정단, —— 는 자유단

[표 8.6] 고정하중에 대한 슬래브의 정모멘트 계수

$M_{a,\text{pos}} = C_{a,\text{pos}} w_u l_1^2$

$M_{b,\text{pos}} = C_{b,\text{pos}} w_u l_2^2$

$w_u = 1.2D$

계수 m $m = \dfrac{l_1}{l_2}$	경우 1	경우 2	경우 3	경우 4	경우 5	경우 6	경우 7	경우 8	경우 9
$C_{a,\text{pos}}$ 1.00	0.036	0.018	0.018	0.027	0.027	0.033	0.027	0.020	0.023
$C_{b,\text{pos}}$	0.036	0.018	0.027	0.027	0.018	0.027	0.033	0.023	0.020
$C_{a,\text{pos}}$ 0.95	0.040	0.020	0.021	0.030	0.028	0.036	0.031	0.022	0.024
$C_{b,\text{pos}}$	0.033	0.016	0.025	0.024	0.015	0.024	0.031	0.021	0.017
$C_{a,\text{pos}}$ 0.90	0.045	0.022	0.025	0.033	0.029	0.039	0.035	0.025	0.026
$C_{b,\text{pos}}$	0.029	0.014	0.024	0.022	0.013	0.021	0.028	0.019	0.015
$C_{a,\text{pos}}$ 0.85	0.050	0.024	0.029	0.036	0.031	0.042	0.040	0.029	0.028
$C_{b,\text{pos}}$	0.026	0.012	0.022	0.019	0.011	0.017	0.025	0.017	0.013
$C_{a,\text{pos}}$ 0.80	0.056	0.026	0.034	0.039	0.032	0.045	0.045	0.032	0.029
$C_{b,\text{pos}}$	0.023	0.011	0.020	0.016	0.009	0.015	0.022	0.015	0.010
$C_{a,\text{pos}}$ 0.75	0.061	0.028	0.040	0.043	0.033	0.048	0.051	0.036	0.031
$C_{b,\text{pos}}$	0.019	0.009	0.018	0.013	0.007	0.012	0.020	0.013	0.007
$C_{a,\text{pos}}$ 0.70	0.068	0.030	0.046	0.046	0.035	0.051	0.058	0.040	0.033
$C_{b,\text{pos}}$	0.016	0.007	0.016	0.011	0.005	0.009	0.017	0.011	0.006
$C_{a,\text{pos}}$ 0.65	0.074	0.032	0.054	0.050	0.036	0.054	0.065	0.044	0.034
$C_{b,\text{pos}}$	0.013	0.006	0.014	0.009	0.004	0.007	0.014	0.009	0.005
$C_{a,\text{pos}}$ 0.60	0.081	0.034	0.062	0.053	0.037	0.056	0.073	0.048	0.036
$C_{b,\text{pos}}$	0.010	0.004	0.011	0.007	0.003	0.006	0.012	0.007	0.004
$C_{a,\text{pos}}$ 0.55	0.088	0.035	0.071	0.056	0.038	0.058	0.081	0.052	0.037
$C_{b,\text{pos}}$	0.008	0.003	0.009	0.005	0.002	0.004	0.009	0.005	0.003
$C_{a,\text{pos}}$ 0.50	0.095	0037	0.080	0.059	0.039	0.061	0.089	0.056	0.038
$C_{b,\text{pos}}$	0.006	0.002	0.007	0.004	0.001	0.003	0.007	0.004	0.002

[주] 위 그림의 ////// 는 연속이거나 고정단, —— 는 자유단

[표 8. 7] 활하중에 대한 슬래브의 정모멘트 계수

$M_{a, pos} = C_{a, pos} w_u l_1^2$

$M_{b, pos} = C_{b, pos} w_u l_2^2$

$w_u = 1.6L$

계수 m $m = \dfrac{l_1}{l_2}$		경우 1	경우 2	경우 3	경우 4	경우 5	경우 6	경우 7	경우 8	경우 9
1.00	$C_{a, pos}$	0.036	0.027	0.027	0.032	0.032	0.035	0.032	0.028	0.030
	$C_{b, pos}$	0.036	0.027	0.032	0.032	0.027	0.032	0.035	0.030	0.028
0.95	$C_{a, pos}$	0.040	0.030	0.031	0.035	0.034	0.038	0.036	0.031	0.032
	$C_{b, pos}$	0.033	0.025	0.029	0.029	0.024	0.029	0.032	0.027	0.025
0.90	$C_{a, pos}$	0.045	0.034	0.035	0.039	0.037	0.042	0.040	0.035	0.036
	$C_{b, pos}$	0.029	0.022	0.027	0.026	0.021	0.025	0.029	0.024	0.022
0.85	$C_{a, pos}$	0.050	0.037	0.040	0.043	0.041	0.046	0.045	0.040	0.039
	$C_{b, pos}$	0.026	0.019	0.024	0.023	0.019	0.022	0.026	0.022	0.020
0.80	$C_{a, pos}$	0.056	0.041	0.045	0.048	0.044	0.051	0.051	0.044	0.042
	$C_{b, pos}$	0.023	0.017	0.022	0.020	0.016	0.019	0.023	0.019	0.017
0.75	$C_{a, pos}$	0.061	0.045	0.051	0.052	0.047	0.055	0.056	0.049	0.046
	$C_{b, pos}$	0.019	0.014	0.019	0.016	0.013	0.016	0.020	0.016	0.013
0.70	$C_{a, pos}$	0.068	0.049	0.057	0.057	0.035	0.063	0.063	0.054	0.050
	$C_{b, pos}$	0.016	0.012	0.016	0.014	0.005	0.013	0.017	0.014	0.011
0.65	$C_{a, pos}$	0.074	0.053	0.064	0.062	0.036	0.064	0.070	0.059	0.054
	$C_{b, pos}$	0.013	0.010	0.014	0.011	0.004	0.010	0.014	0.011	0.009
0.60	$C_{a, pos}$	0.081	0.058	0.071	0.067	0.037	0.068	0.677	0.065	0.059
	$C_{b, pos}$	0.010	0.007	0.011	0.009	0.003	0.008	0.011	0.009	0.007
0.55	$C_{a, pos}$	0.088	0.062	0.080	0.072	0.038	0.073	0.085	0.070	0.063
	$C_{b, pos}$	0.008	0.006	0.009	0.007	0.002	0.006	0.009	0.007	0.006
0.50	$C_{a, pos}$	0.095	0.066	0.088	0.077	0.039	0.078	0.092	0.076	0.067
	$C_{b, pos}$	0.006	0.004	0.007	0.005	0.001	0.005	0.007	0.005	0.004

[주] 위 그림의 ////// 는 연속이거나 고정단, ── 는 자유단

[표 8. 8] 슬래브의 전단력과 받침부 반력에 대한 l_1, l_2 방향의 하중 w의 비율

계수 m $m=\dfrac{l_1}{l_2}$		경우 1	경우 2	경우 3	경우 4	경우 5	경우 6	경우 7	경우 8	경우 9
1.00	w_a	0.50	0.50	0.17	0.50	0.83	0.71	0.29	0.33	0.67
	w_b	0.50	0.50	0.83	0.50	0.17	0.29	0.71	0.67	0.33
0.95	w_a	0.55	0.55	0.20	0.55	0.86	0.75	0.33	0.38	0.71
	w_b	0.45	0.45	0.80	0.45	0.14	0.25	0.67	0.62	0.29
0.90	w_a	0.60	0.60	0.23	0.60	0.88	0.79	0.38	0.43	0.75
	w_b	0.40	0.40	0.77	0.40	0.12	0.21	0.62	0.57	0.25
0.85	w_a	0.66	0.66	0.28	0.66	0.90	0.83	0.43	0.49	0.79
	w_b	0.34	0.34	0.72	0.34	0.10	0.17	0.57	0.51	0.21
0.80	w_a	0.71	0.71	0.33	0.71	0.92	0.86	0.49	0.55	0.83
	w_b	0.29	0.29	0.67	0.29	0.08	0.14	0.51	0.45	0.17
0.75	w_a	0.76	0.76	0.39	0.76	0.94	0.88	0.56	0.61	0.86
	w_b	0.24	0.24	0.61	0.24	0.06	0.12	0.44	0.39	0.14
0.70	w_a	0.81	0.81	0.45	0.81	0.95	0.91	0.62	0.68	0.89
	w_b	0.19	0.19	0.55	0.19	0.05	0.09	0.38	0.32	0.11
0.65	w_a	0.85	0.85	0.53	0.85	0.96	0.93	0.69	0.74	0.92
	w_b	0.15	0.15	0.47	0.15	0.04	0.07	0.31	0.26	0.08
0.60	w_a	0.89	0.89	0.61	0.89	0.97	0.95	0.76	0.80	0.94
	w_b	0.11	0.11	0.39	0.11	0.03	0.05	0.24	0.20	0.06
0.55	w_a	0.92	0.92	0.69	0.92	0.98	0.96	0.81	0.85	0.95
	w_b	0.08	0.08	0.31	0.08	0.02	0.04	0.19	0.15	0.05
0.50	w_a	0.94	0.94	0.76	0.94	0.99	0.97	0.86	0.89	0.97
	w_b	0.06	0.06	0.24	0.06	0.01	0.03	0.14	0.11	0.03

[주] 위 그림의 ////// 는 연속이거나 고정단, ── 는 자유단

예제 8.12 다음 그림과 같이 단변 $l_x=5.8\text{m}$, 장변 $l_y=7.0\text{m}$, $w_D=4\text{kN/m}^2$, $w_L=6\text{kN/m}^2$일 때 직사각형 슬래브의 모서리에 위치한 슬래브에 생기는 휨모멘트를 계수모멘트법에 의하여 구하라.(단, 모든 보의 $b_w=300\text{mm}$, 슬래브 두께 $h=150\text{mm}$, $f_{ck}=24\text{MPa}$, $f_y=400\text{MPa}$이다.)

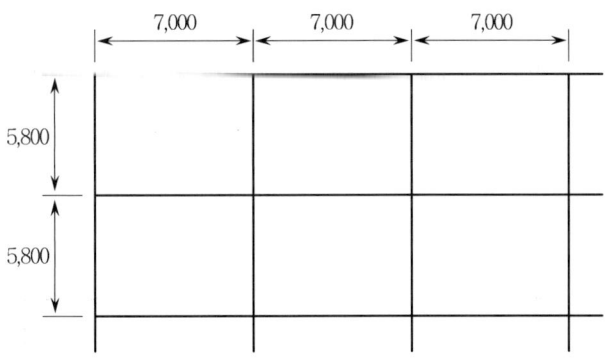

【풀이】 (1) 장변에 대한 단변의 비(m) 및 계수하중

① 단변의 순경간 : $l_1=5.8-0.3=5.5\text{m}$

② 장변의 순경간 : $l_2=7.0-0.3=6.7\text{m}$

③ 단변(l_1)과 장변(l_2) 길이의 비

$$\therefore m=\frac{l_1}{l_2}=\frac{5.5}{6.7}=0.82(2\text{방향 슬래브}),$$

$$w_u=1.2w_D+1.6w_L=1.2\times4+1.6\times6=14.4\text{kN/m}^2$$

(2) 중간대의 부(-)모멘트

중간대의 부(-)모멘트에 대한 계수는 [표 8.5]의 경우 4에서 구한다.

$m=0.82$에 대한 계수는 $m=0.85$에 대한 계수와 $m=0.8$에 대한 계수를 직선 보간하여 구한다.

m	$C_{a,\,neg}$	$C_{b,\,neg}$
0.85	0.066	0.034
0.80	0.071	0.029

① 단변방향에 대한 계수 $C_{a,\,neg}$

$$C_{a,\,neg}=0.071-\frac{(0.071-0.066)\times(0.82-0.8)}{(0.85-0.8)}=0.069$$

그러므로 단변방향의 부($-$)모멘트

$$M_a = C_{a,\,neg} \times w_u \times l_1^2 = 0.069 \times 14.4 \times 5.5^2 = 30.06\,\text{kN}\cdot\text{m/m}$$

② 장변방향에 대한 계수 $C_{b,\,neg}$

$$C_{b,\,neg} = 0.029 + \frac{(0.034 - 0.029) \times (0.82 - 0.8)}{(0.85 - 0.8)} = 0.031$$

그러므로 장변방향의 부($-$)모멘트

$$M_b = C_{b,\,neg} \times w_u \times l_2^2 = 0.031 \times 14.4 \times 6.7^2 = 20.04\,\text{kN}\cdot\text{m/m}$$

(3) 중간대의 정($+$)모멘트

중간대의 정($+$)모멘트에 대한 계수는 고정하중에 대하여 [표 8. 6], 활하중에 대하여는 [표 8. 7]을 이용하고 $m=0.82$에 대한 계수는 $m=0.85$의 계수와 $m=0.8$의 계수를 직선보간하여 구한다.

① 고정하중

m	$C_{a,\,DL}$	$C_{b,\,DL}$
0.85	0.036	0.019
0.80	0.039	0.016

• 단변방향에 대한 계수 $C_{a,\,DL}$

$$C_{a,\,DL} = 0.039 - \frac{(0.039 - 0.036) \times (0.82 - 0.8)}{(0.85 - 0.8)} = 0.0378$$

• 장변방향에 대한 계수 $C_{b,\,DL}$

$$C_{a,\,DL} = 0.016 + \frac{(0.019 - 0.016) \times (0.82 - 0.8)}{(0.85 - 0.8)} = 0.0172$$

② 활하중

m	$C_{a,\,LL}$	$C_{b,\,LL}$
0.85	0.043	0.023
0.80	0.048	0.020

• 단변방향에 대한 계수 $C_{a,\,LL}$

$$C_{a,\,LL} = 0.048 - \frac{(0.048 - 0.043) \times (0.82 - 0.8)}{(0.85 - 0.8)} = 0.046$$

• 장변방향에 대한 계수 $C_{b,\,LL}$

$$C_{b,\,LL} = 0.020 + \frac{(0.023 - 0.020) \times (0.82 - 0.8)}{(0.85 - 0.8)} = 0.021$$

• 단변방향의 정($+$)모멘트

$$\begin{aligned}M_a &= C_{a,\,DL}(1.2w_D)l_1^2 + C_{a,\,LL}(1.6w_L)l_1^2 \\ &= 0.0378 \times (1.2 \times 4) \times 5.5^2 + 0.046 \times (1.6 \times 6) \times 5.5^2 \\ &= 18.85\,\text{kN}\cdot\text{m/m}\end{aligned}$$

• 장변방향의 정(+)모멘트

$$M_b = C_{b,DL}(1.2w_D)l_2^2 + C_{b,LL}(1.6w_L)l_2^2$$
$$= 0.0172 \times (1.2 \times 4) \times 6.7^2 + 0.021 \times (1.6 \times 6) \times 6.7^2$$
$$= 12.76 \, kN \cdot m/m$$

(4) 불연속단에서는 정모멘트의 1/3 크기의 부모멘트를 사용하므로 불연속단에서의 모멘트는 다음과 같다.

① 단변방향의 부(-)모멘트

$$M_a = -\frac{1}{3} \times 18.85 = -6.28 \, kN \cdot m/m$$

② 장변방향의 부(-)모멘트

$$M_b = -\frac{1}{3} \times 12.76 = -4.25 \, kN \cdot m/m$$

(5) 중간대의 정·부모멘트는 다음과 같다.

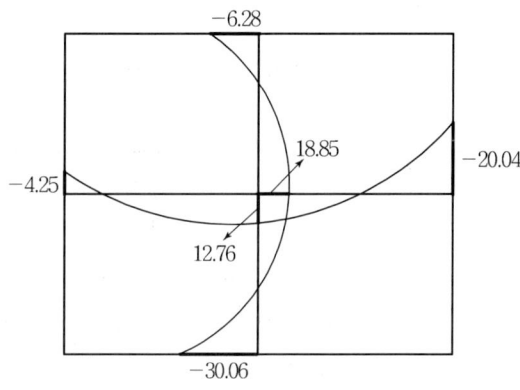

(6) 주열대의 정·부모멘트

주열대의 단변방향에 대한 휨모멘트는 중간대와의 경계선에서는 M_a이며, 판의 단부에서는 $\dfrac{M_a}{3}$가 되므로 주열대의 평균 휨모멘트는 $\dfrac{\left(M_a + \dfrac{M_a}{3}\right)}{2} = \dfrac{2}{3}M_a$가 된다. 또한, 장변방향에 대한 평균 휨모멘트는 $\dfrac{\left(M_b + \dfrac{M_b}{3}\right)}{2} = \dfrac{2}{3}M_b$가 된다.

그러므로 주열대에 대한 평균 휨모멘트는 다음과 같다.

① 단변방향 부(-)모멘트

끝 단 : $M_a = -6.28 \times \dfrac{2}{3} = -4.19 \, kN \cdot m/m$

연속단 : $M_a = -30.06 \times \dfrac{2}{3} = -20.04 \, kN \cdot m/m$

② 장변방향 부(−)모멘트

끝 단 : $M_b = -4.25 \times \dfrac{2}{3} = -2.83 \, \text{kN} \cdot \text{m/m}$

연속단 : $M_b = -20.04 \times \dfrac{2}{3} = -13.36 \, \text{kN} \cdot \text{m/m}$

③ 단변방향 정(+)모멘트

$M_a = 18.85 \times \dfrac{2}{3} = 12.57 \, \text{kN} \cdot \text{m/m}$

④ 장변방향 정(+)모멘트

$M_b = 12.76 \times \dfrac{2}{3} = 8.51 \, \text{kN} \cdot \text{m/m}$

(7) 철근배근

슬래브의 두께가 150mm이므로 슬래브의 유효깊이는 다음과 같고, 1방향 슬래브에서와 같은 방법으로 철근량을 산정한다.

단변방향 유효깊이 : $d_1 = 150 - 20 - \dfrac{13}{2} = 123.5 \, \text{mm}$

장변방향 유효깊이 : $d_2 = 150 - 20 - 13 - \dfrac{10}{2} = 112 \, \text{mm}$

	위치	M_u (kN·m/m)	ρ	A_s (mm²)	철근 간격(mm)		
					D10	D10+D13	D13
단변	외단부	6.28	0.0012	148	481	668	855
	중앙부	18.85	0.0038	469	152	211	270
	내단부	30.06	0.006	741	96	134	171
장변	외단부	4.25	0.001	112	637	884	1,131
	중앙부	12.76	0.003	336	212	295	377
	내단부	20.04	0.005	560	127	177	226

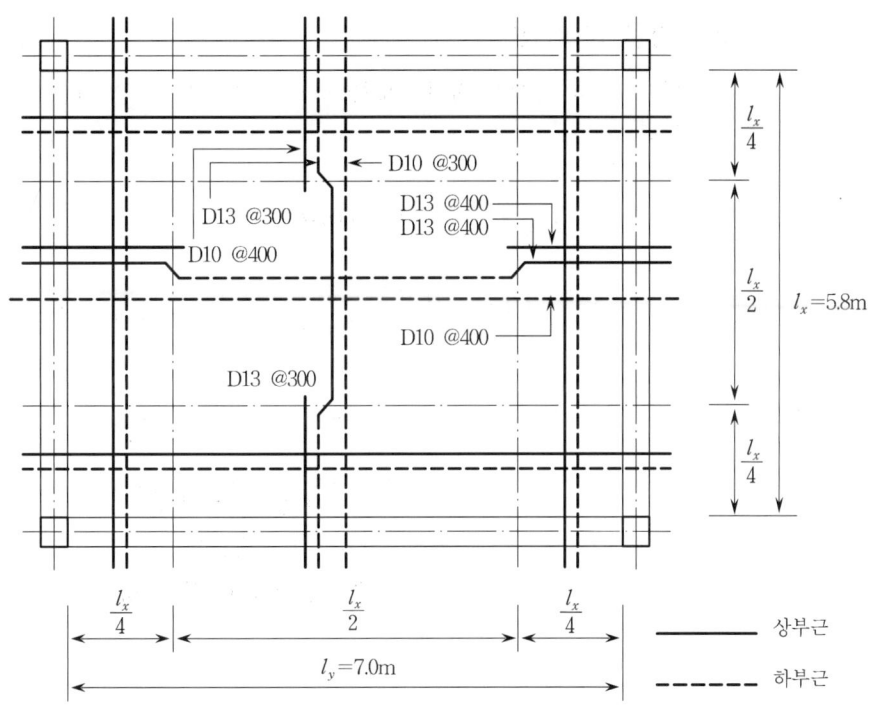

8.5 슬래브의 전단설계

(1) 1방향 슬래브의 전단

1방향 슬래브는 단위폭을 갖는 직사각형 보로 보고 설계하므로 전단에 대한 사항은 보의 경우와 동일하다. 따라서 위험단면에 대한 전단강도는 지점에서 유효깊이 d만큼 떨어진 위치에서 검토하여야 한다.

(2) 2방향 슬래브의 전단

① 뚫림 전단 또는 2방향 전단

보가 없이 기둥에 직접 지지되는 구조나 기초판같은 구조에서는 집중하중의 작용에 의하여 기둥주위에 [그림 8.7 (a)]와 같이 슬래브의 하부로부터 경사지게 균열이 발생하여 구멍이 뚫리는 형태로 전단파괴되는 경우를 뚫림 전단 또는 2방향 전단이라 한다.

이때, 파괴면의 수평에 대한 경사각 θ는 콘크리트의 강도나 철근보강에 따라 20~45°가 된다.

② 2방향 전단강도

콘크리트의 2방향 전단강도는 다음 식에 의해 구한 값 중 가장 작은 값으로 한다.

$$V_c = \frac{1}{6}\left(1 + \frac{2}{\beta_c}\right)\sqrt{f_{ck}}\, b_o d \quad \cdots\cdots (8.8a)$$

$$V_c = \frac{1}{6}\left(1 + \frac{a_s d}{2b_o}\right)\sqrt{f_{ck}}\, b_o d \quad \cdots\cdots (8.8b)$$

$$V_c = \frac{1}{3}\sqrt{f_{ck}}\, b_o d \quad \cdots\cdots (8.8c)$$

여기서, $\beta_c : \left(\dfrac{\text{기둥단면의 장변길이}}{\text{기둥단면의 단변길이}}\right)$

b_o : 위험단면의 둘레길이

a_s : 40(내부기둥), 30(외부기둥), 20(모서리기둥)

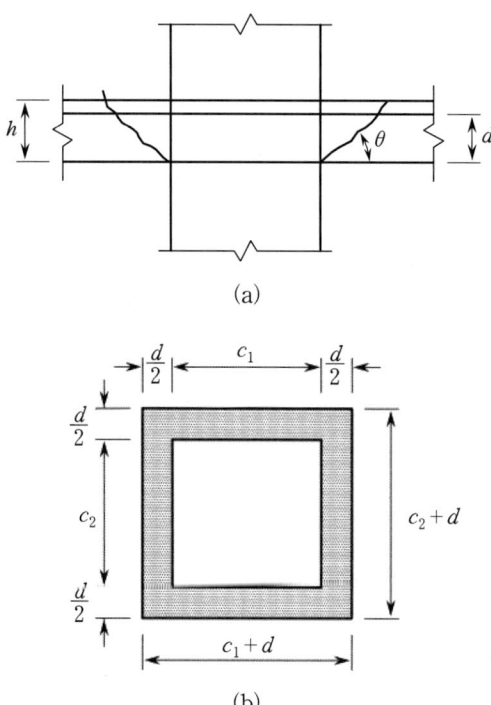

[그림 8. 7] 슬래브 2방향 전단의 위험단면

③ 슬래브 뚫림 전단의 위험단면

슬래브에서 뚫림 전단의 위험단면은 [그림 8. 7 (b)]와 같이 기둥주변으로부터 $\frac{d}{2}$ 만큼 떨어진 슬래브에 수직한 면으로 한다.

④ 슬래브의 전단보강

식 (8. 8)에 의한 2방향 설계 전단강도 ϕV_c가 위험단면에서 계수하중에 의한 전단력 V_u보다 작은 경우에는 슬래브의 두께를 크게 하거나, 지판 또는 주두를 사용하여 $b_o d$의 값을 크게 함으로써 $\phi V_c \geq V_u$의 설계식이 만족되도록 하여야 한다.

그러나 슬래브의 두께를 크게 할 수 없고 지판이나 주두의 사용이 불가능한 경우에는 [그림 8. 8]과 같은 방법으로 기둥 주위의 슬래브를 전단보강하여야 한다.

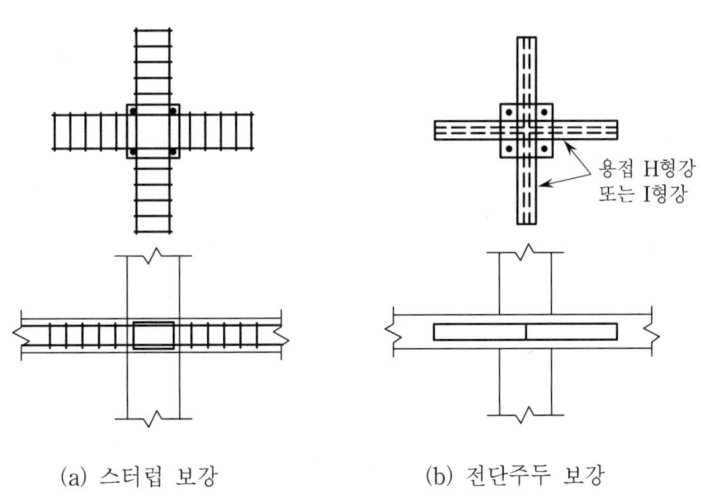

(a) 스터럽 보강   (b) 전단주두 보강

[그림 8. 8] 슬래브의 뚫림 전단의 보강방법

예제 8. 13 보가 없는 슬래브에서 내부 기둥의 크기가 400mm×400mm일 때 콘크리트의 설계 전단강도 ϕV_c를 구하라.(단, $f_{ck}=24\text{MPa/cm}^2$, $f_y=400\text{MPa/cm}^2$, $d=160\text{mm}$이다.)

【풀이】 (1) 위험단면의 위치 : 기둥면에서 $\dfrac{d}{2} = \dfrac{160}{2} = 80\,\text{mm}$

(2) 위험단면의 둘레길이 : $b_o = 4 \times 560 = 2,240\,\text{mm}$

(3) $\beta_c = \dfrac{\text{기둥의 장변}}{\text{기둥의 단변}} = \dfrac{400}{400} = 1$, $\alpha_s = 40$(내부 기둥)

(4) 콘크리트의 설계 전단강도 (ϕV_c)

$$V_c = \dfrac{1}{6}\left(1 + \dfrac{2}{\beta_c}\right)\sqrt{f_{ck}}\,b_o d = \dfrac{1}{6} \times \left(1 + \dfrac{2}{1}\right) \times \sqrt{24} \times 2,240 \times 160 = 877.90\,\text{kN}$$

$$V_c = \dfrac{1}{6}\left(1 + \dfrac{\alpha_s d}{2b_o}\right)\sqrt{f_{ck}}\,b_o d$$
$$= \dfrac{1}{6} \times \left(1 + \dfrac{40 \times 160}{2 \times 2,240}\right) \times \sqrt{24} \times 2,240 \times 160 = 710.68\,\text{kN}$$

$$V_c = \dfrac{1}{3}\sqrt{f_{ck}}\,b_o d = \dfrac{1}{3} \times \sqrt{24} \times 2,240 \times 160 = 585.26\,\text{kN}$$

∴ $\phi V_c = 0.75 \times 585.26 = 438.95\,\text{kN}$

제8장 연습문제

01 1방향 슬래브(One Way Slab)의 변장비 $\left(\lambda = \dfrac{l_y}{l_x}\right)$는?

① $\lambda > 2.0$
② $\lambda \leq 2.0$
③ $\lambda \geq 2.0$
④ $\lambda < 2.0$

02 4변 고정된 철근콘크리트 슬래브에서 장변의 길이가 8m일 때 2방향 슬래브가 되려면 단변의 길이는?

① 1m 이상
② 2m 이상
③ 3m 이상
④ 4m 이상

03 단변방향의 순경간 6m, 장변방향 순경간 8m인 4변 고정 슬래브에서 굽힘철근 절곡위치는 단부에서 얼마의 거리인가?

① 단변방향 1,000mm, 장변방향 1,000mm
② 단변방향 1,000mm, 장변방향 1,500mm
③ 단변방향 1,500mm, 장변방향 1,500mm
④ 단변방향 1,500mm, 장변방향 2,000mm

04 철근콘크리트 슬래브에 대한 설명 중 옳지 않은 것은?

① 1방향 슬래브의 두께는 최소 100m 이상으로 하여야 한다.
② 1방향 슬래브에서는 정모멘트철근 및 부모멘트 철근에 직각방향으로 수축·온도철근을 배치하여야 한다.
③ 슬래브 끝의 단순받침부에서도 내민슬래브에 의하여 부모멘트가 일어나는 경우에는 이에 상응하는 철근을 배치하여야 한다.
④ 주열대는 기둥 중심선을 기준으로 양쪽으로 장변 또는 단변길이의 1/4을 곱한 값 중 큰 값을 한쪽의 폭으로 하는 슬래브의 영역을 가리킨다.

05 철근콘크리트구조의 1방향 슬래브의 정모멘트철근 및 부모멘트철근의 중심간격은 위험단면에서 슬래브 두께의 최대 몇 배 이하이어야 하는가?
① 1배 ② 2배
③ 3배 ④ 4배

06 유효두께 100m인 슬래브에 배근된 철근비가 0.0035일 경우 슬래브 폭 1m당 필요한 최소철근량은?
① 240mm² ② 280mm²
③ 350mm² ④ 420mm²

07 강도설계법에 의한 철근콘크리트 설계 시 슬래브의 두께가 135mm일 때 1m당 수축·온도철근량은?(단, $f_y = 400$MPa)
① 95mm² ② 189mm²
③ 135mm² ④ 270mm²

08 내부 슬래브의 주변에 보와 지판이 없는 경우 슬래브의 최소두께 산정식은 $l_n/33$이다. 이 식에서 l_n으로 옳은 것은?
① 2방향 슬래브의 장변의 순경간
② 2방향 슬래브의 장변의 기둥 중심간 거리
③ 2방향 슬래브의 둘레길이의 합
④ 2방향 슬래브의 단변의 기둥 중심간 거리

09 직접설계법을 사용하여 슬래브 시스템을 설계하려고 할 때의 제한사항 중 옳지 않은 것은?
① 각 방향으로 3경간 이상이 연속되어야 한다.
② 각 방향으로 연속한 받침부 중심간 경간길이의 차이는 긴 경간의 1/3 이하이어야 한다.
③ 연속한 기둥중심선으로부터 기둥의 이탈은 이탈 방향 경간의 최대 10%까지 허용된다.
④ 슬래브들의 단변경간에 대한 장변경간의 비가 2 이상이어야 한다.

10 주변을 고정으로 간주하는 2방향 슬래브에 등분포하중이 작용할 때 그 하중은 단변과 장변 방향에 대하여 어떻게 분담하는가?

① 단변방향으로 많이 분담된다.
② 장변방향으로 많이 분담된다.
③ 장변과 단변방향으로 균등히 분담된다.
④ 분담률은 어느 방향이 크다고 단정할 수 없다.

11 플랫슬래브 구조에 대한 설명 중 옳지 않은 것은?

① 건물 내부에는 보 없이 바닥판만으로 구성하고 그 하중은 직접 기둥에 전달한다.
② 바닥의 주근은 1방향으로 배근한다.
③ 구조가 간단하고 실내 이용률이 높다.
④ 드롭패널(Drop Panel)이나 기둥머리(Column Capital)로 보강되는 구조이다.

12 보나 지판 없이 기둥으로 하중을 전달하는 2방향으로 배근된 콘크리트 슬래브는?

① 와플 슬래브(Waffle Slab)   ② 플랫 플레이트(Flat Plate)
③ 플랫 슬래브(Flat Slab)   ④ 장선 슬래브(Joist Slab)

13 플랫플레이트가 큰 하중을 받을 때 기둥 주변에서 뚫림전단(Punching Shear)의 위험이 생긴다. 뚫림전단을 검토하는 위치로서 적당한 것은?(단, d는 슬래브의 유효두께임)

① 기둥면 주변   ② 기둥면에서 $\frac{d}{2}$ 만큼 떨어진 주변
③ 기둥면에서 $\frac{d}{4}$ 만큼 떨어진 주변   ④ 기둥면에서 d 떨어진 주변

14 강도설계법에 의한 철근콘크리트 플랫 슬래브 설계 시 지판의 슬래브 아래로 돌출한 두께는 돌출부를 제외한 슬래브 두께가 300mm일 때 최소 얼마 이상으로 하여야 하는가?

① 20mm   ② 40mm
③ 60mm   ④ 75mm

15 플랫 슬래브 구조의 배근방법으로 가장 많이 사용되는 것은?
① 1방향식　　　　　　　　② 2방향식
③ 3방향식　　　　　　　　④ 원형식

16 슬래브에 관한 다음 기술 중 잘못된 것은?
① 장선 슬래브는 2방향으로 하중이 전달되는 슬래브이다.
② 플랫 슬래브는 보가 없으므로 천장고를 낮추기 위한 방법으로도 사용된다.
③ 와플 슬래브는 일종의 격자시스템 슬래브 구조이다.
④ 슬래브의 두께가 구조제한 조건에 따르지 않을 경우 슬래브 처짐과 진동의 문제가 발생할 수 있다.

17 다음 슬래브의 형식 중 2방향 슬래브로 간주되는 것은?
① 보이드 슬래브(Void Slab)　　　　② 리브드 슬래브(Ribbed Slab)
③ 와플 슬래브(Waffle Slab)　　　　④ 장선 슬래브(Joist Slab)

제8장 연습문제 해설

01 ① 변장비 $(\lambda) = \dfrac{\text{장변 스팬}}{\text{단변 스팬}} = \dfrac{l_y}{l_x}$

• 1방향 슬래브 : $\lambda > 2$ • 2방향 슬래브 : $\lambda \leq 2$

02 ④ $x = \dfrac{l_y}{l_x} = 8\,\dfrac{\text{m}}{l_x} \leq 2$

∴ $l_x \geq 4\,\text{m}$

03 ③ 4변 고정 슬래브의 굽힘철근 절곡위치는 장·단변 구분 없이 단변방향 길이의 1/4 지점이다.

∴ $\dfrac{l_x}{4} = 6 \times \dfrac{1}{4} = 1.5\,\text{m} = 1{,}500\,\text{mm}$

04 ④ 주열대는 기둥 중심선을 기준으로 양측으로 단변길이의 1/4을 곱한 값을 한 쪽의 폭으로 가지는 슬래브의 영역을 가리킨다.

05 ② 1방향 슬래브의 정철근 및 부철근 배근 중심간격

• 최대 휨모멘트 발생 단면 : 슬래브 두께의 2배 이하, 300mm 이하
• 기타 단면 : 슬래브 두께의 3배 이하, 450mm 이하
• 수축·온도 철근의 간격 : 슬래브 두께의 5배 이하, 450mm 이하

06 ③ $A_{s,\min} = \rho_{\min} \cdot b \cdot d = 0.0035 \times 1{,}000 \times 100 = 350\,\text{mm}^2$

07 ④ $f_y = 400\,\text{MPa}$이므로 $\rho_{\min} = 0.002$

$A_{s,\min} = \rho_{\min} \cdot b \cdot d = 0.002 \times 1{,}000 \times 135 = 270\,\text{mm}^2$

08 ① l_n : 2방향 슬래브의 장변의 순경간

09 ④ 직접설계법은 2방향 슬래브의 해석법으로 단변경간에 대한 장변경간의 비(변장비)가 2 이하일 때 적용된다.

10 ① 2방향 슬래브는 장변과 단변 양방향으로 하중이 전달되지만, 지배적인 하중분담은 단변방향이다.

11 ② 플랫슬래브 구조는 2방향 슬래브 구조이므로 바닥의 주근은 2방향은 배근한다.

12 ② 보와 지판이 없이 기둥으로 하중이 직접 전달되는 2방향으로 배근된 콘크리트 슬래브 : 플랫 플레이트 (Flat Plate)

13 ② 플랫 플레이트는 2방향 판구조물이므로 뚫림전단에 의한 위험단면 위치는 기둥면으로부터 $d/2$만큼 떨어진 곳이다.

14 ④ 플랫 슬래브 설계 시 지판의 두께는 돌출부를 제외한 슬래브 두께의 1/4 이상으로 하여야 한다.
∴ $\frac{1}{4} \times 300 = 75\,mm$

15 ② 플랫 슬래브의 철근 배근 방법은 2방향식, 3방향식, 4방향식 또는 원형식 등 다양하지만 2방향식이 주로 사용된다.

16 ① 장선 슬래브(Joist Floor or Ribbed Slab)는 1방향 슬래브이다.

17 ③ 와플 슬래브(Waffle Slab)는 장선을 직교시켜 우물반자 형태로 구성된 2방향 슬래브 구조이다.

제9장 기둥설계

9. 1 일반사항
9. 2 중심축하중을 받는 기둥
9. 3 축하중과 휨모멘트를 받는 기둥의 설계강도
9. 4 단주 설계
9. 5 2축 휨을 받는 기둥설계
9. 6 장주설계

REINFORCED CONCRETE

제9장
기둥 설계

9.1 일반사항

축방향 압축력을 받는 수직 또는 연직에 가까운 부재로서 그 높이가 단면 최소치수의 3배 이상인 압축부재를 기둥(column)이라 말한다. 일반적으로 기둥은 축하중과 풍하중, 지진하중 등 수평하중이나 보의 단부모멘트에 의하여 휨모멘트를 받는다.

철근콘크리트 기둥은 세장비와 단부구속 조건에 따라 단주, 중간주, 장주로 구분한다. 단주는 축하중에 대한 응력 또는 편심하중에 의한 응력과 휨모멘트에 의해서 파괴되는 기둥을 말하며, 장주는 주로 좌굴(buckling)에 의해서 파괴되는 기둥을 말한다.

(1) 기둥의 종류

철근콘크리트 기둥은 [그림 9.1]과 같이 띠철근기둥(tied column), 나선철근기둥(spiral column), 합성기둥(composite column) 등으로 분류한다.

기둥의 주철근은 축방향 압축력을 콘크리트와 분담하면서 휨모멘트에 의한 인장응력을 지지하는 기능을 가지고 있다. 기둥의 철근에는 [그림 9.1]과 같이 주철근과 주철근을 둘러싸는 보조철근이 있다. 보조철근인 띠철근과 나선철근은 주철근의 위치와 형태를 유지시키면서 압축력을 받는 주철근이 좌굴하거나 콘크리트의 피복이 떨어져 나가는 것을 방지한다.

이러한 띠철근은 정사각형 또는 직사각형 단면의 기둥에 주로 사용되고 나선철근은 원형기둥에 많이 사용된다.

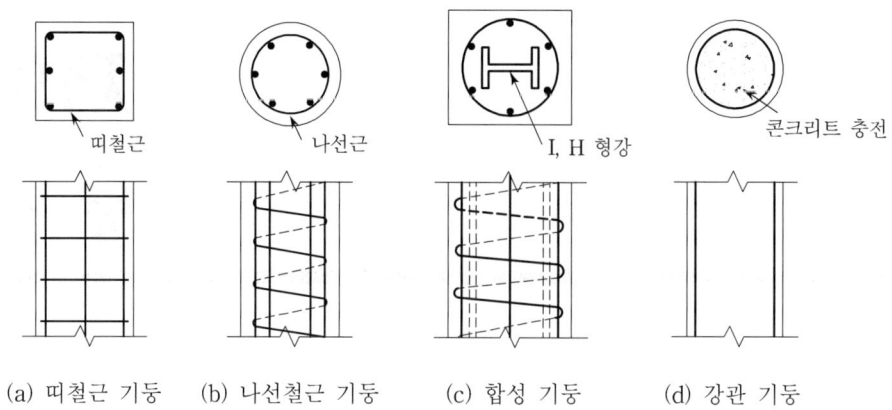

[그림 9. 1] 기둥의 종류

(2) 기둥의 구조사항

① 띠철근 기둥

㈎ 기둥단면의 최소치수는 200mm이고, 단면적은 60,000mm² 이상으로 한다.

㈏ 축방향 주철근은 기둥전체 단면적 A_g의 0.01배 이상, 0.08배 이하로 한다. 철근이 겹침이음되는 경우 철근비는 0.04배를 넘지 않아야 한다.

㈐ 주철근의 최소개수는 직사각형이나 원형 띠철근 기둥에 4개, 삼각형 띠철근 기둥에 3개 이상으로 한다.

㈑ D32 이하의 축방향 철근에 대해서는 D10 이상의 띠철근을 사용해야 하며, D35 이상의 철근과 다발철근에 대해서는 D13 이상의 띠철근을 사용해야 한다.

㈒ 띠철근의 수직간격은 축방향 철근지름의 16배 이하, 띠철근이나 철선지름의 48배 이하, 기둥단면의 최소치수 이하로 한다.

② 나선철근 기둥

㈎ 나선철근의 유효단면적은 나선철근의 바깥지름으로 측정되는 심부의 단면이며, 나선철근기둥의 심부지름은 200mm 이상으로 한다.

㈏ 축방향 주철근의 최소개수는 6개 이상이고, 그 단면적은 전체 단면적 A_g의 0.01배 이상, 0.08배 이하로 한다. 겹침이음의 경우 0.04배를 넘지 않아야 한다.

㈐ 나선철근비 ρ_s는 다음 값 이상으로 한다.

$$0.45\left(\frac{A_g}{A_{ch}}-1\right)\frac{f_{ck}}{f_{yt}} \quad \cdots\cdots\cdots\cdots\cdots\cdots\cdots\cdots\cdots\cdots\cdots\cdots\cdots\cdots\cdots (9.1)$$

여기서, A_g : 기둥의 총단면적
A_{ch} : 심부의 단면적
f_{yt} : 나선철근의 설계기준항복강도

나선철근의 f_{yt}는 700MPa 이하로 하여야 하며, 400MPa를 초과하는 경우에는 겹침이음을 할 수 없다.

또한, 나선철근기둥의 나선철근비 ρ_s는 다음 식으로 계산한다. ([그림 9. 2] 참조)

$$\rho_s = \frac{\text{나선철근의 체적}}{\text{심부의 체적}} = \frac{\text{한바퀴의 나선체적}}{\text{한 피치 안의 심부체적}}$$

$$= \frac{a_s \pi (D_c - d_s)}{s \times \frac{\pi D_c^2}{4}} \quad \cdots\cdots\cdots\cdots\cdots\cdots\cdots\cdots\cdots\cdots\cdots\cdots (9.2)$$

여기서, a_s : 나선철근의 단면적
D_c : 나선철근의 바깥까지 측정한 심부의 지름
D : 기둥의 지름
d_s : 나선철근의 지름
s : 나선철근의 간격

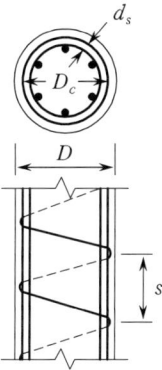

[그림 9. 2] 나선철근 기둥의 치수기호

㈘ 나선철근은 지름이 9mm 이상, 순간격은 25mm 이상 75mm 이하로 한다. 나선철근의 이음은 지름의 48배 또는 300mm 이상 겹침이음이나, 용접이음으로 한다.

㈙ 나선철근의 정착은 나선철근 끝에서 추가로 심부 주위를 1.5배 회전이상 더 연장시켜 감는다.

③ 띠철근기둥과 나선철근기둥의 구조거동

축방향 압축력을 받는 띠철근기둥과 나선철근기둥의 하중-변형에 대한 실험결과는 [그림 9. 3]과 같다. 여기에서 최대하중 이전까지는 띠철근기둥과 나선철근기둥은 거의 같은 거동을 한다.

최대하중에 도달하면 [그림 9. 4]와 같이 피복 콘크리트가 떨어져 나가며, 띠철근이 콘크리트의 압축시 횡방향 팽창을 효율적으로 구속하지 못하므로 중심부 부분의 콘크리트가 떨어져 나가고, 축방향 주근이 구부려져서 국부좌굴현상을 일으키며 즉시 파괴된다.

그러나 나선철근기둥은 최대하중에 이르렀을 때 나선철근 외부의 피복 콘크리트가 탈락되고 이에 따라 단면적의 감소로 하중이 일시 떨어지나, 나선철근의 구속력으로 나선철근 내부의 콘크리트는 3축응력을 받는 콘크리트와 같은 거동을 하여 나선철근이 파괴될 때까지 큰 변형현상을 보인다.

따라서, 나선기둥은 이러한 대변형에 따른 충격이나 동적하중에 의한 에너지 흡수능력이 탁월하여 내진구조물에 적합한 기둥이다.

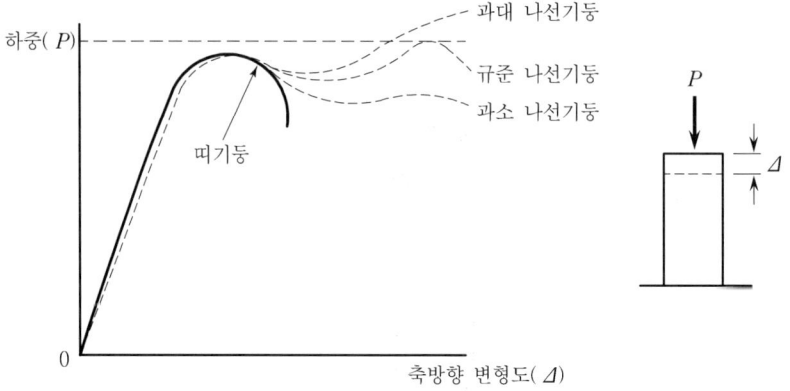

[그림 9. 3] 기둥의 하중-변형도 곡선관계

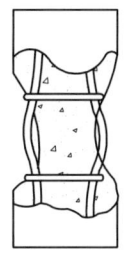 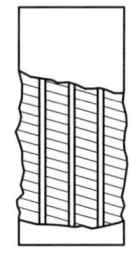

(a) 띠철근기둥   (b) 나선철근기둥

[그림 9. 4] 기둥의 파괴형태

예제 9.1 그림과 같은 철근콘크리트 띠철근기둥에서 띠철근의 적정한 배근간격을 구하라.

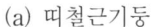

【풀이】 주근지름의 16배 : 16×16=256mm
띠철근 지름의 48배 : 48×10=480mm
기둥단면의 최소치수 : 400mm
∴ s=256mm

예제 9.2 지름 500mm인 나선철근기둥에서 나선철근의 심부지름이 420mm일 때 최소 나선철근비를 구하라.(단, f_{ck}=30MPa/cm², f_{yt}=400MPa/cm²이다.)

【풀이】 $\rho_{s,\min} = 0.45\left(\dfrac{A_g}{A_{ch}} - 1\right)\dfrac{f_{ck}}{f_{yt}}$

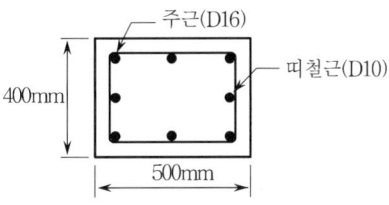 $= 0.45\left(\dfrac{500^2}{420^2} - 1\right) \times \dfrac{30}{400} = 0.0141$

예제 9.3 다음 그림과 같은 나선기둥의 나선철근비를 구하라.(단, 나선철근은 D13, 50mm 간격이다.)

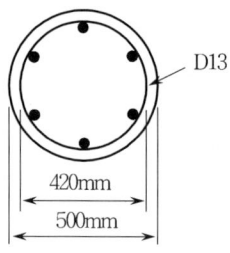

【풀이】 $D_c = 500 - 80 = 420\,\text{mm}$

$$\rho_s = \frac{\text{나선철근의 체적}}{\text{심부의 체적}} = \frac{a_s \pi (D_c - d_s)}{s \times \dfrac{\pi D_c^2}{4}}$$

$$= \frac{126.7 \times 3.14 \times (420 - 13)}{50 \times \dfrac{3.14 \times 420^2}{4}} = 0.0234$$

9.2 중심축하중을 받는 기둥

철근콘크리트 기둥에 중심축하중이 작용할 때, 극한상태에서는 콘크리트가 최대강도에 도달하고 철근은 항복강도에 도달하게 된다. 따라서 중심축하중을 받을 때 기둥의 공칭축하중강도 P_0는 다음과 같다.

$$P_0 = 0.85 f_{ck} A_c + f_y A_{st}$$

$$= 0.85 f_{ck} (A_g - A_{st}) + f_y A_{st} \quad \cdots\cdots (9.3)$$

여기서, A_c : 콘크리트 단면적
A_g : 기둥의 전 단면적
A_{st} : 주철근의 전 단면적

식 (9.3)의 값은 기둥의 이상적인 강도 또는 공칭강도이며, 실제에서는 설계시의 오차나 시공시의 강도저하 등을 고려해서 강도감소계수 ϕ를 곱하여 사용하여야 한다. 그러므로 중심축하중을 받는 기둥의 설계축하중강도 ϕP_n은 다음과 같이 나타낼 수 있다.

$$\phi P_n = \phi [0.85 f_{ck} (A_g - A_{st}) + f_y A_{st}] \quad \cdots\cdots (9.4)$$

여기서, ϕ는 띠철근기둥 0.65, 나선철근기둥 0.7이다.([표 3. 1] 강도저감계수 참조)
그러나 중심축하중을 받는 기둥이라도 여러 가지 원인에 의하여 편심하중이 발생할 수 있으므로 모든 기둥은 최소편심 e_{min}의 영향을 받는다. 따라서, 띠철근기둥의 설계축하중강도는 최대로 식 (9. 4)의 80%로서 다음과 같다.

$$P_u = \phi P_{n(\max)} = \phi 0.80[0.85f_{ck}(A_g - A_{st}) + f_y A_{st}] \quad \cdots\cdots (9.5)$$

또한 나선철근기둥의 설계축하중 강도는 최대 식 (9. 4)의 85%로 다음과 같다.

$$\phi P_{n(\max)} = \phi 0.85[0.85f_{ck}(A_g - A_{st}) + f_{yt} A_{st}] \quad \cdots\cdots (9.6)$$

최소편심거리 e_{min}은 나선철근기둥에서는 $0.05h$이고, 띠철근기둥에서는 $0.1h$이다. 따라서 하중이 최소편심거리 e_{min} 이내에 작용하게 되면 식 (9. 5), 식 (9. 6)으로 계산한다.

예제 9. 4 다음 그림과 같이 단면이 400mm×400mm인 띠철근기둥(단주)의 공칭축하중강도 P_0를 구하라.(단, $f_{ck}=24$MPa, $f_y=400$MPa이다.)

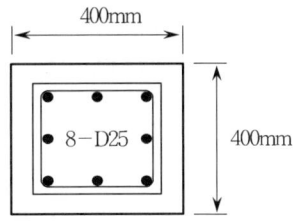

【풀이】 $P_0 = 0.85f_{ck}(A_g - A_{st}) + f_y A_{st}$
  $= 0.85 \times 24 \times [(400 \times 400) - (8 \times 506.7)] + 400 \times (8 \times 506.7)$
  $= 4,802.75 \text{ kN}$

예제 9.5 그림과 같은 띠철근기둥의 설계축하중강도를 구하고 주철근비 및 띠철근간격의 설계 기준에 적합한가를 검토하라.(단, $f_{ck}=24\text{MPa}$, $f_y=400\text{MPa}$이다.)

【풀이】(1) 설계축하중강도
$$\phi P_n = \phi 0.8[0.85 f_{ck}(A_g - A_{st}) + f_y A_{st}]$$
$$\therefore \phi P_n = 0.65 \times 0.8 \times [0.85 \times 24 \times (90,000 - 3,040) + 400 \times 3,040]$$
$$= 1,554.79 \text{kN}$$

(2) 철근비 검토
$$\rho = \frac{3,040}{300 \times 300} = 0.034$$
$$\therefore 0.01 \leq 0.034 \leq 0.08, \quad \text{O.K}$$

(3) 띠철근 간격(s)의 검토
$s =$ 주철근 지름의 16배 : $16 \times 25 = 400\text{mm}$
$s =$ 띠철근 지름의 48배 : $48 \times 10 = 480\text{mm}$
$s =$ 기둥의 최소치수 300mm : 300mm
$\therefore s = 300\text{mm}$

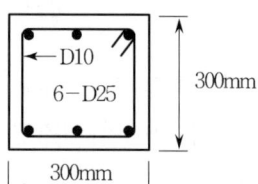

예제 9.6 다음 그림과 같은 띠철근기둥(단주)에 고정하중 1,000kN 활하중 1,200kN, 고정하중에 의한 모멘트 20kN·m, 활하중에 의한 모멘트 60kN·m가 작용할 때 안전 여부를 검토하라.(단, $f_{ck}=30\text{MPa}$, $f_y=400\text{MPa}$이다.)

【풀이】(1) 계수하중
$$P_u = 1.2 \times 1,000 + 1.6 \times 1,200 = 3,120 \text{ kN}$$
$$M_u = 1.2 \times 20 + 1.6 \times 60 = 120 \text{ kN·m}$$

(2) 축하중의 편심거리
$$e = \frac{M_u}{P_u} = \frac{120}{3,120} = 0.0385 \text{ m} = 38.5 \text{mm}$$

(3) 띠철근 기둥의 최소편심거리
$$e_{\min} = 0.10h = 0.10 \times 400 = 40 \text{ mm} > 38.5 \text{ mm}$$
$\therefore e < e_{\min}$ 이므로 중심축하중을 받는 기둥으로 해석한다.

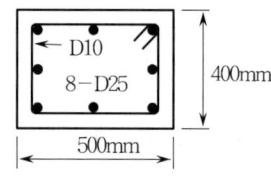

(4) 설계축하중강도 검토
$$A_{st} = 8 \times 506.7 = 4,053.6 \text{ mm}^2$$
$$\therefore \phi P_n = \phi 0.8 [0.85 f_{ck}(A_g - A_{st}) + f_y A_{st}]$$
$$= 0.65 \times 0.8 [0.85 \times 30 \times (400 \times 500 - 4,053.6) + 400 \times 4,053.6]$$
$$= 3,441.4 \text{ kN} > 3,120 \text{kN}, \quad \text{O.K}$$

예제 9.7 그림과 같은 나선철근기둥(단주)의 설계축하중강도를 구하라.(단, $f_{ck}=30\text{MPa}$, $f_{yt}=400\text{MPa}$이다.)

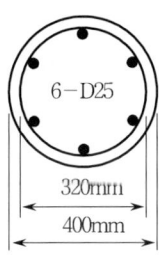

【풀이】 설계축하중강도

$$\phi P_n = \phi 0.85[0.85f_{ck}(A_g - A_{st}) + f_{yt}A_{st}]$$

$A_{st} = 6 \times 506.7 = 3,040.2 \text{ mm}^2$

$A_g = \dfrac{\pi D^2}{4} = \dfrac{\pi \times 400^2}{4} = 125,600 \text{ mm}^2$

∴ $\phi P_n = 0.7 \times 0.85[0.85 \times 30 \times (125,600 - 3,040.2) + 400 \times 3,040.2]$
$= 2,583.11 \text{ kN}$

예제 9.8 $P_D = 1,000\text{kN}$, $P_L = 800\text{kN}$의 축압축하중이 작용할 때 띠철근 기둥(단주)을 설계하라. (단, $\rho_g = 0.03$, $f_{ck} = 24\text{MPa}$, $f_y = 400\text{MPa}$이다.)

【풀이】 (1) 계수하중

$P_u = 1.2 \times 1,000 + 1.6 \times 800 = 2,480 \text{ kN}$

(2) 단면 크기의 산정

식 (9.5)로부터 요구되는 단면의 크기는 다음과 같이 구한다.

여기서, $\rho_g = \dfrac{A_{st}}{A_g}$

$$A_g \geq \dfrac{P_u}{\phi 0.8[0.85f_{ck}(1-\rho_g) + f_y\rho_g]}$$

$= \dfrac{2,480 \times 10^3}{0.65 \times 0.8 \times [0.85 \times 24 \times (1-0.03) + 400 \times 0.03]} = 150,032.43 \text{ mm}^2$

$\sqrt{b \times h} = \sqrt{150,032.43} = 387.34 \text{ mm}$

∴ $b \times h = 400 \text{ mm} \times 400 \text{ mm}$

(3) 철근의 배근

$$A_{st} = \rho_g bh = 0.03 \times 400^2 = 4,800\,\mathrm{mm}^2 \rightarrow 10-\mathrm{D}25\,(5,067\,\mathrm{mm}^2)$$

(4) 축력의 검토

$$\phi P_n = 0.65 \times 0.8 \times [0.85 \times 24 \times (400^2 - 5,067) + 400 \times 5,067]$$
$$= 2,697.47\,\mathrm{kN} > 2,480\,\mathrm{kN} \quad \therefore\ \mathrm{OK}$$

(5) 띠철근 배근 설계

D10 띠철근을 사용

s = 축방향 철근지름의 16배 = 16×25 = 400mm

s = 띠철근 지름의 48배 = 48×10 = 480mm

s = 기둥단면의 최소치수 = 400mm

∴ s = 400mm

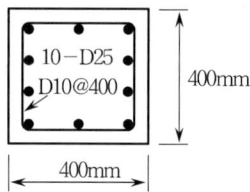

9. 3 축하중과 휨모멘트를 받는 기둥의 설계강도

(1) 설계 개요

기둥에 축하중과 휨모멘트가 동시에 작용할 경우, 기둥의 설계에서 강도감소 효과를 고려한 압축강도 ϕP_n과 휨강도 ϕM_n은 하중계수와 하중조합을 적용한 극한상태에서의 축하중 P_u와 휨모멘트 M_u 이상이 되어야 한다. 즉, 다음 조건을 만족해야 한다.

$$\phi P_n \geqq P_u$$

$$\phi M_n \geqq M_u \quad \cdots\cdots\cdots\cdots\cdots\cdots\cdots\cdots\cdots\cdots\cdots\cdots\cdots\cdots\cdots\cdots\cdots\cdots\cdots\cdots\cdots\cdots\ (9.\ 7)$$

여기서, 강도감소계수 ϕ는 띠철근기둥 0.65, 나선철근기둥 0.7이다.

(2) 강도감소계수의 산정

압축력과 휨모멘트를 동시에 받는 기둥에서 철근이 콘크리트보다 먼저 인장항복에 도달하는 경우, 기둥의 압축파괴상태로부터 보의 연성적인 휨파괴상태로의 중간과정에 놓이게 된다.

식 (9.7)에서 ϕ는 기준에서 규정한 강도감소계수이며, 축하중의 크기에 반비례하여 0.65(띠기둥) 또는 0.7(나선기둥)에서 0.9까지 증가하며 다음 식에 의하여 산정한다.

① 띠철근 기둥의 경우

$$\phi = 0.9 - \frac{2.0\phi P_n}{f_{ck}A_g} \geq 0.65 \quad \cdots\cdots\cdots\cdots\cdots\cdots\cdots\cdots (9.8)$$

② 나선철근 기둥의 경우

$$\phi = 0.9 - \frac{0.15\phi P_n}{f_{ck}A_g} \geq 0.7 \quad \cdots\cdots\cdots\cdots\cdots\cdots\cdots\cdots (9.9)$$

9. 4 단주 설계

철근콘크리트 단주의 내력은 압축력과 휨모멘트의 평형조건에 만족하도록 계산해야 한다. 즉, 설계강도 (ϕP_n, ϕM_n)가 설계단면력 (P_u, M_u)보다 클 경우에는 안전한 것으로 본다. 그러나 설계강도가 설계 단면력보다 크다고 해서 반드시 안정된 것으로 볼 수 없다. 왜냐하면 [그림 9.6] 기둥의 상관곡선에서 압축력이 평형상태 P_{nb}보다 작을 때에는 설계강도 ϕP_n과 ϕM_n이 동시에 증가하여도 설계강도가 상관곡선의 내부쪽에 위치하여도 안전하지 못한 경우가 생긴다.

그러므로 이 설계방법에서는 $\phi P_n = P_u$인 선에서 ϕM_n이 M_u보다 큰가를 비교하여야 항상 안전한 설계가 된다.

(1) P-M 상관도

축하중과 휨모멘트를 받는 기둥은 축하중에 의한 응력과 휨응력이 생기며, 기둥의 설계강도는 축하중과 휨모멘트 크기에 따른 상관관계를 가지게 되는데, 이러한 관계도를 P-M 상관도라 한다.

편심하중을 받는 기둥은 축방향력과 휨모멘트에 의한 편심량으로 설계해야 하며, 이 편심의 크기에 따라서 [그림 9.5]와 같이 기둥을 3가지 구역으로 나누어 생각할 수 있다.

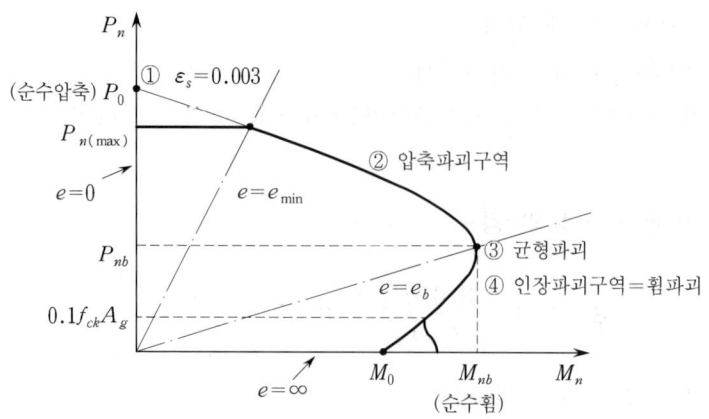

[그림 9. 5] 휨모멘트와 축압축을 받는 기둥단면의 P-M 상관도

즉, 균형 파괴점을 경계로 압축파괴 구역과 인장파괴 구역으로 구분되며, 편심거리 $e=\dfrac{M}{P}$ 과 e_b의 비교로서 판별된다.

① 균형파괴 ($e=e_b$이면 $P_u=P_{nb}$)

콘크리트가 극한 변형도 ($\varepsilon_c=0.003$)에 도달함과 동시에 인장철근도 항복변형도 (ε_y)에 도달하는 상태를 균형 파괴라 한다. 이때의 축하중을 균형축하중 (P_{nb}), 모멘트를 균형모멘트 (M_{nb}), 편심을 균형편심 (e_b)이라 한다.

② 압축파괴 ($e<e_b$이면 $P_u>P_{nb}$)

e가 e_b보다 작아 모멘트의 영향을 비교적 작게 받으면 압축파괴가 일어난다.

③ 인장파괴 ($e>e_b$이면 $P_u<P_{nb}$)

e가 e_b보다 크면 모멘트의 영향을 많이 받아 인장파괴가 일어난다.

또한, [그림 9. 6]은 기둥부재의 일반적인 P-M 상관도이다. 설계강도 ϕP_n의 크기에 따라 압축재, 휨재 및 중간 성질의 부재로 분류되며, ϕ도 이에 따라 0.65 (또는 0.7)에서 0.9 사이의 값을 가지게 된다.

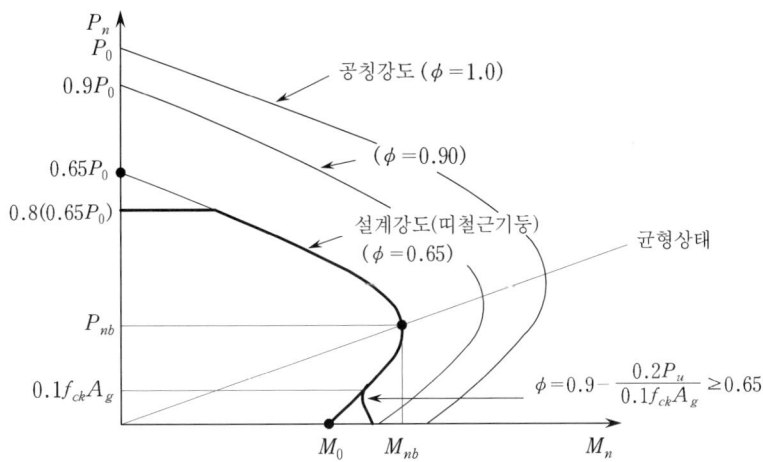

[그림 9. 6] 기둥의 P-M 상관도

(2) 상관곡선에 의한 기둥의 설계

축방향력과 휨모멘트를 받는 기둥의 상관곡선에서 기둥의 폭과 깊이를 b와 h라 하고, 기둥 외단에서 그에 가장 가까운 주철근 중심까지의 거리를 d'라 하면, 휨방향에 대한 가장 바깥쪽 철근의 위치계수는 다음과 같다.

$$\gamma = \frac{h - 2d'}{h} \quad\quad\quad\quad\quad\quad\quad\quad\quad\quad (9.\ 10)$$

여기서, 기둥의 피복두께 40mm와 띠철근 10mm 및 철근 중심거리 10~20mm 등을 고려하면 d'의 값은 60~70mm 정도이며, 실제 설계에서 γ의 값은 0.6~0.9의 범위에 있다.

상관곡선에 의한 기둥 설계의 과정은 다음과 같다.

① 재료강도의 결정

일반적으로 콘크리트의 압축강도 f_{ck}는 21MPa 이상이며, 철근의 인장강도 f_y는 300MPa 이상이다.

② 소요강도의 계산

하중계수와 하중조합을 적용하여 가장 불리한 조건의 설계단면력 P_u와 M_u를 구한다.

③ 기둥크기의 가정

기둥의 크기 b와 h를 가정한다. 기둥의 크기를 가정하는 데는 다음 식이 사용된다.

㈎ 띠철근 기둥일 때

$$A_g \geq \frac{P_u}{0.45(f_{ck} + \rho f_y)} \quad \cdots\cdots\cdots\cdots\cdots\cdots\cdots\cdots\cdots\cdots \text{(9. 11a)}$$

㈏ 나선기둥일 때

$$A_g \geq \frac{P_u}{0.55(f_{ck} + \rho f_y)} \quad \cdots\cdots\cdots\cdots\cdots\cdots\cdots\cdots\cdots\cdots \text{(9. 11b)}$$

위 식에서 철근비 ρ는 0.01~0.02의 범위로 한다.

④ 상관곡선에 의한 철근비의 결정

기둥의 크기가 결정되면 식 (9.10)에서 $d' = 65\,\text{mm}$로 하여 γ를 구한 후, 정해진 f_{ck}, f_y 및 γ의 상관곡선도에서 세로축을 $\phi P_n / A_g$, 가로축을 $\phi M_n / A_g h$에 맞춰 만나는 점의 철근비를 읽는다.(부록 4 : 기둥 하중-모멘트 상관곡선 참조)

⑤ 철근 배근

철근 단면적 $A_{st} = \rho A_g$를 계산하여, 철근의 크기 및 개수를 정하여 알맞게 배근한다.

예제 9.9 축방향하중과 휨모멘트를 받는 띠철근 기둥에 $P_D = 800\,\text{kN}$, $P_L = 800\,\text{kN}$와 x방향으로 $M_D = 50\,\text{kN}\cdot\text{m}$, $M_L = 100\,\text{kN}\cdot\text{m}$가 작용할 때 기둥을 설계하라.(단, $f_{ck} = 27\,\text{MPa}$, $f_y = 400\,\text{MPa}$이다.)

【풀이】 (1) 소요 강도

$$P_u = 1.2 P_D + 1.6 P_L = 1.2 \times 800 + 1.6 \times 800 = 2,240\,\text{kN}$$

$$M_u = 1.2 M_D + 1.6 M_L = 1.2 \times 50 + 1.6 \times 100 = 220\,\text{kN}\cdot\text{m}$$

(2) 단면크기의 산정

철근비 $\rho = 0.015$로 가정(1~2% 범위)

$$A_g = \frac{P_u}{0.45(f_{ck} + \rho f_y)} = \frac{2,240 \times 10^3}{0.45 \times (27 + 0.015 \times 400)} = 150,841.75\,\text{mm}^2$$

단면을 정사각형으로 가정하면 $b \times h = \sqrt{150,841.75} = 388.38\,mm$

∴ $b \times h = 420\,mm \times 420\,mm\,(=176,400\,mm^2)$

(3) 상관곡선에 의한 철근비 결정

$d' =$ 피복두께 + 띠철근 지름 + 주철근 지름의 $\frac{1}{2}$

$= 40 + 10 + \frac{25}{2} = 62.5\,mm$

$\gamma = \dfrac{h-2d'}{h} = \dfrac{420-(2\times 62.5)}{420} = 0.7$

∴ $\gamma = 0.7$

$f_{ck} = 27\,MPa$, $f_y = 400\,MPa$, $\gamma = 0.7$ 이므로 부록 4. 4에서,

세로축 : $\dfrac{P_u}{A_g} = \dfrac{2,240\times 10^3}{420\times 420} = 12.7\,MPa$

가로축 : $\dfrac{M_u}{A_g h} = \dfrac{220\times 10^3\times 10^3}{420\times 420^2} = 2.97\,MPa$

∴ $\rho = 0.021$

(4) 철근 배근

① 주철근

$A_{st} = \rho \cdot A_g = 0.021\times(420\times 420) = 3,704.4\,mm^2$

$n = \dfrac{3,704.4}{506.7} = 7.3$ ∴ $8 - D25\,(4,053\,mm^2)$

② 띠철근(D10)

축방향 철근의 16배 = 16×25 = 400mm

띠철근 지름의 48배 = 48×10 = 480mm

기둥단면의 최소치수 = 450mm

∴ s = 400mm

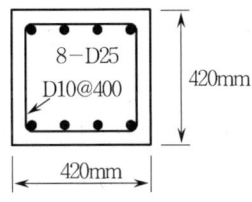

9. 5 2축 휨을 받는 기둥 설계

건축물의 모서리에 위치한 기둥은 두 방향에 대한 휨모멘트의 영향을 크게 받는다. [그림 9. 7]은 2축 휨을 받는 기둥의 대표적인 P-M 상관곡선도이다.

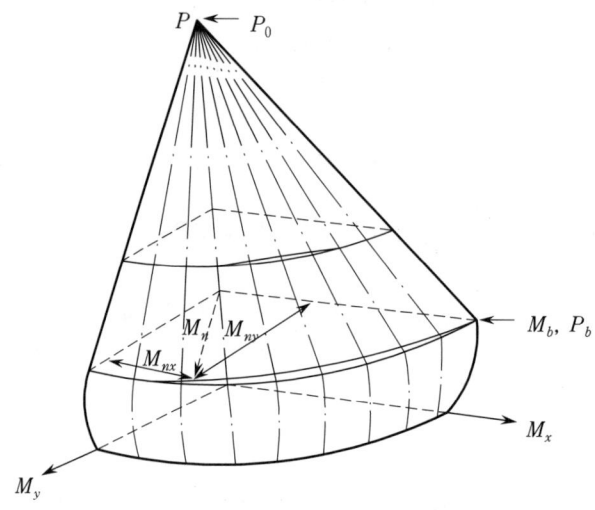

[그림 9. 7] 2축 휨을 받는 기둥의 P-M 상관곡선도

이와 같이 2축 휨을 받는 기둥의 설계는 실용적인 설계방법으로 상반하중법 (Reciprocal Load Method)과 등하중선법(Load Contour Method)과 같은 근사법이 사용되고 있다.

브레슬러(B. Bresler)가 제안한 상반하중법은 설계 축하중 P_u가 $0.1 f_{ck} A_g$ 이상일 경우에만 적용할 수 있으며, 2축 휨 $M_{nx} = P_n \cdot e_x$ 및 $M_{ny} = P_n \cdot e_y$가 작용하는 상태에서 기둥이 지지할 수 있는 설계 축하중 P_u는 다음과 같이 계산된다.

$$\frac{1}{P_u} = \left(\frac{1}{\phi P_{nx}} + \frac{1}{\phi P_{ny}} \right) - \frac{1}{\phi P_{no}} \quad \text{.............................. (9. 12)}$$

여기서, ϕP_{nx} : M_x만 작용할 때의 설계 축하중
ϕP_{ny} : M_y만 작용할 때의 설계 축하중
ϕP_{no} : 편심이 없을 때의 설계 축하중
$[P_{no} = 0.85 f_{ck}(A_g - A_{st}) + f_y A_{st}]$

예제 9.10 그림과 같은 기둥에 계수 모멘트 $M_{nx}=M_{ny}=200\text{kN}\cdot\text{m}$가 작용할 때 이 기둥이 지지할 수 있는 설계축하중을 구하라.(단, $f_{ck}=27\text{MPa}$, $f_y=400\text{MPa}$이다.)

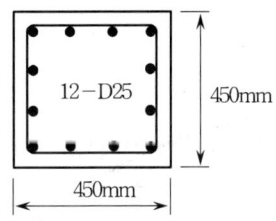

【풀이】 양면 배근 상관곡선도를 이용할 경우, 배근된 철근이 x, y 방향 모두 8-D25이다.

$$\rho = \frac{8\times 506.7}{450\times 450} = 0.02$$

부록 4. 8의 상관곡선도에서

$$\frac{M_u}{bh^2} = \frac{200\times 10^6}{450\times 450^2} = 2.19\,\text{MPa}$$

이 값과 $\rho=0.02$가 만나는 점에서 왼편으로 수평이동하여 P_u의 값을 읽으면,

$\dfrac{P_u}{bh} = 15\text{MPa}$이므로, x 및 y 방향에 대하여

- $\phi P_{nx} = \phi P_{ny} = 15\times 450^2 \times 10^{-3} = 3{,}037.5\text{kN}$

$$\begin{aligned}P_{no} &= 0.85 f_{ck}(A_g - A_{st}) + f_y A_{st}\\ &= 0.85\times 27\times(450\times 450 - 12\times 506.7) + 400\times(12\times 506.7) = 6{,}939.99\text{kN}\end{aligned}$$

- $\phi P_{no} = 0.65\times 6{,}939.99 = 4{,}510.99\text{kN}$

$$\frac{1}{P_u} = \left(\frac{1}{\phi P_{nx}} + \frac{1}{\phi P_{ny}}\right) - \frac{1}{\phi P_{no}} \text{에서,}$$

$$\therefore P_u = \left\{\left(\frac{1}{3{,}037.5} + \frac{1}{3{,}037.5}\right) - \frac{1}{4{,}510.99}\right\}^{-1} = 2{,}289.61\text{kN}$$

9. 6 장주 설계

기둥은 길이가 길어짐에 따라 좌굴로 인한 횡적처짐 때문에 휨모멘트가 발생하여 기둥의 저항능력이 감소된다. 기둥이 단면에 비하여 길이가 길면 압축력의 증가와 함께 좌굴하려는 경향을 보이며, 휨모멘트에 의하여 $\varDelta$만큼 재축에 대한 처짐이 발생한다. 축하중 P로 인하여 처짐 $\varDelta$가 발생하면 $P\varDelta$만큼 2차 모멘트가 발생하며 1차 모멘트에 추가되기 때문에, [그림 9. 8]과 같이 기둥의 상관곡선에서 휨모멘트가 증가하여 상대적으로 축

하중 지지능력이 감소하는 결과를 가져온다. 이러한 현상을 $P-\varDelta$효과라 하며, 수평전단력이 작용하지 않는 단주에서는 무시될 만큼 작으나, 수평전단력이 작용하거나 장주에서는 이 효과가 상대적으로 크기 때문에 설계에 고려되어야 한다.

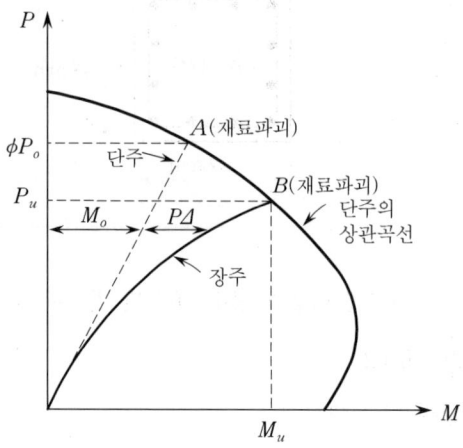

[그림 9. 8] 기둥의 휨-축하중에 대한 거동

압축부재의 세장효과는 설계강도를 감소시키거나 설계모멘트를 확대시키는 방법이 있으며 기준에서는 후자의 방법을 채용하고 있다. 즉, 모멘트 확대계수 δ를 구하여 계수모멘트 M_u에 곱함으로써 설계용 확대계수 모멘트 $M_c = \delta M_u$를 구한다.

δ는 $\delta_{ns}(\delta_b)$와 δ_s 두 종류로서, $\delta_{ns}(\delta_b)$는 횡구속골조에서 수직하중에 의한 모멘트의 확대계수이며, δ_s는 비횡구속골조에서 수평하중에 의한 모멘트의 확대계수이다.

(1) 기둥의 좌굴

① 좌굴하중

기둥이 중심축 하중을 받아 좌굴을 일으킬 때의 하중을 좌굴하중이라고 하며, 좌굴하중식은 다음과 같다.

$$P_c = \frac{\pi^2 EI}{(kl_u)^2} \quad \cdots\cdots\cdots\cdots\cdots\cdots\cdots\cdots\cdots\cdots\cdots\cdots\cdots\cdots\cdots\cdots\cdots\cdots\cdots\cdots\cdots (9.13)$$

여기서, kl_u : 유효 좌굴길이
k : 유효 좌굴길이 계수
l_u : 기둥길이
E : 탄성계수
I : 단면 2차 모멘트
EI : 휨강성

기둥의 좌굴응력은 다음과 같으며

$$f_c = \frac{P_c}{A} = \frac{\pi^2 EI}{(kl_u)^2 A} \quad \cdots\cdots\cdots\cdots\cdots\cdots\cdots\cdots\cdots\cdots\cdots\cdots\cdots (9.14)$$

단면 2차 반경 $r = \sqrt{I/A}$로 정리하면 다음과 같다.

$$f_c = \frac{\pi^2 E}{(kl_u/r)^2} \quad \cdots\cdots\cdots\cdots\cdots\cdots\cdots\cdots\cdots\cdots\cdots\cdots\cdots\cdots (9.15)$$

이 식에서 분모인 kl_u/r은 세장비(Slenderness ratio)이며, 단면이 작고 길이가 세장한 기둥의 강도에 크게 영향을 미친다. 단면 2차 반경(r)은 $\sqrt{I/A}$이므로 직사각형 단면에서는 근사적으로 $0.3h$ 원형단면에서는 $0.25h$로 한다. 또한, 식 (9.13)의 EI값은 다음과 같다.

$$EI = \frac{E_c I_g/5 + E_s I_s}{1 + \beta_d} \quad \cdots\cdots\cdots\cdots\cdots\cdots\cdots\cdots\cdots\cdots\cdots (9.16)$$

또는 EI값은 다음과 같은 간략식을 사용할 수 있다.

$$EI = \frac{E_c I_g/2.5}{1 + \beta_d} = \frac{0.4 E_c I_g}{1 + \beta_d} \quad \cdots\cdots\cdots\cdots\cdots\cdots\cdots (9.17)$$

여기서, E_c : 콘크리트의 탄성계수

E_s : 철근의 탄성계수

I_g : 콘크리트의 전 단면에 대한 단면 2차 모멘트

I_s : 철근의 단면 2차 모멘트

β_d : (계수 고정하중)/(계수 전체하중)

(2) 기둥의 세장효과

① 기둥의 지점 간 거리

기둥의 지점 간 거리 (l_u)는 [그림 9.9]와 같이 바닥슬래브, 보 그리고 기둥의 수평지지 부재 사이의 순거리로 하며, 기둥의 주두나 헌치가 있는 경우에는 주두나 헌치가 끝나는 면에서 측정한 값으로 한다.

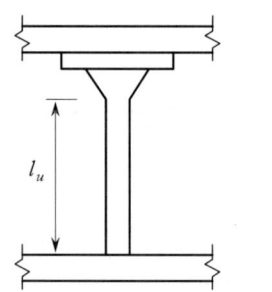 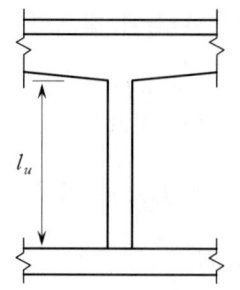 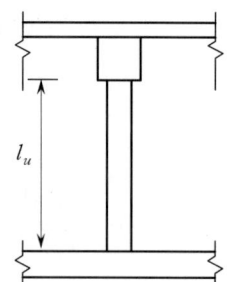

[그림 9. 9] 기둥의 지점 간 거리

② 유효좌굴길이계수 (k)

㈎ 지지 조건에 따른 기둥의 유효좌굴길이계수

양단단순지지된 기둥과 양단고정이면서 횡방향 변형이 있는 기둥에서는 $k=1.0$의 값을 가지며, 횡방향 변형이 없는 양단고정의 기둥에서는 $k=0.5$가 된다. 이와 같이 지지 조건과 횡방향변형에 따른 기둥의 유효좌굴길이계수는 [그림 9. 10]과 같다.

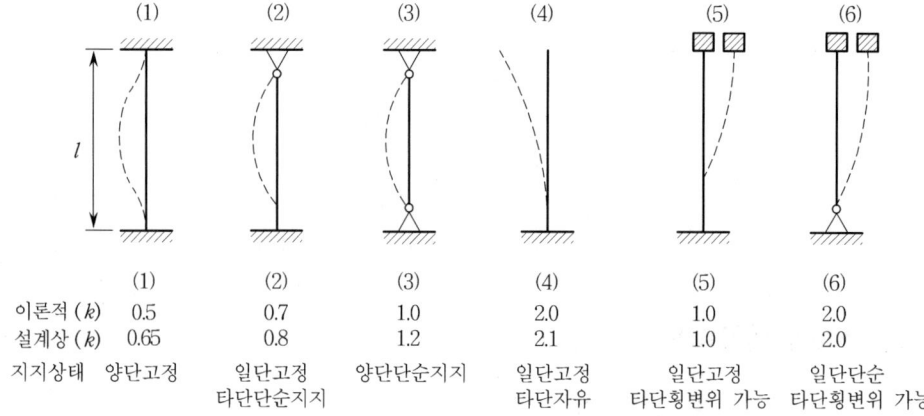

	(1)	(2)	(3)	(4)	(5)	(6)
이론적 (k)	0.5	0.7	1.0	2.0	1.0	2.0
설계상 (k)	0.65	0.8	1.2	2.1	1.0	2.0
지지상태	양단고정	일단고정 타단단순지지	양단단순지지	일단고정 타단자유	일단고정 타단횡변위 가능	일단단순 타단횡변위 가능

[그림 9. 10] 기둥의 유효좌굴길이계수 (k)

㈏ 골조 기둥의 유효좌굴길이계수

기둥 단부의 고정도에 따라 골조 기둥의 유효좌굴길이계수를 계산하는 방법은 두 가지가 있다.

㉠ 첫번째 방법은 수식을 이용하는 방법으로 다음과 같다.

• 횡구속골조에서는 다음의 값 중 작은 것으로 한다.

$$k = 0.7 + 0.05(\psi_A + \psi_B) \leq 1.0 \quad \cdots \quad (9.\ 18\text{a})$$

$$k = 0.85 + 0.05\psi_{\min} \leq 1.0 \quad \cdots \quad (9.\ 18\text{b})$$

여기서, ψ_A, ψ_B : 기둥 양단(상하단)에서의 ψ의 값
$\psi_{\min}$: 두 값 중 작은 값

또한, ψ(단부구속 계수)는 다음과 같이 계산한다.

$$\psi = \frac{\Sigma(E_c I_c / l_c)}{\Sigma(E_b I_b / l_b)} \quad \cdots \quad (9.\ 19)$$

여기서, b : 보
c : 기둥
l_b, l_c : 보와 기둥에서 접합부 중심간 거리

※ $\psi = 0$일 경우는 기둥이 접합부에 완전 고정되어 있는 상태이며, $\psi = \infty$인 경우는 기둥단부가 단순지지된 상태를 나타낸다.

- 양단의 회전이 구속된 비횡구속 기둥의 유효좌굴길이계수는 다음과 같다.

$$\psi_m < 2 \text{ 경우} : k = \frac{20 - \psi_m}{20}\sqrt{1 + \psi_m} \quad \cdots \quad (9.\ 20\text{a})$$

$$\psi_m \geq 2 \text{ 경우} : k = 0.9\sqrt{1 + \psi_m} \quad \cdots \quad (9.\ 20\text{b})$$

여기서, ψ_m : ψ_A와 ψ_B의 평균치

- 비횡구속 골조에서 한 단부가 힌지인 기둥의 유효 좌굴길이계수는 다음과 같다.

$$k = 2.0 + 0.3\psi \quad \cdots \quad (9.\ 21)$$

여기서, ψ : 회전 구속된 단부의 값

ⓒ 두 번째 방법은 [그림 9. 11]에서 직선 연결법으로 유효좌굴계수를 구하는 방법이다.

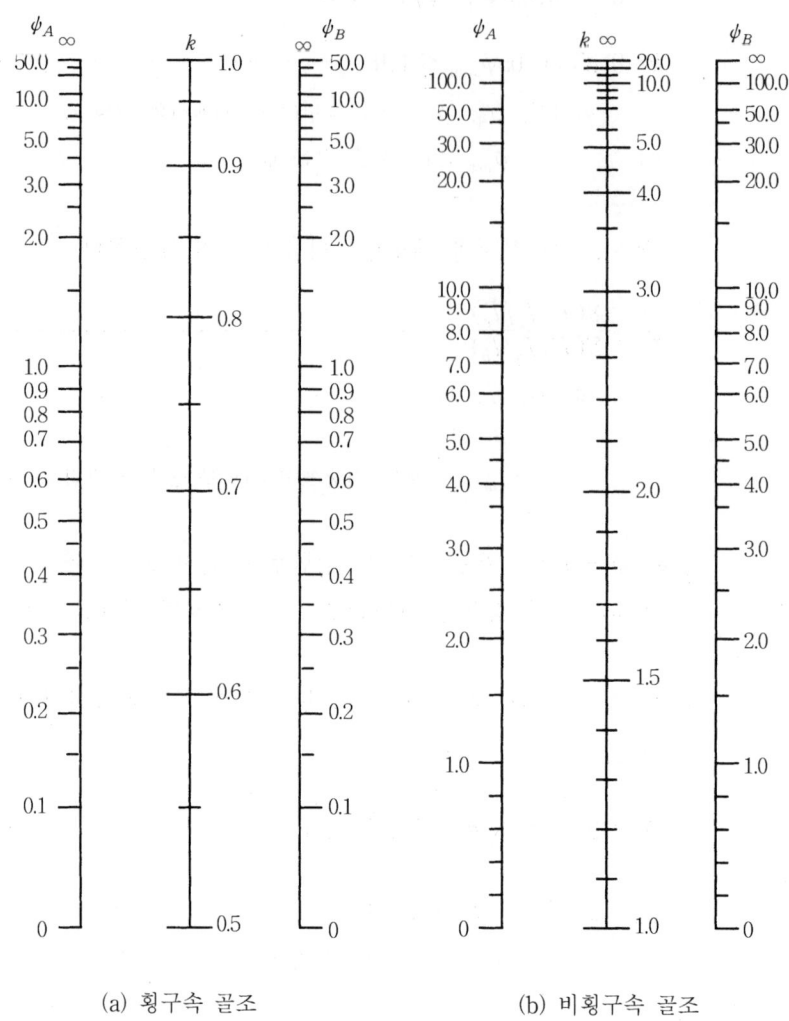

(a) 횡구속 골조　　　　　　　(b) 비횡구속 골조

[그림 9. 11] 유효좌굴길이계수

(3) 모멘트 확대계수법

① 횡구속 골조와 비횡구속 골조의 구분

실제의 구조물에서 완전한 횡구속 골조나 비횡구속 골조는 거의 없으므로 다음과 같이 구분한다.

㈎ 1개 층에서 다음 식의 안정성 지수 Q가 0.05보다 크지 않을 때 $P\varDelta$ 모멘트가 1차 모멘트의 5%를 넘지 않으면 횡구속된 것으로 판단한다.

$$Q = \frac{(\Sigma P_u)\Delta_o}{V_u l_c} \quad \cdots\cdots\cdots\cdots\cdots\cdots\cdots\cdots\cdots\cdots\cdots\cdots\cdots\cdots\cdots\cdots\cdots \text{(9. 22)}$$

여기서, V_u : 그 층에 작용하는 전체 계수 수평하중
ΣP_u : 1개 층에서 기둥 전체의 계수 축하중 합
Δ_o : V_u에 의하여($P-\Delta$효과 무시) 층상부의 층하부에 대한 상대적인 수평처짐
l_c : 층 높이

㈏ 횡구속 요소(전단벽, 횡방향 가새)가 층의 수평이동에 저항하면서 그 강성이 층 내 모든 기둥의 강성의 합의 6배 이상되는 경우 횡구속된 것으로 판단한다.

② 세장효과의 고려

세장비가 작은 단주에서는 세장효과를 무시할 수 있으며, 단주에 대하여는 다음과 같이 정하고 있다.

㈎ 버팀지지된 기둥(가새골조)

$$\frac{k l_u}{r} \leq 34 - 12 \frac{M_{1b}}{M_{2b}} \quad \cdots\cdots\cdots\cdots\cdots\cdots\cdots\cdots\cdots\cdots\cdots\cdots\cdots \text{(9. 23)}$$

㈏ 버팀지지되지 않은 기둥(비가새 골조)

$$\frac{k l_u}{r} < 22 \quad \cdots\cdots\cdots\cdots\cdots\cdots\cdots\cdots\cdots\cdots\cdots\cdots\cdots\cdots\cdots\cdots\cdots \text{(9. 24)}$$

여기서, M_{1b} : 작은 단부 휨모멘트
M_{2b} : 큰 단부 휨모멘트
M_{1b}/M_{2b}의 부호는 단곡률로 휘었을 경우에는 (+), 복곡률로 휘었을 경우에는 (−)로 한다. 식 중의 첨자 b는 버팀지지된 상태를 나타낸다.

③ 세장효과의 계산

기둥의 세장효과에 의한 확대모멘트 M_c는 다음 식과 같이 구한다.

$$M_c = \delta_b M_{2b} + \delta_s M_{2s} \quad \cdots\cdots\cdots\cdots\cdots\cdots\cdots\cdots\cdots\cdots\cdots\cdots \text{(9. 25)}$$

여기서, M_{2b}는 중력하중과 같이 수평이동을 일으키지 않는 하중에 의하여 기둥 단부에 작용하는 계수모멘트 중 큰 값이며, M_{2s}는 지진하중이나 풍하중과 같이 골조에 수평이동을 일으키는 하중에 의한 단부 계수모멘트 중

큰 값을 나타낸다.

또한, δ_b와 δ_s는 모멘트 확대계수로서 첨자 b와 s는 각각 버팀지지된 경우와 수평이동이 허용되는 경우를 나타내는 것으로 다음과 같다.

$$\delta_b = \frac{C_m}{1 - P_u/\phi P_c} \geq 1.0 \quad \cdots\cdots\cdots\cdots\cdots\cdots\cdots\cdots\cdots\cdots (9.\ 26)$$

$$\delta_s = \frac{1}{1 - \Sigma P_u/\phi \Sigma P_c} \geq 1.0 \quad \cdots\cdots\cdots\cdots\cdots\cdots\cdots\cdots\cdots\cdots (9.\ 27)$$

여기서, ΣP_u와 ΣP_c는 같은 층에서 모든 기둥에 대한 값의 합으로, 버팀지지된 골조에서 δ_s는 1.0으로 하고, 버팀지지되지 않은 골조에서는 δ_b와 δ_s를 모두 계산하여야 한다.

또한, 모멘트 확대계수 C_m은 버팀지지되어 있으면서 지점 간에 수평하중이 작용하지 않는 기둥에서 다음과 같다.

$$C_m = 0.6 + 0.4(M_{1b}/M_{2b}) \geq 0.4 \quad \cdots\cdots\cdots\cdots\cdots\cdots\cdots\cdots (9.\ 28)$$

이 외의 경우에는 1.0으로 한다.

예제 9.11 다음과 같은 하중조건으로 띠철근 기둥을 설계하여라.(단, f_{ck} = 24MPa, f_y = 400MPa, 기둥단면 400mm×400mm, l_u = 4,000mm, 기둥은 버팀지지되어 있다.)

[하중조건]
① 축하중 : $P_D = 1,500\,\text{kN}, \ P_L = 500\,\text{kN}$
② 모멘트
 • 기둥상부 : $M_D = 40\,\text{kN}\cdot\text{m}, \ M_L = 10\,\text{kN}\cdot\text{m}$
 • 기둥하부 : $M_D = 60\,\text{kN}\cdot\text{m}, \ M_L = 20\,\text{kN}\cdot\text{m}$

【풀이】 ① 소요강도

$P_u = 1.2P_D + 1.6P_L = 1.2 \times 1,500 + 1.6 \times 500 = 2,600\,\text{kN}$

$M_{1b} = 1.2M_D + 1.6M_L = 1.2 \times 40 + 1.6 \times 10 = 64\,\text{kN}\cdot\text{m}$

$M_{2b} = 1.2M_D + 1.6M_L = 1.2 \times 60 + 1.6 \times 20 = 104\,\text{kN}\cdot\text{m}$

② 세장효과의 검토

$k = 1$(버팀지지)

$r = 0.3h = 0.3 \times 400 = 120\,\text{mm}$

- 세장비 : $\dfrac{kl_u}{r} = \dfrac{1 \times 4,000}{120} = 33.3$

- $34 - 12\dfrac{M_{1b}}{M_{2b}} = 34 - 12 \times \dfrac{64}{104} = 26.6$

- $\dfrac{kl_u}{r} > 34 - 12\dfrac{M_{1b}}{M_{2b}} \Rightarrow 33.3 > 26.6$

  ∴ 세장효과를 고려해야 한다.

③ 좌굴하중(P_c)

- $E_c = 8,500\sqrt[3]{f_{cu}} = 8,500 \times \sqrt[3]{32} = 2.7 \times 10^4\,\text{MPa}$

  (단, $f_{cu} = f_{cR} + 8$)

- $I_g = \dfrac{bh^3}{12} = \dfrac{400 \times 400^3}{12} = 2.13 \times 10^9\,\text{mm}^4$

- $\beta_d = \dfrac{\text{계수고정하중}}{\text{계수전체하중}} = \dfrac{1.2P_D}{1.2P_D + 1.6P_L} = \dfrac{1.2 \times 1,500}{1.2 \times 1,500 + 1.6 \times 500} = 0.69$

- $EI = \dfrac{0.4E_c I_g}{1 + \beta_d} = \dfrac{0.4 \times (2.7 \times 10^4) \times (2.13 \times 10^9)}{1 + 0.69}$

  $= 1.36 \times 10^{13}\,\text{MPa}$

  ∴ $P_c = \dfrac{\pi^2 EI}{(kl_u)^2} = \dfrac{\pi^2 \times 1.36 \times 10^{13}}{(1 \times 4,000)^2} = 8,380.66\,\text{kN}$

④ 모멘트 확대계수

- $C_m = 0.6 + 0.4\left(\dfrac{M_{1b}}{M_{2b}}\right) = 0.6 + 0.4 \times \dfrac{64}{104} = 0.85 \geq 0.4$

- $\delta_b = \dfrac{C_m}{1 - \dfrac{P_u}{\phi P_c}} = \dfrac{0.85}{1 - \dfrac{2,600}{0.65 \times 8,380.66}} = 1.63$

⑤ 설계용 확대계수 모멘트 및 설계

  $M_c = \delta_b M_{2b} = 1.63 \times 104 = 169.52\,\text{kN} \cdot \text{m}$

- $\dfrac{M_c}{bh^2} = \dfrac{169.52 \times 10^6}{400 \times 400^2} = 2.65\,\text{MPa}$

- $\dfrac{P_u}{bh} = \dfrac{2,600 \times 10^3}{400 \times 400} = 16.25\,\text{MPa}$

- $r = \dfrac{h - 2d'}{h} = \dfrac{400 - 2 \times 65}{400} = 0.675 \to 0.7$

- 부록 4.2에서 $\rho = 0.035$

- $A_{st} = \rho \cdot A_g = 0.035 \times 400 \times 400 = 5,600\,\text{mm}^2$

  ∴ $10 - D29\ (A_{st} = 6,424\,\text{mm}^2)$

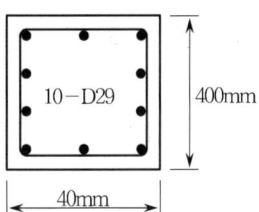

제9장 연습문제

01 철근콘크리트 구조의 압축부재의 설계 제한사항에 대한 설명 중 옳지 않은 것은?
① 띠철근 압축부재 단면의 최소치수는 300mm이다.
② 나선철근 압축부재 단면의 심부지름은 200mm 이상이어야 한다.
③ 축방향 주철근의 최소 개수는 직사각형 띠철근 내부의 철근의 경우 4개로 하여야 한다.
④ 띠철근 압축부재의 단면적은 60,000mm² 이상이어야 한다.

02 철근콘크리트 구조의 압축부재 설계의 제한사항에서 직사각형 압축부재 축방향 주철근의 최소 개수는?
① 2개   ② 3개
③ 4개   ④ 5개

03 철근콘크리트 구조의 철근 간격에 대한 설명 중 옳지 않은 것은?
① 띠철근 기둥의 주근 철근의 순간격 : 주근 직경의 2.5배 이상 또한 30mm 이상
② 띠철근의 수직간격 : 종 방향 철근지름의 16배 이하, 띠철근의 48배 이하 또한 기둥 단면의 최소 치수 이하
③ 부재축에 직각으로 설치되는 스터럽의 간격 : 스터럽 직경의 0.5배 이하 또는 600mm 이하
④ 슬래브 휨 주철근의 간격 : 슬래브 두께의 3배 이하 또한 400m 이하

04 철근콘크리트 기둥에서 띠철근(Hoop)을 넣는 가장 큰 이유는?
① 주근의 좌굴방지   ② 콘크리트의 부착력 증대
③ 압축강도 증가   ④ 수축변형 방지

05 철근콘크리트 기둥에서 띠철근의 구조적 역할에 관한 설명 중 가장 부적절한 것은?

① 수평력에 대한 전단보강의 작용을 한다.
② 건조수축에 의한 변형을 제한한다.
③ 주철근을 정해진 위치에 고정시킨다.
④ 주철근의 좌굴을 억제한다.

06 축방향력을 받는 350×450m인 기둥을 설계하고자 한다. 주근을 D16, 띠철근을 D10으로 사용하고자 할 때 띠철근의 간격은?(단, D16의 공칭지름 15.9mm, D10의 공칭지름 9.5mm)

① 256mm   ② 312mm   ③ 358mm   ④ 445mm

07 다음 그림과 같은 기둥에서 띠철근(hoop)의 최대 간격은? (단, 주근은 4-D25, 띠철근은 D10)

① 350mm
② 400mm
③ 480mm
④ 500mm

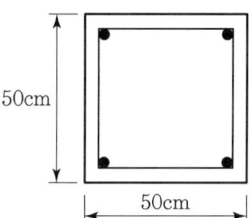

08 그림과 같은 철근콘크리트 기둥에서 띠철근의 수직간격으로 옳은 것은?

① 30cm 이하
② 32cm 이하
③ 46cm 이하
④ 48cm 이하

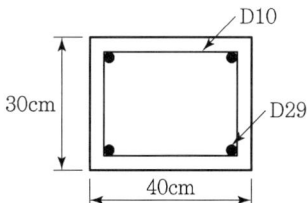

09 강도설계법에 의한 기둥의 설계에서 그림과 같은 띠철근 기둥의 최대 설계축하중 ϕP_n은?(단, $f_{ck}=24$MPa, $f_y=400$MPa, D22철근 1개의 단면적은 387mm², 강도감소계수 $\phi=0.65$)

① 2,500kN
② 3,000kN
③ 2,100kN
④ 4,000kN

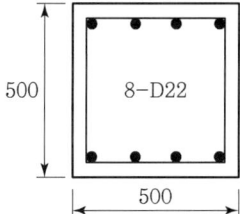

10 그림과 같은 띠철근 기둥의 최대 설계축하중은?(단, $f_{ck} = 21$MPa, $f_y = 400$MPa, 강도감소계수는 0.7)

① 2,590kN
② 3,612kN
③ 4,150kN
④ 4,500kN

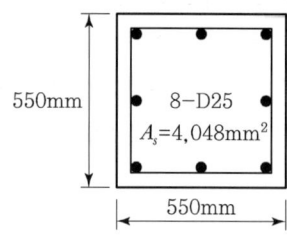

제9장 연습문제 해설

01 ① 띠철근 압축부재 단면의 최소치수는 200mm이다.

02 ③ 직사각형이나 원형 띠철근의 경우, 축방향 주철근의 최소 개수는 4개이고, 나선철근의 경우, 축방향 주철근의 최소 개수는 6개이다.

03 ① 기둥 주철근의 순간격 : ㉠, ㉡, ㉢ 중 최댓값
㉠ 40mm 이상
㉡ 주철근 공칭직경의 1.5배 이상
㉢ 굵은 골재 최대치수의 4/3배 이상

04 ① 기둥에서 띠철근의 역할
• 주철근의 좌굴방지
• 주철근의 위치 고정
• 수평력에 대한 전단보강
• 피복두께 유지

05 ② 04번 해설 참고

06 ① 띠철근의 수직 간격 : ㉠, ㉡, ㉢ 중 최솟값
㉠ 주철근 지름의 16배 이하 : 16×16mm=256mm
㉡ 띠철근 지름의 48배 이하 : 48×10mm=480mm
㉢ 기둥 단면의 최소치수 : 400mm

07 ② 띠철근의 최대 간격 : ㉠, ㉡, ㉢ 중 최솟값
㉠ 16×25mm=400mm
㉡ 48×10mm=480mm
㉢ 기둥 단면의 최소치수 : 500m

08 띠철근의 최대간격 : ㉠, ㉡, ㉢ 중 최솟값
① ㉠ $16 \times 2.9\text{cm} = 46.4\text{cm}$
㉡ $48 \times 1.0\text{cm} = 48\text{cm}$
㉢ 기둥단면의 최소치수 : 30cm

09 띠철근 기둥의 설계축하중 강도 :
③ $\phi P_n = \phi 0.80[0.85 f_{ck} \cdot (A_g - A_{st}) + f_y \cdot A_{st}]$
$= 0.65 \times 0.80 \times [0.85 \times 21 \times (400^2 - 3.096) + 400 \times 3.096]$
$= 2,100,350\text{N} = 2,100.35\text{kN}$

10 띠철근 기둥의 설계축하중강도
② $\phi P_n = \phi 0.80[0.85 k_{ck} \cdot (A_g - A_{st}) + f_y \cdot A_{st}]$
$= 0.65 \times 0.80 \times [0.80 \times 21 \times (550^2 - 4,048) + 400 \times 4,048]$
$= 3,612,215\text{N} = 3,612.22\text{kN}$

제10장 기초설계

10. 1 일반사항
10. 2 기초설계
10. 3 독립기초의 설계
10. 4 줄기초의 설계
10. 5 말뚝기초의 설계

REINFORCED CONCRETE

제10장
기초 설계

10. 1 일반사항

건축물의 상부로부터 전달되는 모든 하중을 지반에 안전하게 전달하기 위한 건축물의 하부 지중구조부분을 총칭하여 기초(Footing 또는 Foundation)라고 한다. 즉, 주각부분을 경계로 그 위를 상부구조, 그 밑을 기초구조라고 하며, 기초는 기초판과 지정으로 구분하며 기초판은 상부구조의 하중을 지반 또는 지정에 안전하게 전달하는 역할을 한다.

일반적으로 기초구조는 지정의 형식에 따라 기초슬래브의 하중을 직접 지반에 전달시키는 직접기초와 기초슬래브 밑의 지반이 연약한 경우에 말뚝이나 피어(Pier)에 의해 굳은 지반에 응력을 전달하는 말뚝기초로 분류하며, 또한 기초판의 모양에 따라 [그림 10. 1]과 같이 독립기초, 복합기초, 줄기초(연속기초), 연결기초, 온통기초 등으로 구분한다.

(1) 독립기초(확대기초)

하나의 기초판 위에 하나의 기둥이 놓인 기초로서 기초판의 응력이 지반의 허용 지내력 이하의 상태가 되도록 기초를 설계한다.

(2) 복합기초

하나의 기초판 위에 두 개 이상의 기둥이 놓이는 기초로 기둥과 기둥 사이의 거리가 가깝거나 지내력이 작아서 독립기초로 하기가 곤란한 경우에 사용되는 기초이다.

(3) 연결기초

대지 경계선에서 기초판이 편심으로 설치되거나 인접기둥에 연결보를 설치하여 편심으로 놓이는 기초의 편심모멘트를 연결보에 의해 부담시키는 기초이다.

(4) 줄기초(연속기초)

내력벽이나 조적조 벽체를 지지하는 기초이며, 기둥 사이의 거리가 가까운 여러 개의 기둥을 하나의 줄기초로 설계하는 경우도 있다.

(5) 온통기초(전면기초)

하나의 기초판 위에 건물 전체의 기둥을 지지하는 기초를 말하며, 독립기초를 적용할 경우 기초의 전면적이 전체 바닥면적의 1/2 이상이 되거나, 토질 조건상 말뚝기초를 사용하기가 적합하지 않은 경우에 사용된다.

(6) 말뚝기초

상부의 하중을 직접지반에 지지시키지 못할 경우 말뚝에 의하여 굳은 지반에 지지되는 기초로서 말뚝의 반력에 의한 전단력과 모멘트를 지지하도록 해야 한다.

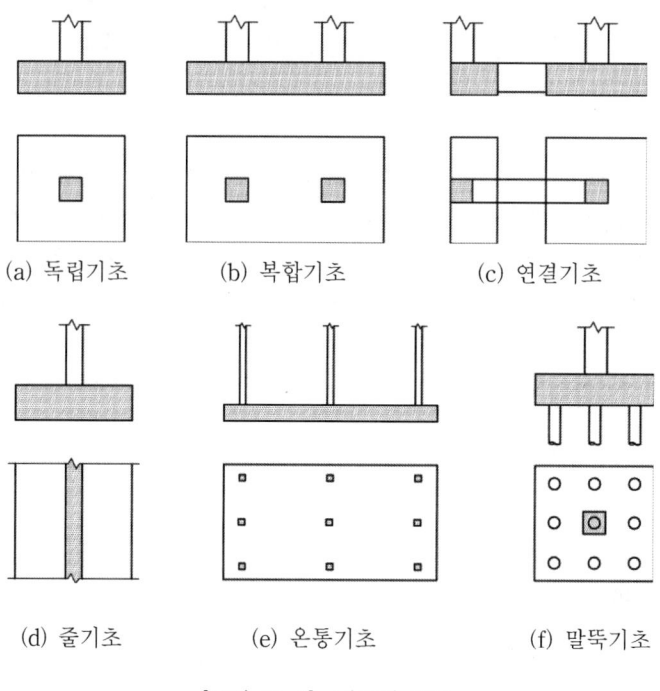

[그림 10. 1] 기초의 종류

10. 2 기초 설계

(1) 기초에 작용하는 지반반력

기초판의 저면에 작용하는 지반반력 분포의 형태는 토질과 기초판의 형태 및 크기에 따라 다르다. [그림 10. 2]와 같이 토질이 점토질이면 그림 (a)와 같이 기초슬래브 주변에서 최대가 되고 중앙에서 최소로 되지만, 토질이 모래질이면 그림 (b)와 같이 점토질일 때와는 반대의 양상을 나타낸다. 그러나 실제 설계시에는 실제 상황보다는 안전측으로 생각하여 지반반력을 그림 (c)와 같이 등분포로 분포하는 것으로 가정하여 설계한다.

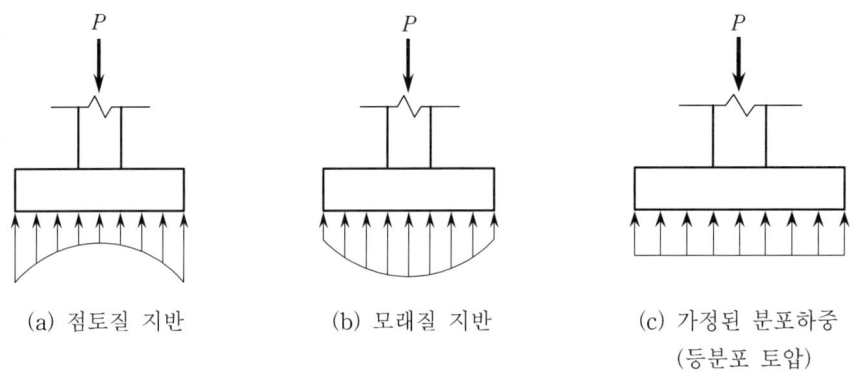

(a) 점토질 지반   (b) 모래질 지반   (c) 가정된 분포하중 (등분포 토압)

[그림 10. 2] 지반반력의 응력분포 형태

(2) 허용지내력

지반이 지지할 수 있는 힘의 크기를 지내력이라 하며, 이 지내력에 안전율을 적용한 것을 허용지내력이라 한다. 이 허용지내력(q_a)은 지반의 침하를 허용한 계 이내로 하기 위하여 다음 식을 사용한다.

$$q_a = \frac{q_{ult}}{FS} \quad \cdots\cdots\cdots\cdots\cdots\cdots\cdots\cdots\cdots\cdots\cdots\cdots\cdots\cdots\cdots\cdots\cdots\cdots\cdots\cdots\cdots (10.\ 1)$$

여기서, q_{ult}는 기초에서 지압파괴가 일어날 때의 지반반력으로 극한지내력이라 하며, FS는 안전율로서 3의 값을 갖는다.

허용지내력은 토질역학의 원리와 평판재하시험, 표준관입시험 등의 결과로부터 얻어지며, 기초의 모양, 두께, 상부하중의 크기, 지하수의 위치 및 토질의 종류에 영향을 받는다. 허용지내력은 지반조사 및 재하시험에 따라 정하는 경우 이외에는 [표 10. 1]에 따른다.

[표 10. 1] 허용지내력

지반의 종류		허용응력(kN/m²)
경 암 반	화강암, 석록암, 편마암, 안산암 등의 화성암 및 굳은 역암 등의 암반	4,000
연 암 반	편암 등 수성암의 암반	2,000
	혈암, 토단암 등의 암반	1,000
자 갈	밀실한 것	600
	밀실치 않은 것	300
자갈 모래 반 섞 이	밀실한 것	500
	밀실치 않은 것	200
모 래	굳은 알, 밀실한 것	400
	굳은 알, 밀실치 않은 것	100
모래섞인 진흙·롬	굳고 밀실한 것	300
	무르고 밀실치 않은 것	150
진 흙	굳은 것	250
	연한 것	100

(3) 기초판의 크기

기초판의 크기는 지반의 허용지내력(q_a)과 상부하중의 크기에 따라 결정된다. 즉, 기초에서 지반으로 전달되는 단위면적당 하중의 크기가 허용지내력 이하가 되도록 기초판의 형태와 크기를 결정하여야 하며, 이때의 작용하중은 하중계수를 곱하지 않은 사용하중을 적용한다. 하중계수를 곱하지 않는 이유는 지반의 허용지내력에는 이미 소정의 안전율이 고려되어 있기 때문이다. 따라서 기초설계에서 기초판의 크기를 정할 때에는 허용응력도 설계법에 의한다.

기초판에는 상부구조물의 고정하중(D), 활하중(L), 풍하중(W), 지진하중(E), 기초자중(D_f), 기초 위에 채워지는 상재하중(D_s) 등이 작용하며, 이들 하중에 의한 지반반력은 허용지내력 이하가 되도록 한다.

중심축하중을 받는 기초판의 크기는 식 (10. 2)의 값으로 정한다.

$$A = \frac{(D+D_f+D_s)+L}{q_a} \quad \cdots\cdots\cdots\cdots (10.\ 2)$$

그러나 기초판의 크기를 산정할 때 기초자중 (D_f)과 기초 위에 채워지는 상재하중 (D_s)은 허용지내력의 기둥하중 지지능력을 감소시키기 때문에 유효허용지내력 (q_e)은 다음 식으로 계산된다.

$$q_e = q_a - \frac{(D_f + D_s)}{A} \quad \cdots\cdots\cdots\cdots (10.\ 3)$$

따라서, 식 (10.2)에서 기초판의 크기 (A)는 다음과 같다.

$$A = \frac{D+L}{q_e} \quad \cdots\cdots\cdots\cdots (10.\ 4)$$

(4) 기초판의 두께

기초판에 지지되는 하중이 허용지내력 이하가 되도록 기초의 면적을 구한 다음, 기초판의 두께와 기초판에 필요한 철근량을 계산하며, 이때 적용하는 모든 하중은 계수하중을 사용해야 한다.

기초판의 두께는 일반적으로 지반반력과 기초판에 작용하는 전단내력에 의하여 결정되며, 이때 기초설계용 지반반력 (q_u)은 다음과 같다.

$$q_u = \frac{1.2D + 1.6L}{A} \quad \cdots\cdots\cdots\cdots (10.\ 5)$$

예제 10.1 단면이 400mm×400mm인 기둥에 고정하중 1,000kN과 활하중 800kN가 작용할 때 기초판의 크기를 구하여라.(단, 허용지내력은 300kN/m², 기초 상부의 흙이나 자중은 무시한다.)

【풀이】 $A = \dfrac{D+L}{q_a} = \dfrac{1,000+800}{300} = 6\,\text{m}^2$

$l = \sqrt{A} = \sqrt{6.0} = 2.45\,\text{m}$

$\therefore\ l \times l = 2.5\,\text{m} \times 2.5\,\text{m}\,(A = 6.25\,\text{m}^2)$

예제 10.2 그림과 같은 독립기초에서 기둥단면이 400mm×400mm일 때 기초판의 크기를 구하라. (단, 고정하중 : 1,200kN, 활하중 : 1,000kN, 표면재하 : 7kN/m², 흙과 콘크리트의 평균 중량 : 22kN/m³, 허용지내력(q_a) : 300kN/m²이다.)

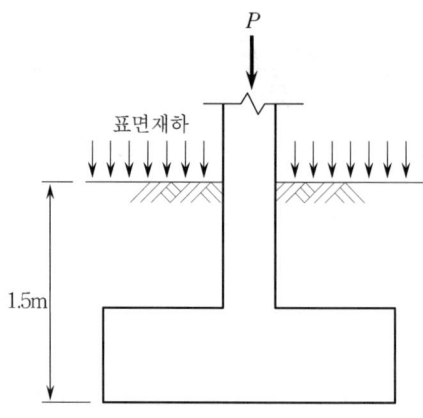

【풀이】 유효 허용지내력 (q_e)

$q_e = q_a -$ (흙과 콘크리트 무게 + 표면재하)
$= 300 - (22 \times 1.5 + 7) = 260 \, \text{kN/m}^2$

$A = \dfrac{D+L}{q_e} = \dfrac{1,200+1,000}{260} = 8.46 \, \text{m}^2$

$l = \sqrt{A} = \sqrt{8.46} = 2.91 \, \text{m}$

∴ $l \times l = 3\,\text{m} \times 3\,\text{m} \, (A = 9\,\text{m}^2)$

10. 3 독립기초의 설계

단일기둥을 지지하는 독립기초의 기초판은 보통 직사각형이나 정사각형으로 설계하며, 기초 저면에 일어나는 지반반력이 지반의 허용지내력보다 적어야 한다. 또한 기초판의 크기와 두께를 결정하는데 있어서 전단, 휨, 기둥이 닿는 면의 지압에 대해서 충분히 검토되어야 한다.

기초판의 최소두께에서 하단철근 위에 있는 기초두께는 흙에 놓이는 기초의 경우 150mm 이상, 말뚝기초의 경우 300mm 이상으로 하고, 피복두께는 70mm 이상으로 한다.

(1) 기초판의 휨모멘트 계산

독립기초에서 기초판은 [그림 10. 3]과 같이 기둥에서 내려오는 하중으로 인하여 상향(上向)의 반력으로 휨모멘트가 발생된다. 즉, 기초판을 캔틸레버 보로 생각하면 기둥면($A-A'$)이 지지단이 되어 기둥면에서 최대 모멘트가 생기게 되므로 위험단면은 기둥면이 된다. 이때 각각의 기둥면에 작용하는 휨모멘트는 다음 식과 같다.

$$A-A면 : M_u = \left[q_u \times \left\{ l_2 \times \frac{1}{2}(l_1 - c_1) \right\} \right] \times \frac{\frac{1}{2}(l_1 - c_1)}{2}$$

$$= \frac{q_u l_2}{2} \left(\frac{l_1 - c_1}{2} \right)^2 \quad \cdots\cdots\cdots (10.\ 6a)$$

$$B-B면 : M_u = \left[q_u \times \left\{ l_1 \times \frac{1}{2}(l_2 - c_2) \right\} \right] \times \frac{\frac{1}{2}(l_2 - c_2)}{2}$$

$$= \frac{q_u l_1}{2} \left(\frac{l_2 - c_2}{2} \right)^2 \quad \cdots\cdots\cdots (10.\ 6b)$$

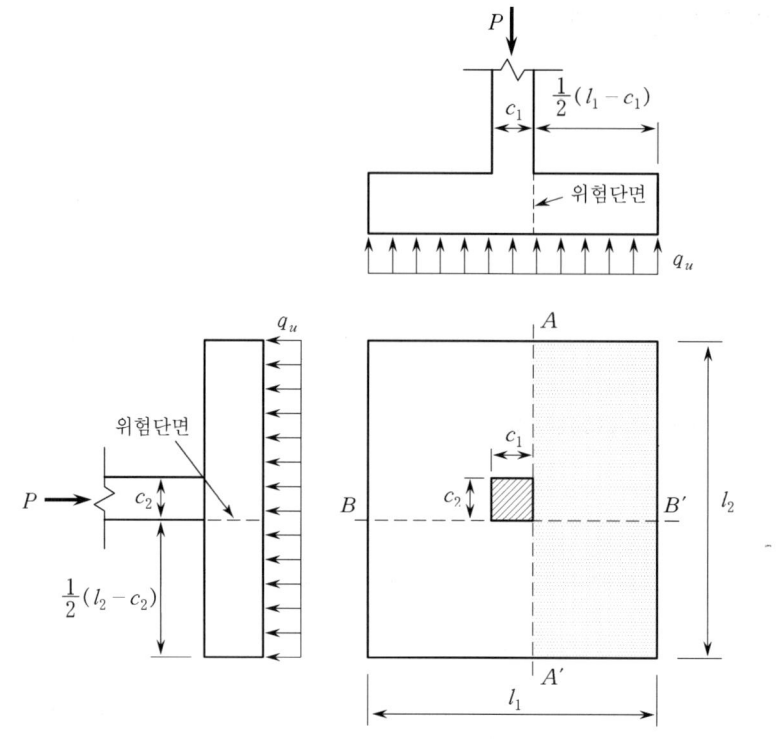

[그림 10. 3] 기초판의 휨모멘트

여기에서, 기초판의 최대 휨모멘트를 계산할 때의 위험단면은 다음과 같이 규정한다.([그림 10. 4] 참조)

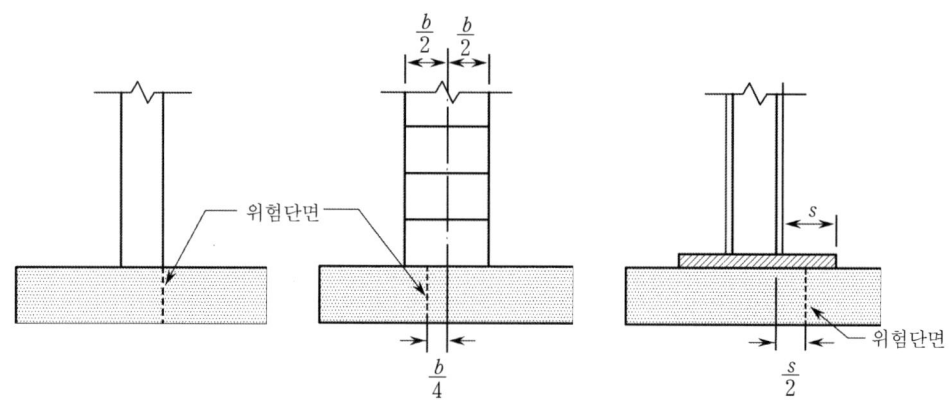

(a) 콘크리트 기둥, 받침대 또는 벽   (b) 조적벽   (c) 베이스 플레이트를 갖는 기둥

[그림 10. 4] 최대 휨모멘트를 계산하기 위한 위험단면

① 콘크리트 기둥, 받침대 또는 벽체를 지지하는 기초판은 기둥 및 받침대 또는 벽체면
② 조적조 벽체를 지지하는 기초에서는 벽체 중심과 벽체면과의 중간
③ 강재 베이스 플레이트를 갖는 기둥을 지지하는 기초에서는 기둥면과 강재 베이스 플레이트 단부와의 중간

(2) 휨철근 계산

① 소요철근

기초판에 작용하는 휨모멘트에 의한 휨철근은 다음과 같이 단근보의 설계방식에 따른다.

$$R_n = \frac{M_u}{\phi b d^2}$$

$\phi = 0.85$ (건물의 경우)

$$\rho = \frac{0.85 f_{ck}}{f_y} \left(1 - \sqrt{1 - \frac{2R_n}{0.85 f_{ck}}} \right)$$

② 최소 휨 철근량

기초판에 대한 최소 휨 철근량 중 경간방향으로 보강되는 인장철근의 최소 단면적은 온도, 수축철근의 규정값을 적용하며, 1방향으로 배근되는 기초판에 대해서는 보다 안전한 설계를 위하여 일반 휨재에 적용하는 기준을 추가로 적용한다.

㈎ 수축, 온도 철근 (f_y가 400MPa 이하인 이형철근)

$\rho_{\min} = 0.002$ (전체 단면적에 대하여)

㈏ 최소 철근량

$$A_{s,\min} = \frac{1.4}{f_y} b_w d$$

단, 해석결과 철근량의 4/3 이상을 배근할 경우에는 적용하지 않을 수 있다.

③ 최대 휨 철근량

휨재에 대해 최대 휨 철근량은 단근보의 계산식을 사용한다. 즉,

$\rho_{\max} = 0.75 \rho_b$

$$\rho_b = 0.85 \beta_1 \frac{f_{ck}}{f_y} \times \frac{600}{600 + f_y}$$

(3) 기초판의 철근 배근

계산된 철근량은 적당한 크기의 철근으로 환산한 후, 1방향 기초판에 대한 배근과 2방향 기초판의 장변방향의 철근은 균등하게 배근한다. 그러나 단변방향의 배근은 중앙부에 더 많은 철근을 배근한다. 이는 모멘트가 기둥면에서 급격히 증가하였다가 기둥면에서 거리가 멀어짐에 따라 감소하기 때문이다. 따라서 [그림 10. 5]와 같이 장변을 3구간으로 나누어 중앙부 l_1 구간에는 식 (10. 7)에 따라 배근하고 이외의 구간에는 나머지 철근을 균등하게 배근한다.

$$\frac{\text{중앙부에 배근되는 철근량}}{\text{단변방향의 전체 철근량}} = \frac{2}{(\beta+1)} \quad \cdots\cdots\cdots\cdots\cdots\cdots (10.\ 7)$$

여기서, β : 기초판 단변에 대한 장변의 비

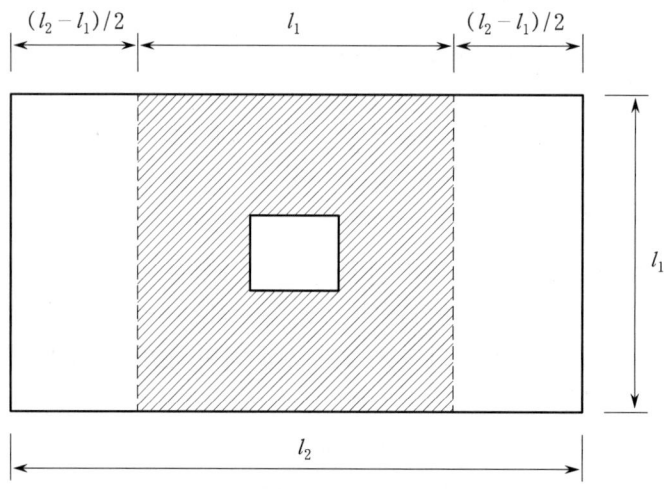

[그림 10. 5] 직사각형 기초판(단변방향에 집중된 철근 위치)

예제 10.3 그림과 같이 기둥단면이 500mm×500mm인 독립기초에 하중 P가 작용하여 지반반력 $q_u = 200\text{kN/m}^2$일 때 위험단면에서 휨모멘트(M_u)를 구하라.

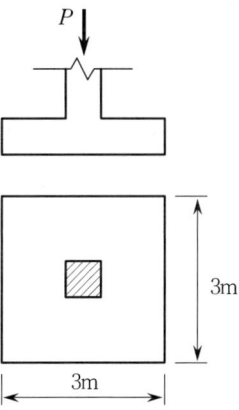

【풀이】 $V_u = q_u \times A = q_u \times (l \times h) = 200 \times \left\{ 3 \times \dfrac{(3-0.5)}{2} \right\} = 750\,\text{kN}$

$\therefore\ M_u = V_u \times \dfrac{h}{2} = 750 \times \dfrac{1.25}{2} = 468.75\,\text{kN}\cdot\text{m}$

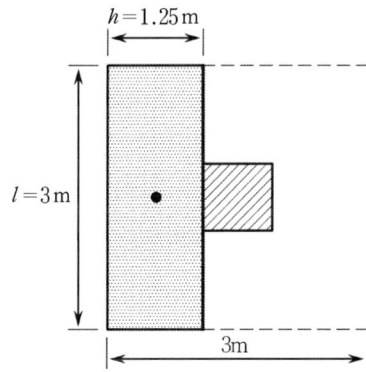

(4) 기초판의 전단강도

기초의 전단강도는 [그림 10. 6]과 같이 지반반력에 의해 생기는 1방향 전단과 2방향 전단(뚫림전단) 중 불리한 것에 의해 결정한다.

① 1방향 전단에 대한 검토는 일반보에서의 전단검토와 동일하게 취급한다. 이 때의 위험단면은 그림 (a)와 같이 기둥면에서 기초 유효두께 d 만큼 떨어진 위치에서 발생하며, 위험단면의 폭은 검토하고자 하는 부재의 전체폭으로 한다. 기초판에서는 일반적으로 전단철근 보강을 하지 않아 콘크리트에 의해서만 전단강도가 결정되므로 다음 식을 만족해야 한다.

$$V_u \leq \phi V_c, \quad (\phi = 0.75) \quad \cdots\cdots\cdots\cdots\cdots\cdots (10.8)$$

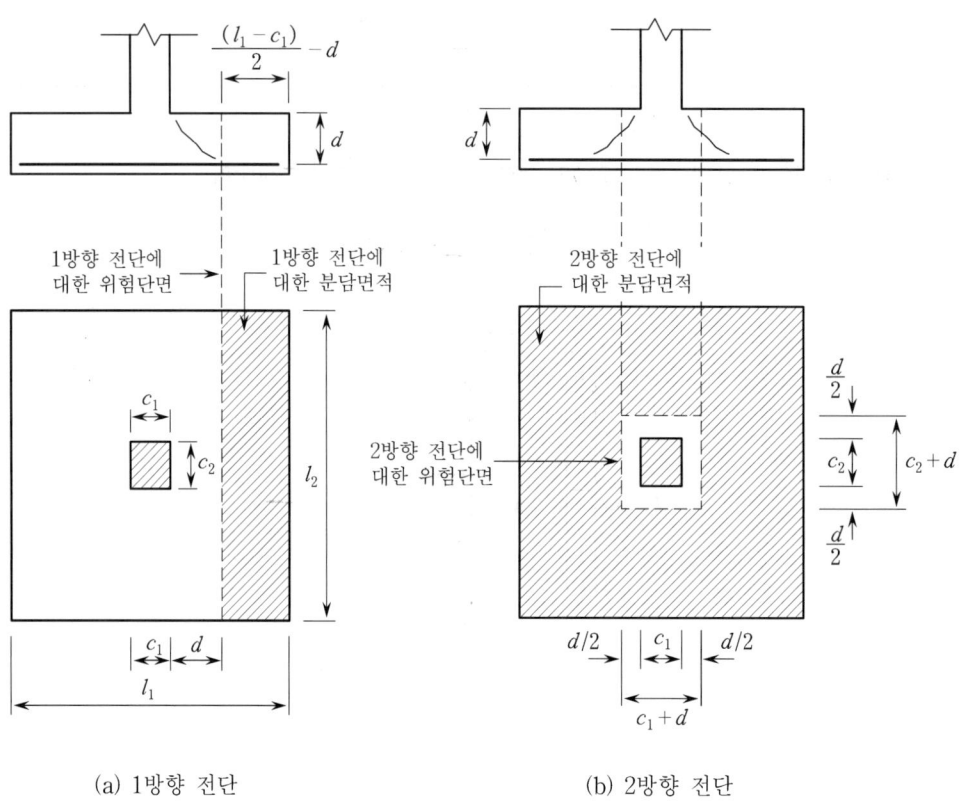

(a) 1방향 전단   (b) 2방향 전단

[그림 10. 6] 기초판의 전단에 의한 위험단면과 분담면적

$$V_c = \frac{1}{6} \lambda \sqrt{f_{ck}} b_w \cdot d \quad \cdots\cdots (10.\ 9)$$

이때 계수전단력 V_u는 다음과 같다.

$$V_u = [그림\ 10.\ 6\ (a)]의\ 분담면적 \times q_u \quad \cdots\cdots (10.\ 10)$$

여기서, q_u : 기초지반의 지반반력

② 2방향 전단에 대한 검토는 그림 (b)에서 2방향 전단에 대한 위험단면, 즉 기둥 주변으로부터 $d/2$ 위치에서 위험단면 둘레길이(b_o)가 최소가 되는 단면에 대하여 식 (10. 8)을 만족해야 한다. 여기서 V_c는 다음 식 중 가장 작은 값으로 한다.

$$V_c = \frac{1}{6} \lambda \left(1 + \frac{2}{\beta_c}\right) \sqrt{f_{ck}} \cdot b_o \cdot d \quad \cdots\cdots (10.\ 11\text{a})$$

$$V_c = \frac{1}{6} \lambda \left(1 + \frac{a_s \cdot d}{2 b_o}\right) \sqrt{f_{ck}} \cdot b_o \cdot d \quad \cdots\cdots (10.\ 11\text{b})$$

$$V_c = \frac{1}{3} \lambda \sqrt{f_{ck}} \cdot b_o \cdot d \quad \cdots\cdots (10.\ 11\text{c})$$

여기서, β_c : 기둥의 장변길이/단변길이
b_o : 위험단면의 둘레길이, $2(c_1+d)+2(c_2+d)$
a_s : 40(내부기둥), 30(외부기둥), 20(모서리기둥)

이때 계수전단력 V_u는 다음과 같다.

$$V_u = [그림\ 10.\ 6\ (b)]의\ 분담면적 \times q_u \quad \cdots\cdots (10.\ 12)$$

예제 10. 4 그림과 같은 독립기초에 전단력 $V = 1{,}200\text{kN}$가 작용할 때 위험단면에서의 2방향 전단응력을 구하라.(단, 기초판의 유효깊이 $d = 500\text{mm}$이다.)

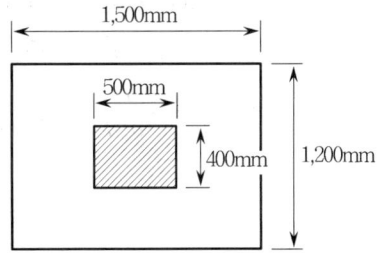

【풀이】 위험단면은 기둥단면에서 $\dfrac{d}{2}$ 만큼 떨어진 위치에서 발생하므로

위험단면의 둘레길이

$$b_o = 2x + 2y = 2 \times \left(500 + 2\dfrac{d}{2}\right) + 2 \times \left(400 + 2\dfrac{d}{2}\right)$$

$$= 2 \times (500+500) + 2 \times (400+500) = 3,800 \, \text{mm}$$

$$\therefore v = \dfrac{V}{b_o d} = \dfrac{1,200 \times 10^3}{3,800 \times 500} = 0.63 \, \text{MPa}$$

예제 10.5 그림과 같은 독립기초($d=500$mm)에서 축하중에 $P=2,000$kN가 작용할 때 위험단면에서의 2방향 전단응력을 구하라.

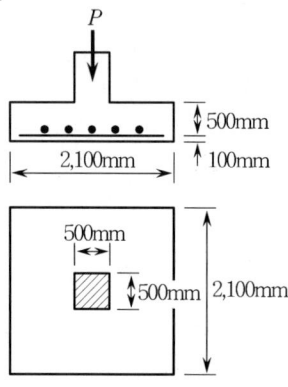

【풀이】 위험단면은 기둥전면에서 $\dfrac{d}{2}$ 만큼 떨어진 위치에서 발생하므로

$$q_u = \dfrac{P}{A} = \dfrac{2,000 \times 10^3}{2,100 \times 2,100} = 0.45 \, \text{MPa}$$

$$b_o = 2x + 2y = 2 \times \left(500 + 2\dfrac{d}{2}\right) + 2 \times \left(500 + 2\dfrac{d}{2}\right)$$

$$= (2 \times 1,000) + (2 \times 1,000) = 4,000 \, \text{mm}$$

- 위험단면의 단면적:
  $$A' = A - (x \times y) = (2,100 \times 2,100) - (1,000 \times 1,000) = 3.41 \times 10^6 \, \text{mm}^2$$
- 위험단면의 전단력: $V = q_u \times A' = 0.45 \times 3.41 \times 10^6 = 1,534.50$ kN
- 위험단면의 전단응력: $v = \dfrac{V}{b_o d} = \dfrac{1,534.5 \times 10^3}{4,000 \times 500} = 0.77$ MPa

예제 10.6 단면 500mm×500mm인 내부기둥에 고정하중 2,000kN, 활하중 1,000kN가 작용할 때 독립기초를 설계하라.(단, $f_{ck}=24$MPa, $f_y=400$MPa, 허용지내력 $q_a=400$kN/m², 기초의 무게와 기초 위의 상재하중은 전체 하중의 10%로 한다.)

【풀이】 (1) 기초판의 면적

$$A = \frac{D+L+(D_f+D_s)}{q_a} = \frac{2,000+1,000+(3,000\times0.1)}{400} = 8.25\,\text{m}^2$$

$$l = \sqrt{A} = \sqrt{8.25} = 2.87\,\text{m} \rightarrow 3\text{m}\times3\text{m}(A=9\,\text{m}^2)$$

(2) 설계용 하중과 지반반력

$$P_u = 1.2P_D + 1.6P_L = (1.2\times2,000)+(1.6\times1,000) = 4,000\,\text{kN}$$

설계용 지반반력 : $q_u = \dfrac{P_u}{A} = \dfrac{4,000}{3\times3} = 444.4\,\text{kN/m}^2$

(3) 전단 검토

기초의 두께를 800mm로 가정하면

$d = 800 - 70(\text{피복두께}) - 30(\text{철근지름}) = 700\,\text{mm}$

① 1방향 전단

$V_u = 444.4\times(3\times0.55) = 733.26\,\text{kN}$(보조그림 (a) 참조)

- $\phi V_c = \phi\left[\left(\dfrac{1}{6}\lambda\sqrt{f_{ck}}\right)b_w d\right]$

$\qquad = 0.75\times\left[\left(\dfrac{1}{6}\times1.0\times\sqrt{24}\right)\times3,000\times700\right] = 1,286\,\text{kN}$

∴ $V_u[=733.26\,\text{kN}] < \phi V_c[=1,286\,\text{kN}]$, OK

② 2방향 전단

$b_o = 4\times(500+700) = 4,800\,\text{mm}$

- $V_u = 444.4\times[(3\times3)-1.2\times1.2] = 3,359.66\,\text{kN}$(보조그림 (b) 참조)

- $\beta_c = \dfrac{\text{기둥의 긴 변}}{\text{기둥의 짧은 변}} = \dfrac{500}{500} = 1$

- $\alpha_s = 40$(내부기둥)

- 콘크리트의 2방향 전단강도 (V_c)

$$V_c = \dfrac{1}{6}\lambda\left(1+\dfrac{2}{\beta_c}\right)\sqrt{f_{ck}}\,b_o d$$

$\qquad = \dfrac{1}{6}\times1.0\times\left(1+\dfrac{2}{1}\right)\times\sqrt{24}\times4,800\times700 = 8,230.29\,\text{kN}$

$$V_c = \dfrac{1}{6}\lambda\left(\dfrac{\alpha_s d}{2b_o}+1\right)\sqrt{f_{ck}}\,b_o d$$

$\qquad = \dfrac{1}{6}\times1.0\times\left(\dfrac{40\times700}{2\times4,800}+1\right)\times\sqrt{24}\times4,800\times700 = 10,745.10\,\text{kN}$

$$V_c = \frac{1}{3}\lambda\sqrt{f_{ck}}\,b_o d = \frac{1}{3} \times 1.0 \times \sqrt{24} \times 4,800 \times 700 = 5,486.86\,\text{kN}$$

$$\therefore\ V_u[-3,359.66\,\text{kN}] < \phi V_c[=0.75 \times 5,486.86 = 4,115.15,\ \text{O.K}$$

(4) 휨모멘트에 의한 철근의 산정

- 위험단면에서의 M_u

- $M_u = \dfrac{q_u l_2}{2}\left(\dfrac{l_1 - c_1}{2}\right)^2 = \dfrac{444.4 \times 3}{2} \times \left(\dfrac{3-0.5}{2}\right)^2 = 1,041.56\,\text{kN}\cdot\text{m}$

- $R_n = \dfrac{M_u}{\phi b d^2} = \dfrac{1,041.56 \times 10^6}{0.85 \times 3,000 \times 700^2} = 0.83\,\text{MPa}$

$\rho = 0.85 \dfrac{f_{ck}}{f_y}\left[1 - \sqrt{1 - \dfrac{2R_n}{0.85 f_{ck}}}\right]$

$\quad = 0.85 \times \dfrac{24}{400} \times \left[1 - \sqrt{1 - \dfrac{2 \times 0.83}{0.85 \times 24}}\right] = 0.0021$

$A_s = \rho \cdot bd = 0.0021 \times (3,000 \times 700) = 4,410\,\text{mm}^2$

- 최소 철근비에 의한 철근량

$A_{s,\,\min} = \dfrac{1.4}{f_y} \cdot b_w d = \dfrac{1.4}{400} \times (3,000 \times 700) = 7,350\,\text{mm}^2$

$\therefore A_s = 7,350\,\text{mm}^2$ (최소 철근량으로 결정)

- $n = \dfrac{A_s}{a_1} = \dfrac{7,350}{506.7} = 14.5 \to 15(\text{개})$

$\therefore$ 15-D25의 철근을 보조그림 (c)와 같이 양방향으로 균등하게 배근

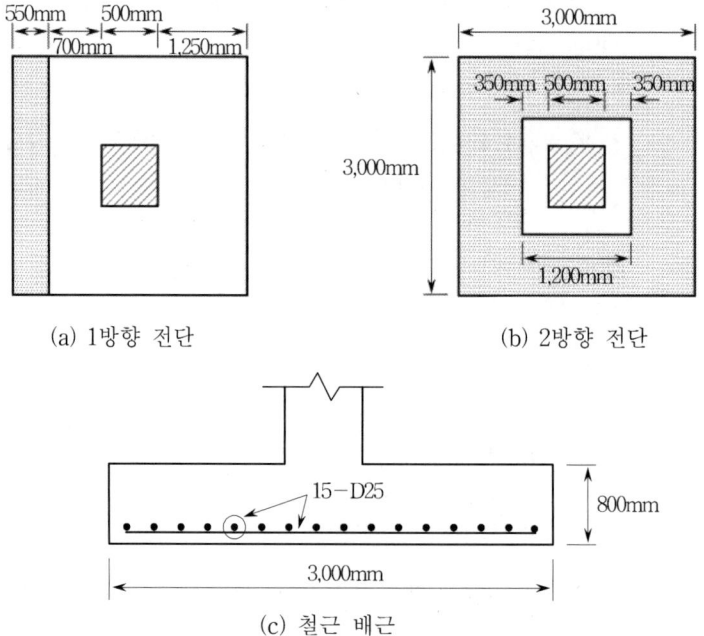

(a) 1방향 전단 (b) 2방향 전단

(c) 철근 배근

10. 4 줄기초의 설계

줄기초는 내력벽이나 조적벽 밑면에 설치되어 벽체로부터 전달되는 축하중이나 모멘트를 벽체 밑의 슬래브 판의 캔틸레버 작용으로 지반에 전달하는 역할을 한다. 줄기초에서의 휨모멘트 위험단면과 1방향 전단의 위험단면은 독립기초에서와 같은 방법으로 구한다. 줄기초에서는 2방향 전단을 검토할 필요가 없으므로 기초의 두께는 1방향 전단에 의하여 결정된다.

줄기초의 설계방법은 [그림 10. 7]과 같이 단위 벽체길이 1m를 적용하여 독립기초와 같은 방법으로 기초의 폭과 설계용 지반반력을 계산한다.

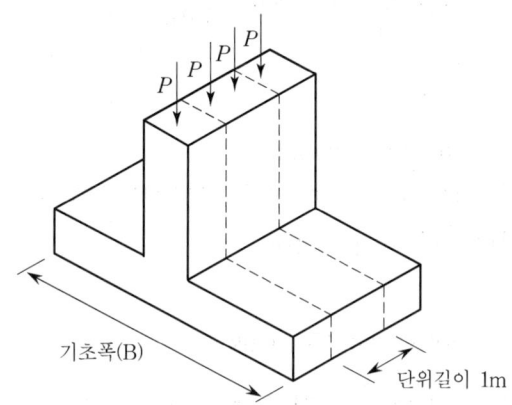

[그림 10. 7] 줄기초의 설계

예제 10. 7 기초의 지반에 400kN/m(자중 포함)의 연직하중이 작용할 때 줄기초의 최소폭을 구하라.(단, 허용지내력 $q_a = 200\text{kN/m}^2$이다.)

【풀이】 $\dfrac{P}{A} = q_a$ 에서,

$\dfrac{400}{B \times 1} = 200$ ∴ $B = 2\text{m}$

예제 10. 8 줄기초에 대하여 $w_D = 400\text{kN/m}$, $w_L = 300\text{kN/m}$가 작용할 때 두께 200mm인 내력벽의 기초를 설계하라.(단, $f_{ck} = 24\text{MPa}$, $f_y = 400\text{MPa}$, 허용지내력 $q_a = 500\text{kN/m}^2$, 기초는 지표면에서 −1.0m에 있으며 흙의 무게는 18kN/m³이며, 기초의 자중은 24kN/m³)

【풀이】 (1) 기초 크기

기초의 두께를 500mm로 가정하면,

- 기초자중+흙의 무게 $= 24 \times 0.5 + 18 \times 1.0 = 30 \, \text{kN/m}^2$
- 유효허용지내력

$$q_e = q_a - \text{기초자중과 흙의 무게} = 500 - 30 = 470 \, \text{kN/m}^2$$

- 벽기초의 단위 길이 1m에 대한 기초폭

$$B = \frac{P_D + P_L}{q_e} = \frac{400 + 300}{470} = 1.49 \, \text{m}$$

$$\therefore B = 1.5 \, \text{m}$$

- 설계용 지반반력

$$q_u = \frac{1.2 \times 400 + 1.6 \times 300}{1.5 \times 1} = 640 \, \text{kN/m}^2$$

(2) 1방향 전단검토

- 기초판의 유효 깊이

$$d = 500 - 100 = 400 \, \text{mm}$$

- 벽면에서 $d = 400 \text{mm}$ 떨어진 위험단면으로부터 기초 끝단까지의 길이

$$\frac{1.5 - 0.2}{2} - 0.4 = 0.25 \, \text{m}$$

- 전단 검토

$$V_u = 640 \times 1.0 \times 0.25 = 160 \, \text{kN}$$

$$\phi V_c = 0.75 \times \frac{1}{6} \times \sqrt{24} \times 1{,}000 \times 400 = 245 \, \text{kN} > 160, \quad \text{O.K}$$

(3) 휨모멘트 산정 및 설계

- 위험단면의 휨모멘트

$$M_u = \frac{640 \times 1.0}{2} \times \left(\frac{1.5 - 0.2}{2}\right)^2 = 135.2 \, \text{kN} \cdot \text{m}$$

- 소요 철근량

$$R_n = \frac{M_u}{\phi b d^2} = \frac{135.2 \times 10^6}{0.85 \times 1{,}000 \times 400^2} = 0.99 \, \text{MPa}$$

$$\rho = 0.85 \frac{f_{ck}}{f_y}\left[1 - \sqrt{1 - \frac{2R_n}{0.85 f_{ck}}}\right]$$

$$= 0.85 \times \frac{24}{400}\left[1 - \sqrt{1 - \frac{2 \times 0.99}{0.85 \times 24}}\right] = 0.0025$$

$$A_s = \rho b d = 0.0025 \times 1{,}000 \times 400 = 1{,}000 \, \text{mm}^2$$

- 최소 철근량 검토

$$A_{s,\min} = \frac{1.4}{400} \times 1{,}000 \times 400 = 1{,}400 \, \text{mm}^2$$

혹은 $A_{s,\min} = \frac{0.25\sqrt{24}}{400} \times 1{,}000 \times 400 = 1{,}224.75 \, \text{mm}^2$ 중 큰 값

$$\therefore A_s = 1,400 \text{ mm}^2, \quad s = \frac{1,000 a_1}{A_s} = \frac{1,000 \times 286.5}{1,400} = 204.64 \text{ mm}, \quad \text{D19@200}$$
으로 배근

- 종방향의 철근은 온도·수축 철근에 의하여 결정
  $$A_s = 0.002 \times 1,500 \times 500 = 1,500 \text{ mm}^2$$
- 철근간격
  $$s = \frac{1,500 \times a_1}{A_s} = \frac{1,500 \times 286.5}{1,500} = 286.5 \text{ mm}$$
  슬래브 두께의 5배=2,500mm 혹은 400mm 중 작은 값
  $\therefore$ 6-D19@250으로 배근

(4) 철근배근

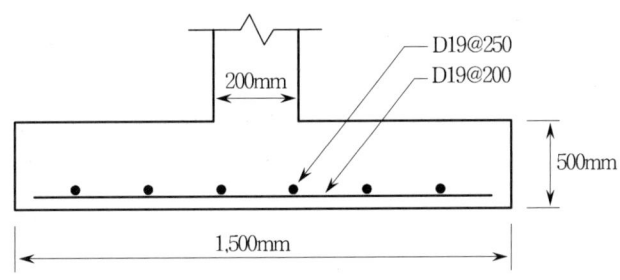

10. 5 말뚝기초의 설계

지반이 연약하여 직접기초로 하기에는 적합하지 않으나, 좀 더 깊은 층에 단단한 층이 있을 경우에 말뚝을 사용함으로써 기둥의 하중을 안전하게 전달시킬 수 있다. 말뚝기초에서는 기둥으로부터 전달되는 하중과 기초 및 그 위에 채워지는 하중을 말뚝의 지지력으로 지탱하도록 해야 한다.

말뚝의 소요개수 (n)는 다음 값으로 하며 기초의 안전상 최소 3개 이상으로 한다.

$$n = \frac{(D + D_f + D_s) + L}{R_a} \quad \cdots\cdots\cdots\cdots\cdots\cdots\cdots\cdots\cdots\cdots\cdots\cdots (10.\ 13)$$

여기서, D, D_f, D_s는 각각 상부하중, 기초자중, 기초 위에 채워지는 흙의 무게, R_a는 말뚝의 허용지지력이다. 말뚝의 수가 정해지면 말뚝의 배치를 고려하여 말뚝간 격은 휨모멘트와 전단력이 최소가 되도록 정한다.

일반적으로 말뚝의 최소 중심 간격은 다음과 같다.
① 기성 콘크리트 말뚝 : 말뚝머리 지름(d_p)의 2.5배 이상 또는 750mm 이상
② 제자리 콘크리트 말뚝 : 말뚝머리 지름의 2.5배 이상 또는 900mm 이상
③ 강재말뚝 : 말뚝머리 지름 및 폭의 2.5배 이상 또는 900mm 이상

기초의 단부에서 주변 말뚝의 중심까지 거리는 상기 간격의 1/2 이상으로 한다.

말뚝기초의 설계방법은 독립기초와 같은 방법으로 1방향 전단, 2방향 전단 및 휨모멘트에 대한 검토가 이루어져야 한다. 이때 설계용 말뚝의 반력은 기둥으로부터 전달되는 사용하중에 하중계수를 곱한 값들을 말뚝으로 나누어 다음과 같이 계산한다.

$$R_u = \frac{1.2D + 1.6L}{n} \quad \cdots\cdots\cdots\cdots\cdots\cdots\cdots\cdots\cdots\cdots (10.\ 14)$$

말뚝기초의 전단력은 [그림 10. 8]의 독립기초와 같이 1방향 전단에는 기둥면에서 d되는 위치, 2방향 전단(뚫림전단)에는 기둥면에서 $d/2$되는 위치에서 뚫림전단강도가 검토되어야 하며, 휨모멘트는 기둥면에서의 값으로 계산한다. 또한 개개의 말뚝 주변에도 뚫림전단이 발생될 수 있으므로 말뚝 외주면에서 $d/2$되는 위험단면에서 뚫림전단에 대하여 검토하여야 한다.

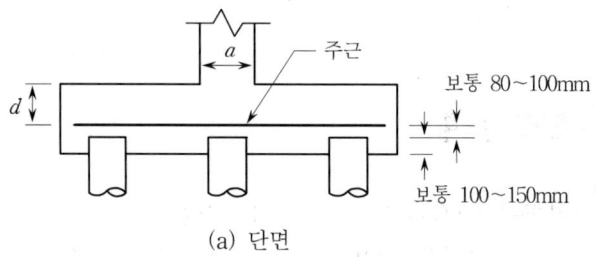

(a) 단면

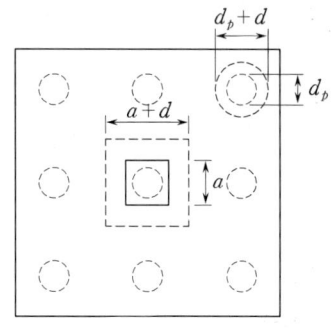

(b) 뚫림전단의 위험단면

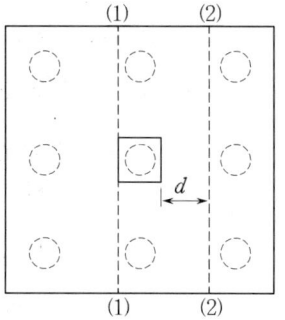

(c) 휨과 부착(1-1단면), 1면전단
(2-2단면)에 대한 위험단면

[그림 10. 8] 말뚝 기초의 설계

예제 10.9 기둥의 단면이 500×500mm인 내부기둥에 $w_D=2{,}000$kN $w_L=1{,}200$kN가 작용할 때 이 기둥의 기초를 말뚝기초로 설계하라.(단, $f_{ck}=24$MPa, $f_y=400$MPa, 말뚝지름 $d_p=350$mm, 말뚝의 허용지지력 $R_a=400$kN/개, 기초와 그 위에 채워지는 흙의 무게는 전체하중의 10%로 한다.)

【풀이】 (1) 말뚝의 개수 (n)

$$n=\frac{(D+D_f+D_s)+L}{R_a}=\frac{2{,}000+(3{,}200\times0.1)+1{,}200}{400}=8.8 \quad \therefore \ n=9$$

- 말뚝의 중심간격을 900mm로 하여 보조그림과 같이 배치한다.
- 말뚝의 설계용 반력 (R_u)

$$R_u=\frac{1.2D+1.6L}{n}=\frac{(1.2\times2{,}000)+(1.6\times1{,}200)}{9}=480\text{kN}$$

(2) 전단 검토

① 기초의 2방향 전단검토

- 말뚝머리에서 기초판 상부까지의 두께를 800mm, $d=700$mm로 가정하면
- 2방향 전단에 대한 위험단면은 기둥면에서 $\frac{d}{2}$만큼 떨어진 위치에 있으므로

위험단면의 둘레길이 : $b_o=4\times(500+700)=4{,}800$ mm

- 전단력은 중심 말뚝을 제외한 나머지 8개의 말뚝으로부터

$V_u=480\text{kN}\times8\text{EA}=3{,}840\,\text{kN}$

- $\beta_c=\dfrac{\text{기둥의 긴 변}}{\text{기둥의 짧은 변}}=\dfrac{500}{500}=1$
- $\alpha_s=40$(내부기둥)
- 2방향 전단강도 (V_c)는 다음 세 식 중 가장 작은 값으로 한다.

$$V_c=\frac{1}{6}\lambda\left(1+\frac{2}{\beta_c}\right)\sqrt{f_{ck}}\,b_o d$$

$$=\frac{1}{6}\times1.0\left(1+\frac{2}{1}\right)\sqrt{24}\times4{,}800\times700=8{,}230.29\,\text{kN}$$

$$V_c=\frac{1}{6}\lambda\left(1+\frac{\alpha_s d}{2b_o}\right)\sqrt{f_{ck}}\,b_o d$$

$$=\frac{1}{6}\times1.0\left(1+\frac{40\times700}{2\times4{,}800}\right)\sqrt{24}\times4{,}800\times700=10{,}745.10\,\text{kN}$$

$$V_c=\frac{1}{3}\lambda\sqrt{f_{ck}}\,b_o d=\frac{1}{3}\times1.0\times\sqrt{24}\times4{,}800\times700=5{,}486.86\,\text{kN} \leftarrow (\text{적용})$$

- $V_u[=3{,}840\text{kN}]<\phi V_c[=0.75\times5{,}486.86=4{,}115.15\text{kN}]$

  $\therefore\ d=700$mm가 적합하다.

② 기초의 1방향 전단검토
- 1방향 전단에 대하여 기둥면에서 d 만큼 떨어진 위치가 외부말뚝 3개의 중심부에 놓이므로 3개 말뚝반력의 $\frac{1}{2}$ 은 트러스 작용에 의하여 기둥에 직접 전단되는 것으로 생각한다.

$$V_u = 480 \times \left(3개 \times \frac{1}{2}\right) = 720\text{kN}$$

- $\phi V_c = \phi\left[\left(\frac{1}{6}\lambda\sqrt{f_{ck}}\right)b_w d\right]$

$$= 0.75 \times \left[\left(\frac{1}{6} \times 1.0 \times \sqrt{24}\right) \times 2,600 \times 700\right] = 1,114.52\text{kN}$$

- $V_u[=720\text{kN}] < \phi V_c[=1,114.52\text{kN}]$, O.K

③ 말뚝의 2방향 전단검토
- 말뚝 주위의 뚫림전단 위험단면은 보조 그림 (b)와 같이 말뚝 둘레에서 $\frac{d}{2}$ 만큼 떨어진 원이 된다.
- $b_o = \pi D = \pi \times (350 + 700) = 3,298.67\text{mm}$
- $\phi V_c = \phi\left[\left(\frac{1}{3}\lambda\sqrt{f_{ck}}\right)b_o d\right]$

$$= 0.75 \times \left[\left(\frac{1}{3} \times 1.0 \times \sqrt{24}\right) \times 3,298.67 \times 700\right] = 2,828.02\text{kN}$$

- $R_u[=480\text{kN}] < \phi V_c[=2,828.02\text{kN}]$, O.K

(3) 휨모멘트 산정 및 설계

휨모멘트에 대한 위험단면은 기둥면에서 모멘트를 일으키는 3개의 말뚝중심까지의 거리를 곱한다.(거리, 900m − 250m = 650mm)

$$M_u = (480 \times 3) \times 0.65 = 936\text{kN} \cdot \text{m}$$

$$R_n = \frac{M_u}{\phi b d^2} = \frac{936 \times 10^6}{0.85 \times 2,600 \times 700^2} = 0.86\,\text{MPa}$$

$$\rho = 0.85\frac{f_{ck}}{f_y}\left[1 - \sqrt{1 - \frac{2R_n}{0.85 f_{ck}}}\right] = 0.85 \times \frac{24}{400} \times \left[1 - \sqrt{1 - \frac{2 \times 0.86}{0.85 \times 24}}\right] = 0.0022$$

$$A_s = \rho \cdot bd = 0.0022 \times (2,600 \times 700) = 4,004\text{mm}^2$$

- 최소 철근비에 의한 철근량

$$A_{s,\min} = \frac{1.4}{f_y} \cdot bd = \frac{1.4}{400} \times (2,600 \times 700) = 6,370\,\text{mm}^2$$

∴ $A_s = 6,370\,\text{mm}^2$, 보조 그림 (c)와 같이 13−D25 ($A_s = 6,591\,\text{mm}^2$) 철근을 양방향으로 균등하게 배근한다.

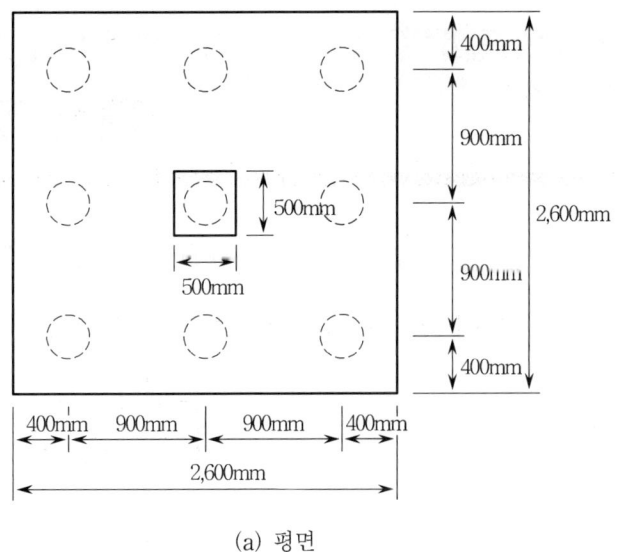

(a) 평면

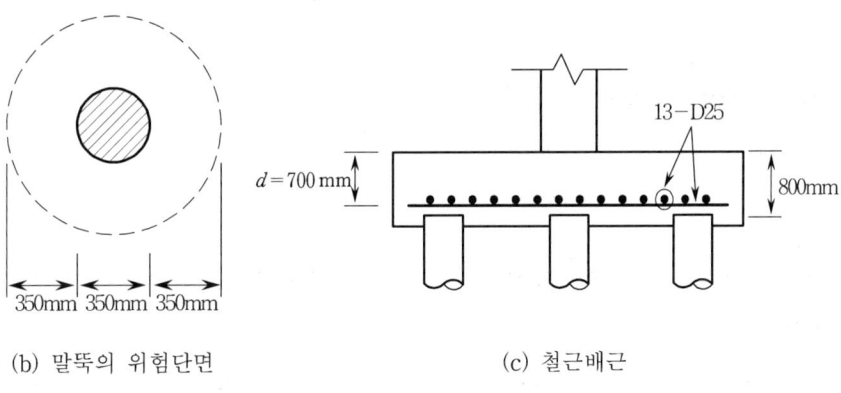

(b) 말뚝의 위험단면   (c) 철근배근

제10장 연습문제

01 독립기초 설계 시 탄성체에 가까운 경질 점토에 하중이 작용하였을 경우 지중응력 분포도는?

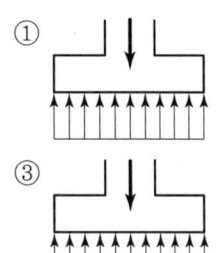
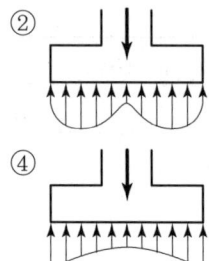

02 다음 중 허용 지내력도가 가장 큰 지반은?
① 자갈   ② 모래   ③ 점토   ④ 로옴

03 강도설계법 구조기준에서 말뚝기초의 경우 기초판 상단에서부터 하단철근까지의 최소깊이는 얼마인가?
① 200mm   ② 250mm   ③ 300mm   ④ 350mm

04 유효두께 $d=400\text{mm}$인 철근콘크리트 기초판에서 2방향 전단에 저항하기 위한 위험단면의 둘레길이는?(단, 기둥의 단면은 $500 \times 500\text{mm}$)
① 1,600mm   ② 2,000mm
③ 3,000mm   ④ 3,600mm

05 뚫림 전단을 검토하지 않아도 되는 부분은?
① 기초의 기둥 주위   ② 플랫 슬래브의 지판 주위
③ 보의 단부   ④ 플랫 슬래브의 기둥 주위

제10장 연습문제 해설

01 사질토(모래) 지반은 양반부에서 먼저 침하가 일어나는 형태를 나타낸다.
④

02 지반의 허용지내력도가 큰 순서
① 경암반 > 연암반 > 자갈 > 자갈+모래 > 모래 > 모래+점토 > 점토

03 말뚝기초의 경우 기초판 상단에서부터 하단 철근까지의 최소깊이는 300mm이다.
③

04 2방향전단 : 기둥면에서 $d/2$ 위치 떨어진 주변 네 방향 단면이다.
④ $b_0 = \left(\dfrac{400}{2} + 500 + \dfrac{400}{2}\right) \times 4 = 3,600 \text{ mm}$

05 뚫림전단(Punching Shear) : 2방향 기초판이나 플랫 슬래브에서 2방향 바닥판 주변 위험단면에서 전단
③ 파괴를 일으켜 받치고 있던 기둥이 바닥을 뚫고 솟구쳐 올라오는 현상을 말한다.
 • 보의 단부는 기둥에 의해 지지되므로 뚫림전단을 검토하지 않아도 된다.

제11장 벽체설계

11. 1 일반사항

11. 2 벽체의 설계

11. 3 벽체설계의 구조사항

11. 4 전단벽 설계

REINFORCED CONCRETE

제11장
벽체 설계

11.1 일반사항

벽체는 건축물의 공간을 수직으로 구획하는 구조물로서 벽체가 받는 연직하중의 유무에 따라 내력벽과 비내력벽으로 구분되며, 수평하중 지지 기능에 따라서 내력벽과 전단벽으로 구분한다.

내력벽(Bearing wall)은 주로 연직하중을 지지하는 구조 기능을 가진 벽체이며 전단벽(Shear wall)은 벽체의 면 내로 평행하게 작용하는 수평하중에 주로 저항할 수 있도록 설계된 콘크리트 벽체를 말한다. 일반적으로 내력벽은 전단벽을 겸하게 되며 고층건물에서는 풍하중이나 지진하중과 같은 수평하중의 영향이 크므로 벽체의 일부를 전단벽으로 하면 높은 휨강성으로 수평하중을 지지하는 데 효과적이며 경제적인 구조가 될 수 있다.

내력벽에 대한 설계방법은 축하중이나 휨모멘트를 받는 압축부재, 즉 기둥설계와 동일한 방법인 압축재 설계법에 따르나, 설계방법이 복잡하므로 간단하게 설계하기 위해서 일반적으로 실용 설계법을 이용하고 있다.

11.2 벽체의 설계

(1) 실용설계법

벽체의 실용설계법은 압축부재로서의 설계방법을 단순화한 것으로 실용설계법으로 설계하기 위한 조건은 다음과 같다. ([그림 11.2] 참조)

① 벽체의 단면이 직사각형이고 설계하중의 합력이 벽두께의 중앙 $h/3$ 이내에 작용해야 한다.

② 내력벽의 두께는 벽 높이 또는 길이 중 작은 값의 1/25 이상, 그리고 100mm 이상이어야 한다. 단, 지하실 외벽 및 기초벽 두께는 200mm 이상이어야 한다.

상기의 조건을 만족하는 경우의 벽체는 세장효과 및 편심 유무에 관계없이 벽체에 작용하는 설계축하중은 식 (11.2)와 같이 산정한다.

$$P_u \leq \phi P_{nw} \quad \cdots\cdots\cdots\cdots\cdots\cdots\cdots\cdots\cdots\cdots (11.1)$$

$$\phi P_{nw} = 0.55 \phi f_{ck} A_g \left[1 - \left(\frac{kl_c}{32h}\right)^2\right] \quad \cdots\cdots\cdots\cdots (11.2)$$

여기서, P_u : 작용축하중
$\phi = 0.65$
k : 좌굴에 대한 유효길이계수
A_g : 콘크리트 벽체의 전단면적(mm²)
h : 내력벽 두께(mm)
l_c : 지점 간의 수직길이(mm)

또한, A_g는 유효수평길이(b_e)×벽두께(h)로서 집중하중에 대한 벽체의 유효수평길이(b_e)는 [그림 11.1]과 같이 하중 사이의 중심거리나, 지압폭에 벽두께의 4배를 더한 값을 초과하지 않는 길이로 한다.

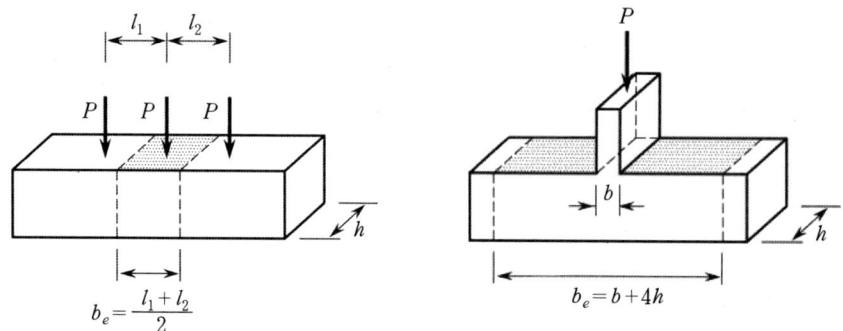

[그림 11.1] 내력벽의 유효폭

상기 식에서 좌굴에 대한 유효길이계수 k는 벽체 양단의 구속조건에 따라 다음과 같다.

① 벽체의 상·하단의 수평이동이 구속되어 있고

    ㈎ 상·하 양단 중 한쪽 또는 양쪽의 회전이 구속되어 있을 때, $k=0.8$

    ㈏ 상·하 양단의 회전이 구속되어 있지 않을 때, $k=1.0$

② 벽체의 수평이동이 구속되어 있지 않을 때, $k=2.0$

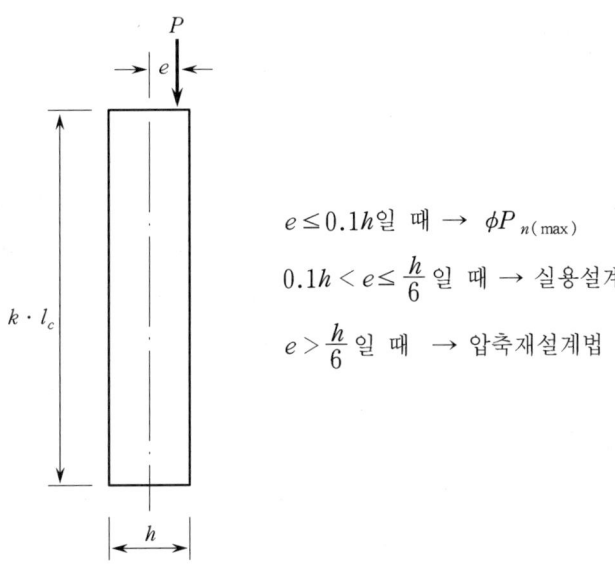

$e \leq 0.1h$일 때 → $\phi P_{n(\max)}$

$0.1h < e \leq \dfrac{h}{6}$일 때 → 실용설계법

$e > \dfrac{h}{6}$일 때 → 압축재설계법

[그림 11. 2] 벽체의 설계범위

예제 11.1 벽두께 $h=200\,\text{mm}$인 벽체에 집중하중이 작용할 때 벽체의 유효수평길이를 구하라. (단, 작용하중 사이의 중심거리 3m, 지압폭 300mm이다.)

【풀이】 $b_e = b + 4h = 300 + 4 \times 200 = 1,100\,\text{mm}$

        $b_e =$ 작용하중 사이의 중심거리 $= 3,000\,\text{mm}$

       $\therefore b_e = 1,100\,\text{mm}$

예제 11.2 다음 조건의 철근콘크리트 벽체에 대한 설계축하중을 구하라.(단, 벽두께 $h=200$mm, 지점 간의 수직길이 $l_c=3.5$m, 벽체의 유효 수평길이 $b_e=1.2$m, 유효길이계수 $k=0.8$, $f_{ck}=24$MPa, $f_y=400$MPa이다.)

【풀이】
$$\phi P_{nw} = 0.55 \phi f_{ck} A_g \left[1-\left(\frac{kl_c}{32h}\right)^2\right]$$
$$= 0.55 \times 0.65 \times 24 \times (200 \times 1,200) \times \left[1-\left(\frac{0.8 \times 3,500}{32 \times 200}\right)^2\right] = 1,665.06 \text{ kN}$$

(2) 압축재설계법

내력벽으로서 실용설계법의 적용이 부적합한 경우에는 압축재설계법으로 설계를 해야 한다.

직사각형이 아닌 단면의 벽체이거나 또는 휨모멘트의 영향이 커서 계산된 축하중의 편심이 $h/6$ 이상인 경우에는 실용설계법으로 설계할 수 없고 압축재설계법으로 설계하여야 한다. 압축재설계법으로 설계하는 경우 세장비 효과를 포함하여 모든 설계방법이 기둥설계의 내용에 따라 설계한다.

따라서, 압축재설계법에 의한 내력벽의 최대 축하중강도 $\phi P_{n(\max)}$은 식 (9. 4), 식 (9. 5)에 따라 다음 식과 같다.

$$\phi P_n = \phi [0.85 f_{ck}(A_g - A_{st}) + f_y A_{st}] \quad \cdots\cdots (11.\ 3)$$

$$\phi P_{n(\max)} = 0.8[\phi 0.85 f_{ck}(A_g - A_{st}) + f_y A_{st}] \quad \cdots\cdots (11.\ 4)$$

내력벽에 작용하는 축하중 P_u와 휨모멘트 M_u는 각각 그 내력벽의 축하중 강도 ϕP_n 및 휨강도 ϕM_n보다 작아야 한다.

$$P_u \leq \phi P_n \quad \cdots\cdots (11.\ 5)$$

$$M_u \leq \phi M_n \quad \cdots\cdots (11.\ 6)$$

다만, 세장 효과를 고려하여야 할 경우에는 M_u 대신 확대모멘트 M_c 식 (9. 25) 참조)를 사용하여 구한다.

$$M_c \leq \phi M_n \quad \cdots\cdots (11.\ 7)$$

$$M_c = \delta_b M_{2b} + \delta_s M_{2s} \quad \cdots\cdots (11.\ 8)$$

11. 3 벽체설계의 구조사항

(1) 최소철근비 및 배근간격

① 최소 수직철근비(벽체의 전체 단면적에 대하여)

㉮ 설계기준 항복강도 400MPa 이상으로 D16 이하 이형철근 : 0.0012
㉯ 기타 이형철근 : 0.0015
㉰ 지름 16mm 이하의 용접철망 : 0.0012

② 최소 수평철근비(벽체의 전체 단면적에 대하여)

벽체의 전체 단면적에 대한 최소 수평철근비는 다음과 같다.
㉮ 설계기준 항복강도 400MPa 이상으로 D16 이하 이형철근 : 0.0020
㉯ 기타 이형철근 : 0.0025
㉰ 지름 16mm 이하의 용접철망 : 0.0020

③ 배근간격

수직 및 수평철근의 배근간격은 벽두께의 3배 이하, 또는 450mm 이하로 한다.

④ 벽두께 250mm 이상의 벽체에 대해서는 철근의 배근을 수직 및 수평방향으로 양면(2단)으로 배근한다. 다만, 지하실 벽체에는 이 규정을 적용하지 않는다.

㉮ 벽체의 외측면의 배근량은 전체 소요철근량의 1/2 이상, 2/3 이하로 하며 외측면으로부터 50mm 이상, 벽두께의 1/3 이내에 배근한다.
㉯ 벽체의 내측면의 배근량은 소요철근량의 잔여분을 내측면으로부터 20mm 이상, 벽두께의 1/3 이내에 배근한다.

⑤ 수직철근은 그 철근량이 벽체 단면적의 0.01배 이하이거나 수직철근이 압축철근으로 산정하지 않은 경우에는 횡방향 띠철근으로 감싸지 않아도 된다.

⑥ 모든 창이나 출입구 등의 개구부 주위에는 규정된 최소배근 이외에도 2개의 D13 이상의 철근을 배치하여야 하며, 그 철근은 개구부의 모서리에서 600mm 이상을 연장하여 정착시켜야 한다.

(2) 벽체의 최소두께

내력벽의 두께는 수직 또는 수평 지점 간 거리 중에서 작은 값의 1/25 이상이거나 100mm 이상으로 한다. 다만 지하실 외벽과 기초 벽체의 두께는 200mm 이상으로 한다.

비내력벽의 두께는 수평으로 지지하고 있는 부재 간 최소 거리의 1/30 이상, 또는 100mm 이상으로 한다.

예제 11.3 그림과 같은 간격 3m의 단면폭 250mm의 T형 보를 지지하는 높이 4.5m인 내력벽을 실용설계법으로 설계하라.(단, P_D=250kN, P_L=150kN, f_{ck}=24MPa, f_y=400MPa 이며, 벽체는 상단에서 횡구속되어 있다.)

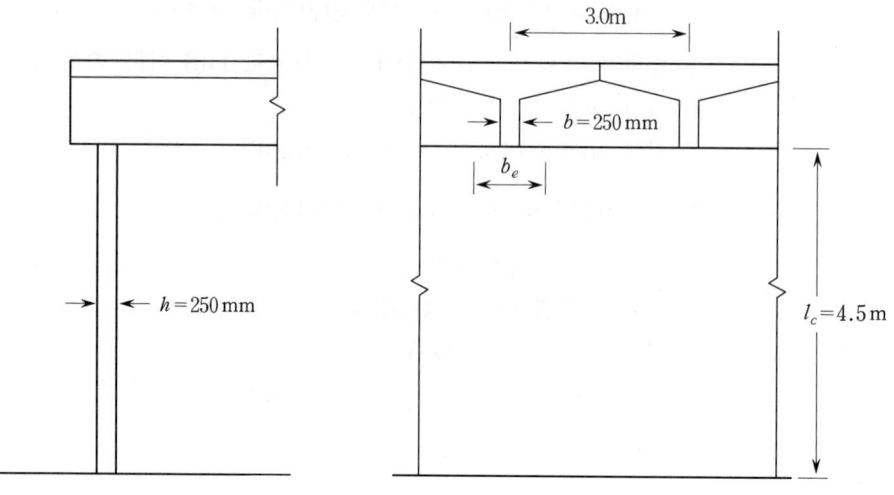

【풀이】(1) 벽체두께 검토

$$h_{min} = \frac{l_c}{25} = \frac{4,500}{25} = 180\,mm,\;\; 또는\;\; h_{min} = 100\,mm$$

$\therefore h = 250\,mm > 180\,mm$, O.K

(2) 계수축하중

$P_u = 1.2D + 1.6L = 1.2 \times 250 + 1.6 \times 150 = 540\,kN$

(3) 상부 T형 보의 지압검토

$\phi P_n = \phi(0.85f_{ck}A_1) = 0.65(0.85 \times 24 \times 250 \times 250)$, ($A_1$: 지압면적)

$= 828.75\,kN > P_u = 540\,kN$, O.K

(4) 벽체의 설계축하중

① 벽체의 유효수평길이 (b_e)

$b_e = b + 4h = 250 + 4 \times 250 = 1,250\,mm$

$b_e = 3,000\,mm$(하중중심거리)

$\therefore b_e = 1,250\,mm$

② $\phi P_{nw} = 0.55\ \phi f_{ck} A_g \left[1 - \left(\dfrac{kl_c}{32h}\right)^2\right]$

$= 0.55 \times 0.65 \times 24 \times 1,250 \times 250 \left[1 - \left(\dfrac{0.8 \times 4,500}{32 \times 250}\right)^2\right]$

$= 2,138.3\,\text{kN} > P_u = 540\,\text{kN},\ \ \text{O.K}$

(단, 구속조건에 의하여 $k=0.8$을 적용)

(5) 철근 설계

① 수직철근량: $A_{sv} = 0.0012 \times 1,000 \times 250 = 300\,\text{mm}^2/\text{m}$,

$$s = \dfrac{1,000 a_1}{A_{sv}} = \dfrac{1,000 \times 71.3}{300} = 237.67\,\text{mm}$$

∴ $2-D10@450$(양면배근)

② 수평철근량: $A_{sh} = 0.002 \times 1,000 \times 250 = 500\,\text{mm}^2/\text{m}$,

$$s = \dfrac{1,000 \times 71.3}{500} = 142.6\,\text{mm}$$

∴ $2-D10@250$(양면배근)

(6) 배근간격 검토

$s_{\max} = 3h$ 또는 $450\,\text{mm}$

$3h = 3 \times 250 = 750\,\text{mm}$

∴ $s = 450\,\text{mm}$, O.K

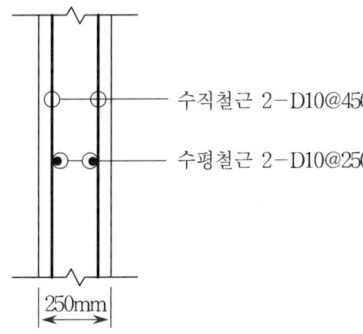

11. 4 전단벽 설계

전단벽은 풍하중이나 지진하중 등 수평하중에 의한 전단력과 휨모멘트 및 축력을 기초에 전달하는 역할을 하며, 아파트의 벽체나 건물의 엘리베이터실, 계단실 등이 여기에 해당된다. 따라서 전단벽은 슬래브로부터 전달되는 축력뿐만 아니라 외부 장막

벽으로부터 전달되는 풍하중이나 지진하중과 같은 수평하중에 의한 전단력 및 휨모멘트에도 견디도록 설계되어야 한다.

이와 같이, 전단벽에 작용하는 수평전단력과 휨모멘트 및 축압력은 [그림 11. 3]과 같이 아래층으로 내려갈수록 증가하여 저층에서 최대가 된다. 또한 전단벽의 설계에서 건물의 높이와 길이의 비가 작을 경우에는 수평 전단력에 대하여, 큰 경우에는 전단벽의 설계에서는 모멘트를 중요하게 고려하여야 한다.

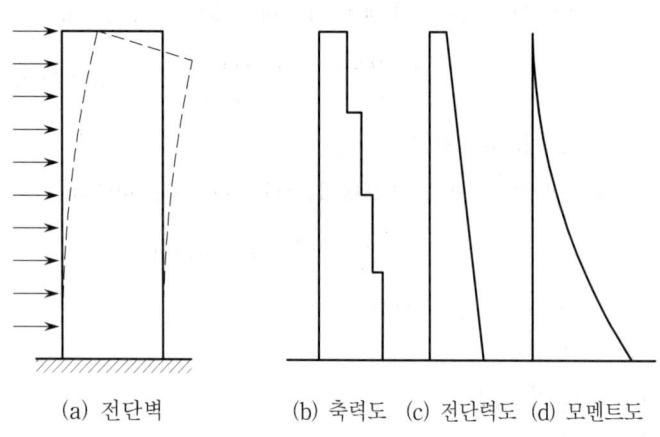

(a) 전단벽　　(b) 축력도　(c) 전단력도　(d) 모멘트도

[그림 11. 3] 전단벽에 작용하는 힘

(1) 전단벽의 전단설계

벽체면 내의 전단력에 대한 수평단면의 설계는 다음 조건을 만족해야 한다.

$$V_u \leq \phi V_n \quad \cdots\cdots\cdots\cdots\cdots\cdots\cdots\cdots\cdots\cdots\cdots\cdots\cdots\cdots\cdots\cdots \text{(11. 9)}$$

$$V_n = V_c + V_s \quad \cdots\cdots\cdots\cdots\cdots\cdots\cdots\cdots\cdots\cdots\cdots\cdots\cdots\cdots \text{(11. 10)}$$

여기서, V_u는 계수전단력이며, 벽체의 공칭전단강도 V_n은 콘크리트 전단강도 V_c와 철근의 전단강도 V_s의 합으로 다음 식을 만족해야 한다.

$$V_n \leq \frac{5}{6} \lambda \sqrt{f_{ck}} hd \quad \cdots\cdots\cdots\cdots\cdots\cdots\cdots\cdots\cdots\cdots\cdots\cdots \text{(11. 11)}$$

여기서, h : 전단벽의 두께, d : 전단벽의 유효깊이로 전단벽의 수평길이 l_w의 80%, 즉 $d=0.8l_w$이다.

그리고 전단력에 대한 위험단면은 벽체 밑면에서 벽길이의 $l_w/2$ 또는 벽높이의 $h_w/2$ 중 작은 값으로 한다.

식 (11. 10)에서 콘크리트의 전단강도 (V_c)는 다음과 같다.

① 벽체에 압축력이 작용할 경우

$$V_c = \frac{1}{6} \lambda \sqrt{f_{ck}} hd \quad \cdots\cdots\cdots\cdots\cdots\cdots\cdots\cdots\cdots\cdots\cdots\cdots\cdots\cdots (11.\ 12)$$

② 벽체에 인장력 N_u가 작용할 경우

$$V_c = \frac{1}{6} \lambda \left(1 + \frac{N_u}{3.5A_g}\right) \sqrt{f_{ck}} hd \quad \cdots\cdots\cdots\cdots\cdots\cdots\cdots (11.\ 13)$$

여기서, N_u : 계수 축하중으로 인장력의 경우는 $(-)$를, 압축력의 경우는 $(+)$로 한다.

③ 상기의 ①, ② 대신 다음 식들 중 작은 값을 V_c로 취할 수 있다.

$$V_c = 0.28 \lambda \sqrt{f_{ck}} hd + \frac{N_u d}{4l_w} \quad \cdots\cdots\cdots\cdots\cdots\cdots\cdots\cdots\cdots (11.\ 14)$$

$$V_c = \left[0.05 \lambda \sqrt{f_{ck}} + \frac{l_w \left(0.1\lambda \sqrt{f_{ck}} + 0.2\frac{N_u}{l_w h}\right)}{\frac{M_u}{V_u} - \frac{l_w}{2}} \right] hd \quad \cdots (11.\ 15)$$

여기서, N_u가 인장력이면 $(-)$로 하고 $(M_u/V_u - l_w/2)$의 값이 $(-)$이면 식 (11. 15)는 적용시키지 않는다.

또한, 계수전단력 V_u의 값이 전단강도 ϕV_c를 초과할 때 수평전단철근이 배근되어야 하며, 수평전단철근의 공칭강도는 다음과 같이 산정한다.

$$V_s = \frac{A_{vh} f_y d}{s_h} \quad \cdots\cdots\cdots\cdots\cdots\cdots\cdots\cdots\cdots\cdots\cdots\cdots\cdots\cdots\cdots (11.\ 16)$$

여기서, A_{vh} : 거리 s_h 내에 있는 수평전단철근의 단면적
s_h : 수평전단철근의 간격

계수전단력 V_u가 $\phi V_c/2$ 이하일 때에는 내력벽 최소철근비 규정에 따라 배근할 수 있으며, V_u가 $\phi V_c/2$ 이상일 때에는 다음의 조건에 따른다.

㈎ 수평전단철근
- 수평전단철근의 전체 수직단면적에 대한 비 ρ_h는 0.0025 이상으로 한다.

- 수평전단철근의 간격 s_h는 $l_w/5$, $3h$ 및 450mm 중 작은 값 이하로 한다.

(나) 수직전단철근
- 수직전단철근의 전체 수평단면적에 대한 비 ρ_n은 다음 값 이상 또는 0.0025 이상으로 한다.

$$\rho_n \geq 0.0025 + 0.5\left(2.5 - \frac{h_w}{l_w}\right)(\rho_h - 0.0025) \quad \cdots\cdots\cdots (11.17)$$

- 수직전단철근의 간격 s_v는 $l_w/3$, $3h$ 및 450mm 중 작은 값 이하로 한다.

(2) 전단벽의 휨설계

전단벽의 수직방향 응력은 휨모멘트와 축력에 의하여 생기며 휨모멘트와 축력의 크기는 기초에 면한 전단벽에서 최대가 된다. 휨모멘트와 축력이 조합된 상태에서 부재의 내력은 기둥의 경우와 같이 $P-M$ 상관곡선에 의하여 검토할 수 있다. 그러나 중층이나 저층구조에서는 축력의 영향이 작아 평형하중상태 이하로 되는 경우가 많다. 고층건물의 전단벽 설계에서 식 (11.17)의 최소 수직전단철근비에 의한 철근량은 벽체의 휨강도를 발휘하는데 적절한 값이다.

예제 11.4 그림과 같은 조건의 전단벽을 설계하라.(단, $f_{ck}=24$MPa, $f_y=400$MPa이다.)

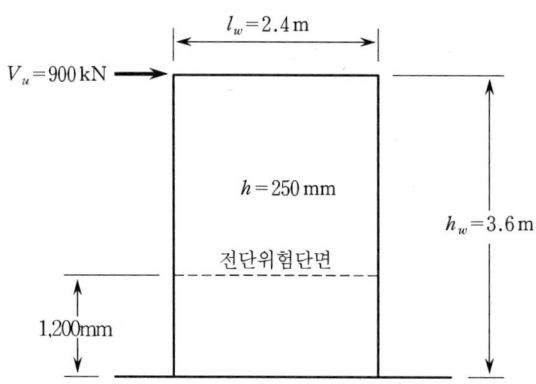

【풀이】 (1) 단면의 최대 전단강도 검토

$$V_u \leq \phi V_n$$

$$\phi V_n = \phi\left(\frac{5}{6}\lambda\sqrt{f_{ck}}h \cdot d\right) = 0.75 \times 1.0 \times \frac{5}{6}\sqrt{24} \times 250 \times (0.8 \times 2,400)$$

$$= 1,469.7\,\text{kN} > 900\,\text{kN}, \quad \text{O.K}$$

여기서, $d = 0.8 l_w$를 적용한다.

(2) 콘크리트 단면의 전단강도 검토

전단위험단면위치 : $l_w/2 = 2,400/2 = 1,200\,\text{mm}$

$h_w/2 = 3,600/2 = 1,800\,\text{mm}$

그러므로 위험단면의 위치는 밑면으로부터 1,200mm에 위치한다.

$$\phi V_c = \phi \frac{1}{6}\lambda\sqrt{f_{ck}}h \cdot d = 0.75 \times \frac{1}{6} \times 1.0 \times \sqrt{24} \times 250 \times (0.8 \times 2,400)$$

$$= 293.94\,\text{kN} < V_u = 900\,\text{kN}$$

∴ 전단보강이 필요하다.

(3) 수평 전단철근설계

$$V_u \leq \phi V_n$$

$$\phi V_n = \phi(V_c + V_s) = \phi V_c + \phi \frac{A_{vh} f_y d}{s_h} \text{에서}$$

$$\frac{A_{vh}}{s_h} = \frac{V_u - \phi V_c}{\phi f_y d} = \frac{(900 - 293.94) \times 10^3}{0.75 \times 400 \times 0.8 \times 2,400} = 1.052$$

2 - D10, $s_h = \dfrac{2 \times 71.3}{1.052} = 135.6\,\text{mm}$

2 - D13, $s_h = \dfrac{2 \times 126.7}{1.052} = 240.9\,\text{mm}$

∴ 2 - D13@240로 배근

• 최소철근비 검토

$$\rho_h = \frac{2 \times 126.7}{240 \times 250} = 0.0042 > \rho_{h,\min} = 0.0025, \quad \text{O.K}$$

• 배근간격 검토

$l_w/5 = 2,400/5 = 480\,\text{mm} > s_h = 240\,\text{mm}$

$3h = 3 \times 250 = 750\,\text{mm} > s_h = 240\,\text{mm}$

또한, $450\,\text{mm} > s_h = 240\,\text{mm}, \quad \text{O.K}$

(4) 수직 전단철근설계

$$\rho_n = 0.0025 + 0.5\left(2.5 - \frac{h_w}{l_w}\right) \times (\rho_h - 0.0025)$$

$$= 0.0025 + 0.5\left(2.5 - \frac{3,600}{2,400}\right) \times (0.0042 - 0.0025) = 0.00335$$

$\rho_{n,\max} = 0.0041$

$$A_{sv} = 0.00335 \times 1,000 \times 250 = 837.5 \, \text{mm}^2/\text{m}$$

$$s = \frac{1,000 \times (2 \times 126.7)}{837.5} = 302.6 \, \text{mm}$$

∴ 2− D13@300로 배근

(5) 휨 설계

$$M_u = V_u h_w = 900 \times 3.6 = 3,240 \, \text{kN} \cdot \text{m}$$

$$d = 0.8 \times 2,400 = 1,920 \, \text{mm}$$

$$R_n = \frac{M_u}{\phi h d^2} = \frac{3,240 \times 10^6}{0.85 \times 250 \times 1,920^2} = 4.14 \, \text{MPa}$$

$$\rho = \frac{0.85 f_{ck}}{f_y} \left[1 - \sqrt{1 - \frac{2R_n}{0.85 f_{ck}}} \right] = \frac{0.85 \times 24}{400} \left[1 - \sqrt{1 - \frac{2 \times 4.14}{0.85 \times 24}} \right] = 0.0117$$

$$A_{s,req} = \rho h d = 0.0117 \times 250 \times 1,920 = 5,616 \, \text{mm}^2$$

벽체 양단부에 12− D25 ($A_s = 6,080.4 \, \text{mm}^2$)의 수직철근을 배근한다.

(6) 단면배근

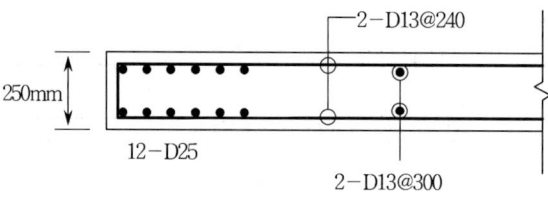

제12장 옹벽설계

12. 1 일반사항

12. 2 옹벽의 종류

12. 3 옹벽의 설계

12. 4 토압계수 및 설계용 정수

12. 5 옹벽의 안정

12. 6 옹벽의 구조사항

REINFORCED CONCRETE

제12장 옹벽 설계

12.1 일반사항

옹벽은 상재하중, 옹벽의 자중 및 토압에 저항하여 흙의 붕괴를 방지하도록 축조되는 구조물이다. 옹벽의 종류는 [그림 12.1]과 같이 벽의 자중으로 토압에 저항하게 하는 중력식과 벽 및 기초상부에 채워지는 흙의 중량으로 토압에 저항하는 캔틸레버식(반T형, L형) 및 부벽식 옹벽 등이 있다.

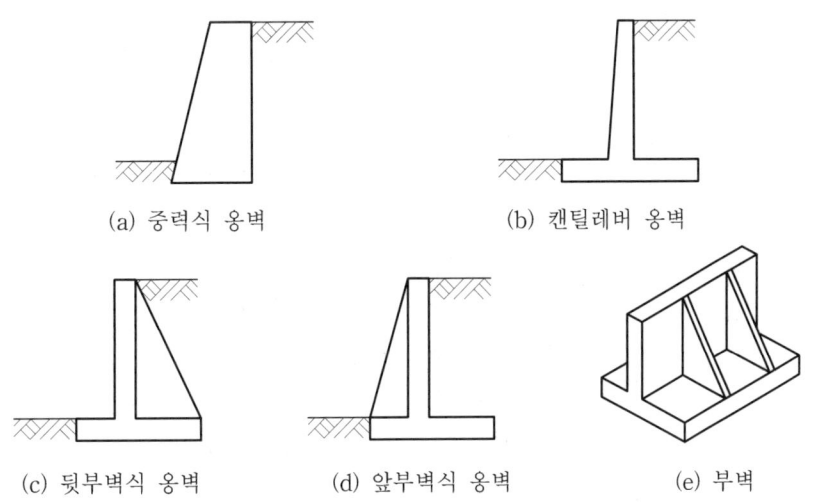

(a) 중력식 옹벽　　(b) 캔틸레버 옹벽
(c) 뒷부벽식 옹벽　(d) 앞부벽식 옹벽　(e) 부벽

[그림 12.1] 옹벽의 종류

일반적으로 중력식 옹벽은 대규모 토목구조물에 많이 사용되는 형식이고, 건축에 있어서는 캔틸레버 형식의 옹벽이 많이 사용된다.

12. 2 옹벽의 종류

(1) 중력식 옹벽

[그림 12. 1 (a)]와 같이 옹벽의 자체중량으로 안정을 유지하는 것으로 석축 또는 무근콘크리트조에 적당하며 높이는 3m 이하가 일반적이다.

(2) 캔틸레버식 옹벽

일반적인 옹벽의 형태로써 [그림 12. 1 (b)]와 같이 보통 높이가 3~8m일 때 사용되는 철근콘크리트 옹벽으로 건축에서 가장 많이 사용되는 옹벽이다. 여기에는 반T형 옹벽, L형 옹벽 등이 있으며, 이 옹벽은 벽체, 앞굽판, 뒷굽판 등 3개로 구성되어 있다.

일반적으로 캔틸레버식 옹벽의 형상과 치수는 [그림 12. 2]와 같이 가정하여 설계한다.

① 기초저판의 폭 : 옹벽높이의 1/2~2/3
② 기초저판의 두께 : 옹벽높이의 7~10%
③ 앞판의 폭 : 저판폭의 1/4~1/3
④ 벽체하부 두께 : 옹벽높이의 10~12% 또는 저판폭의 12~16%
⑤ 벽체상부 두께 : 250~300mm 이상

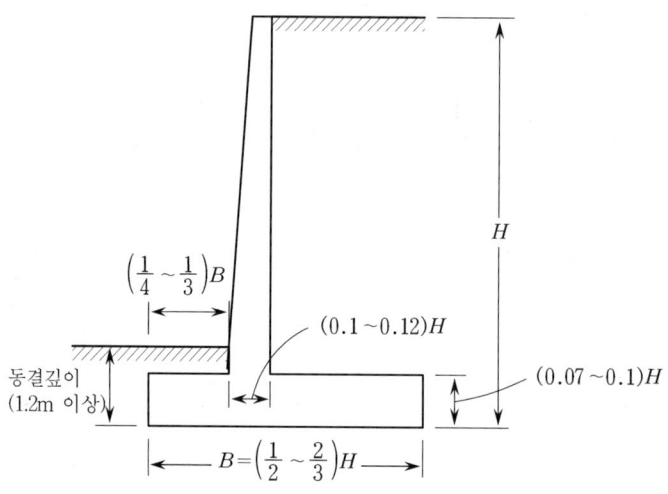

[그림 12. 2] 캔틸레버식 옹벽의 설계 단면 가정

(3) 부벽식 옹벽

캔틸레버식 옹벽에 부벽을 설치하여 벽체를 잡아주는 형식으로 옹벽 높이가 8m 이상일 때 사용되며, 부벽의 위치에 따라 뒷부벽식 옹벽과 앞부벽식 옹벽으로 구분한다.

① 뒷부벽식 옹벽

[그림 12. 1 (c)]와 같이 옹벽에서 벽체의 저판과 벽체를 연결하는 뒷부벽을 설치하면, 뒷부벽이 수직벽을 지지하는 인장재로 작용하게 한다. 따라서 옹벽의 설계는 뒷부벽 사이를 경간으로 하는 연속 슬래브로 설계하고, 뒷판은 3개의 측면에서 지지되는 슬래브로 설계한다.

② 앞부벽식 옹벽

[그림 12. 1 (d)]와 같이 부벽이 눈에 보이는 앞면에 위치하여 압축재로서 작용되며, 8m 이상의 높은 옹벽에 경제적인 구조물이다. 그러나 앞부벽의 돌출에 의하여 외관이 좋지 않다.

12. 3 옹벽의 설계

옹벽에 작용하는 하중에는 자중과 토압, 수압 등이 있다. 자중은 비교적 쉽게 산정할 수 있으나, 옹벽에 작용하는 토압은 여러 가지 요인에 따라 달라진다. 또한, 옹벽 배면 흙의 배수는 설계시 충분히 배수하는 것으로 간주하여 수압에 의한 횡력 발생은 고려하지 않는다.

(1) 옹벽의 설계방침

옹벽의 설계는 외력에 안전하게 저항할 수 있도록 다음과 같이 한다.
① 토압 등 수평력에 대하여 다음 조건을 만족시켜야 한다.
  ㈎ 옹벽에 대한 전도모멘트가 안정모멘트를 초과하지 않아야 한다.
  ㈏ 옹벽에 작용하는 토압에 의한 수평방향의 움직임에 대하여 기초 저면의 마찰 또는 특별한 조치 등으로 안전하여야 한다.
  ㈐ 침하 및 지반의 파괴에 대하여 안전하여야 한다.
② 부벽이나 기둥, 보 등의 보강재가 없는 옹벽 또는 옹벽의 기초슬래브는 모두 캔틸레버로 보고 계산한다. 또한 보강재가 있는 옹벽에서는 세로벽 및 기초슬래브 부분을 각각 적합한 지지상태의 슬래브로 산정한다.
③ 옹벽의 길이가 긴 경우에는 적절하게 신축이음을 설치한다.

④ 옹벽 배면상의 배수는 충분히 고려하여야 하며, 만일 이러한 조치가 없을 경우에는 수압을 고려하여 설계해야 한다.
⑤ 옹벽을 포함한 굴삭면 전체의 활동에 대하여 안전하여야 한다.

(2) 옹벽에 작용하는 토압

옹벽에 작용하는 토압에는 수동토압 (P_P), 주동토압 (P_A) 및 정지토압 (P_N)의 3가지가 있다. 어느 경우나 흙으로부터 가해지는 토압이지만 [그림 12. 3]과 같이 구조체(옹벽)가 흙으로부터 떨어지는 쪽으로 이동하는 경우의 토압을 주동토압, 반대로 구조체가 흙을 향하여 이동하는 경우의 토압을 수동토압, 옹벽 및 이에 접하는 흙이 정지상태에 있을 때의 토압을 정지토압이라고 한다.

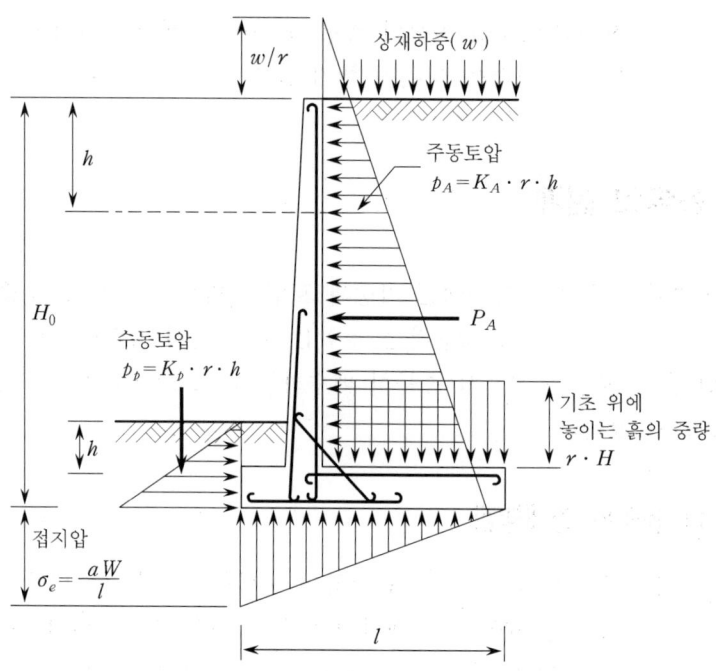

[그림 12. 3] 옹벽각부에 작용하는 토압과 하중

① 표면 재하가 없을 때의 토압, 즉 [그림 12. 4]에서 수평방향의 단위폭당 합력

$$P_A = \frac{1}{2} \cdot K_A \cdot \gamma \cdot H^2 \text{ (kN/m}^2\text{)} \quad\quad\quad\quad (12.1)$$

이 때의 작용점은 기초 저면에서 수직방향 $H_0/3$로 한다.
수평방향의 단위 면적당 합력

$$p_A = K_A \cdot \gamma \cdot h \; (\text{kN/m}^2) \quad \cdots\cdots (12.2)$$

여기서, H는 옹벽의 유효높이이며 h는 지면으로부터의 유효길이이다.

㈎ [그림 12.4 (a)]와 같이 지표면이 수평이고, 벽배면이 수직이며, 벽면 마찰을 무시하는 경우의 주동토압계수는 다음과 같다.

$$K_A = \tan^2\left(45° - \frac{\phi}{2}\right) \quad \cdots\cdots (12.3)$$

㈏ [그림 12.4(b)]와 같이 일반적인 경우의 주동토압계수

$$K_A = \frac{\cos^2(\phi - \theta)}{\cos^2\theta \cos(\theta + \delta)\left[1 + \sqrt{\dfrac{\sin(\delta + \phi) \cdot \sin(\phi - \alpha)}{\cos(\delta + \theta) \cdot \cos(\theta - \alpha)}}\right]^2}$$

$$\cdots\cdots (12.4)$$

단, $\phi < \alpha$일 때는 $\sin(\phi - \alpha) = 0$으로 한다.

㈐ 점착력을 무시할 때

$$H = H_0, \; h = h_0 \quad \cdots\cdots (12.5)$$

㈑ 점착력이 있을 때

$$H = H_0 - \frac{2c}{\gamma}\tan\left(45° + \frac{\phi}{2}\right) \quad \cdots\cdots (12.6)$$

또한, 깊이 h_0 위치에서의 토압에 대해서는

$$h = h_0 - \frac{2c}{\gamma}\tan\left(45° + \frac{\phi}{2}\right) \quad \cdots\cdots (12.7)$$

단, $h \leq 0$의 범위에서 $h = 0$으로 한다.

여기서, K_A : 주동토압계수
c : 흙의 점착력(kN/m²)
γ : 흙의 단위체적 중량(kN/m³)
H_0 : 옹벽의 수직 높이(m)
h_0 : 옹벽 상단에서 토압을 구하고자 하는 점까지의 수직 깊이(m)
ϕ : 배면 흙의 내부 마찰각
δ : 벽 배면과 흙 사이의 벽면 마찰각(벽 배면의 법선과 토압)의 작용방향이 이루는 각도

α : 지표면과 수평면이 이루는 각도

θ : 벽 배면과 수직면이 이루는 각도

다만, α, δ, θ는 각각의 기준선에서 [그림 12. 4 (b)]에 표시한 축에 경사질 때는 정(+), 반대측에 경사진 때는 부(-)로 한다.

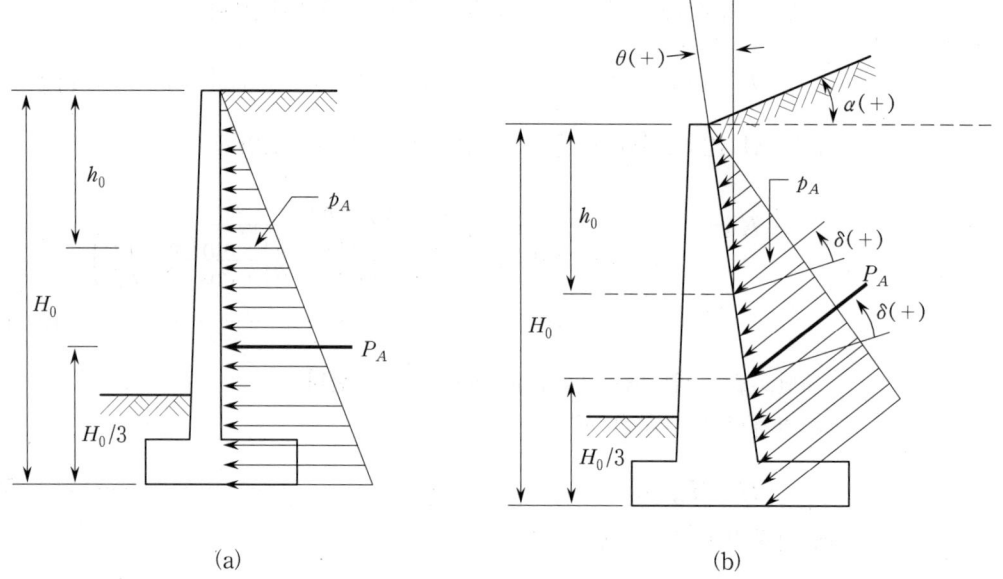

[그림 12. 4] 표면 재하가 없을 때의 토압

② 표면 재하가 있을 때의 토압

옹벽 뒷부분의 표면 또는 지중 및 인접건물이 있는 경우에는 이들 하중이 옹벽에 횡방향 압력을 증가시킨다. 건물중량을 옹벽의 뒤채움 흙의 중량으로 환산하여 그만큼 흙이 더 있는 것으로 보고 토압산정을 한다.

[그림 12. 5]와 같이 지표면에 등분포하중 $w(kN/m^2)$가 작용할 때, 등분포하중 w를 뒤채움 흙의 단위중량(γ)로 나누면 흙의 높이 (ΔH)가 된다. 따라서 이 높이 만큼 뒤채움 흙이 더 놓인 것으로 보고 토압을 산정한다.

이러한 관계는 표면하중이 없을 때의 H_0에 ΔH를 합한 높이로서 식 (12. 2)를 사용하여 산정한다.

$$\Delta H = w/\gamma (m) \quad \cdots\cdots\cdots\cdots\cdots\cdots\cdots\cdots\cdots\cdots\cdots\cdots (12. 8)$$

따라서 수정된 옹벽의 높이 H는 다음과 같다.

$$H = H_0 + \Delta H \text{(m)} \quad \cdots\cdots\cdots\cdots\cdots\cdots\cdots\cdots\cdots\cdots\cdots\cdots\cdots (12.9)$$

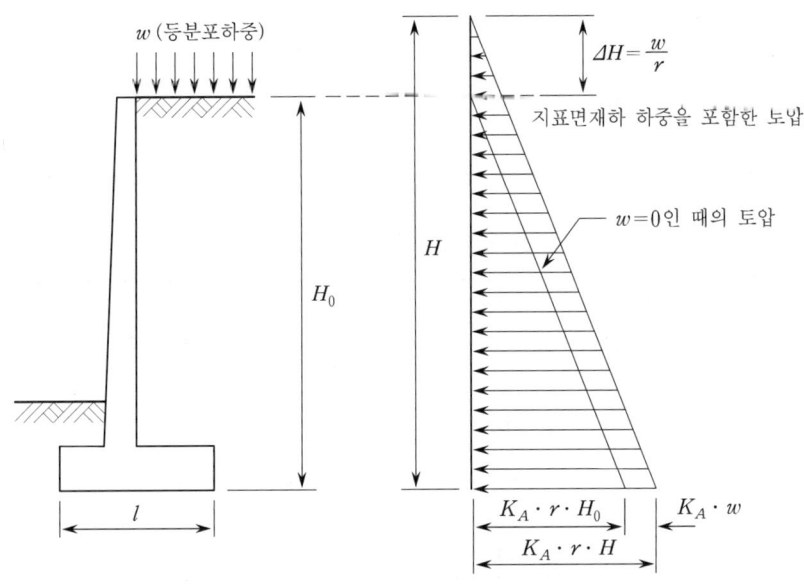

[그림 12. 5] 표면 재하가 있을 때의 토압

12. 4 토압계수 및 설계용 정수

옹벽 설계에 있어서 토압 및 기초하부 지반의 허용지내력을 산정하기 위해서는 토질의 정수를 결정하여야 한다. 즉, 토압을 산정하기 위해서는 흙의 내부 마찰각 ϕ, 점착력 c 및 단위중량 γ를 정하고 기초하부의 지내력을 결정하여야 한다.

토압계수는 지표면이 수평($\alpha=0$), 배면이 수직($\theta=0$)인 벽과 흙 사이의 마찰을 무시($\delta=0$)할 때에는 흙의 내부 마찰각과 관계를 지어 식 (12. 3)으로 구할 수 있으며, 또 α, θ, δ의 값이 정해질 경우에는 식 (12. 4)로 구할 수 있지만 계산이 매우 복잡하므로 실제 설계에서는 [표 12. 1~12. 5]의 설계자료를 이용한다.

[표 12. 1] 내부 마찰각 및 주동토압 계수(K_A)

토질종류	내부 마찰각(ϕ)	주동토압계수(K_A)
연질롬	2~4°	0.95~0.9
경질롬	6~12°	0.8~0.65
실트(습한 것)	10°	0.7
모래(소량의 롬을 포함한 것)	30°	0.33
모래(건조한 것)	34°	0.29
고정된 모래 또는 자갈	34°	0.29

[표 12. 2] 벽 배면이 수직일 때 주동토압계수(K_A)

내부 마찰각(ϕ)		0°			30°		
지표면 경사각(a)		0°	10°	20°	0°	10°	20°
벽 배면 마찰각(δ)	0°	0.49	0.57	0.88	0.33	0.37	0.43
	10°	0.45	0.53	0.90	0.31	0.35	0.42
	20°	0.43	0.51	0.93	0.30	0.34	0.40

[표 12. 3] 벽 배면 흙의 설계정수

벽 배면 흙의 종류	내부 마찰각(ϕ)	점착력 c(kN/m^2)	단위체적중량 γ(kg/m^3)
1. 정한 모래 및 자갈	35°	—	1.80
2. 실트 또는 점토를 포함한 투수성 사질토	30°	—	1.80
3. 점토를 다량 포함한 사질토	24°	—	1.75
4. 연질의 유기질 실트 또는 실트질 점토	0°	—	1.60
5. 사질점토	0°	12.0	1.70

[표 12. 4] 기초판 저면과 지지지반과의 마찰계수(μ) 상한치

실트 또는 점토를 포함하지 않는 조립토	0.55 ($\phi \fallingdotseq 29°$)
실트를 포함한 조립토	0.45 ($\phi \fallingdotseq 24°$)
실트 또는 점토 (기초판 밑에 두께 약 100mm 흙의 굵은 모래 또는 자갈층으로 바꾼 것)	0.35 ($\phi \fallingdotseq 19°$)

[표 12. 5] 콘크리트에 대한 마찰계수(μ)값

	점토	모래	자갈	콘크리트
습	0.20	0.20~0.30	0.50	0.65
건조	0.50	0.50		

12. 5 옹벽의 안정

옹벽에 작용하는 외력은 뒷판 위에 흙의 중량인 수직력과 옹벽의 배면에 작용하는 수평토압이 있다.

수평토압은 옹벽에 활동을 일으키며 동시에 전도모멘트를 일으키게 된다. 또한 기초지반에 작용하는 최대압력이 지반의 허용지내력 이내이어야 하며, 특히 외력에 대한 안정검토는 사용하중(Service load)을 적용한다.

옹벽이 외력에 대하여 안정되기 위해서는 전도(Overturning), 활동(Sliding), 침하(Settlement)에 대한 조건을 만족해야 한다.

(1) 전도에 대한 안정

옹벽의 자중, 기초판 저면 위의 흙의 중량과 토압의 수직분력 등 연직방향의 힘의 합력을 ΣW라 하면, 옹벽의 앞판 끝에서 ΣW는 옹벽의 전도모멘트에 반대방향으로 회전시키려는 저항모멘트를 일으키며, [그림 12. 6]과 같이 수평력 ΣH는 옹벽을 앞으로 전도시키려는 모멘트 $\Sigma H \cdot y$(전도모멘트)를 일으킨다.

따라서 $\Sigma H \cdot y > \Sigma W \cdot x$이면 옹벽이 전도를 하게 되며, 전도에 대한 안전율은 식 (12. 10)와 같다.

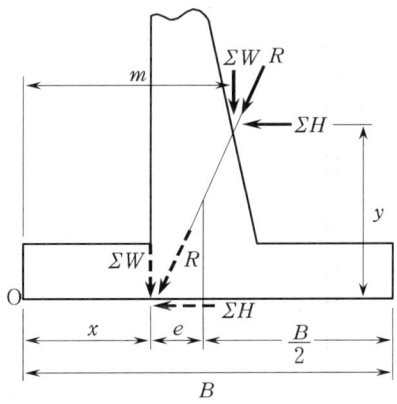

[그림 12. 6] 전도에 대한 안정

$$F.S = \frac{\Sigma \text{저항모멘트}}{\Sigma \text{전도모멘트}} = \frac{\Sigma W \cdot x}{\Sigma H \cdot y} \geq 2.0 \quad \cdots\cdots\cdots\cdots\cdots\cdots (12.\ 10)$$

이와 같이 전도에 대한 안전율은 2.0 이상이고, 이때 옹벽에 작용하는 모든 외력의 합력 (R)의 작용선은 기초판 저면의 중앙 1/3 안에 작용하도록 기초판 저면의 폭 (B)을 정해야 한다. 즉, $e \leq \dfrac{B}{6}$를 만족시켜야 한다.

(2) 활동에 대한 안정

옹벽의 기초판 저면에 작용하는 수직력은 기초판 저면과 기초지반 사이의 마찰저항으로 이것이 활동에 대한 저항력으로 된다. 즉, 옹벽에 작용하는 수직력을 ΣW라고 할 때 마찰저항력은 $\mu(\Sigma W)$가 된다. 여기서, μ는 콘크리트 기초판 저면과 기초판과의 마찰계수로서 [표 12.4]와 같으며 활동에 대한 안전율은 다음과 같다.

$$F.S = \dfrac{\mu(\Sigma W)}{\Sigma H} \geq 1.5 \quad \cdots\cdots\cdots (12.11)$$

이와 같이 활동에 대한 안전율은 1.5 이상으로 하고 있다. 이 조건을 만족시키기 위하여 일반적으로 옹벽의 기초판 저면의 폭을 크게 하거나, [그림 12.7]과 같이 활동방지벽(shear key)을 설치하기도 한다. 이것을 설치하면 전면의 흙의 수동토압에 의하여 주동토압의 반대방향의 토압이 수평저항력이 된다.

즉, $\Sigma W \mu + P_V \geq 1.5 \Sigma P_A \quad \cdots\cdots\cdots (12.12)$

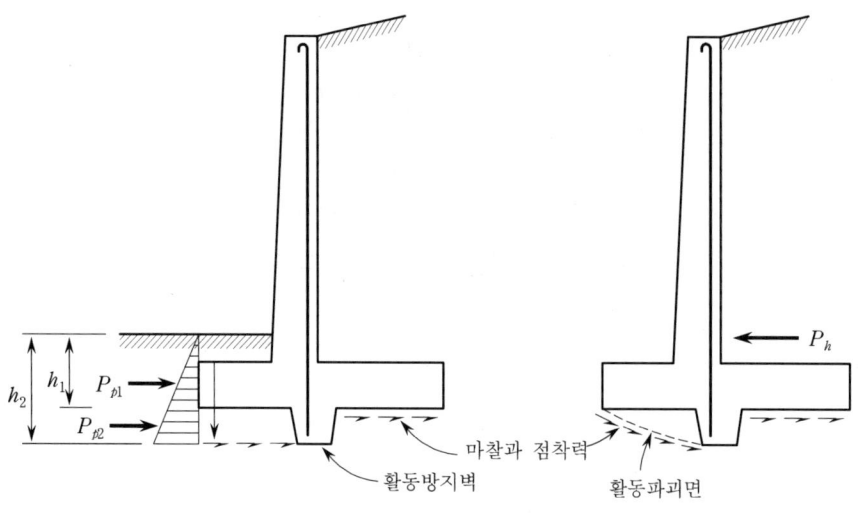

[그림 12.7] 활동에 대한 안정

(3) 접지압 침하에 대한 안정

옹벽에 작용하는 외력의 크기와 그 작용 위치에 따라서 기초지반에 작용하는 압력을 산정하며, 이때 기초지반의 최대접지압은 허용지내력 이내가 되어야 한다.

$$즉, \quad q_{(max, min)} = \frac{\Sigma W}{A} \pm \frac{M}{Z} = \frac{\Sigma W}{Bl}\left(1 \pm \frac{6e}{B}\right) \leq q_a \quad \cdots\cdots (12.13)$$

12. 6 옹벽의 구조사항

(1) 신축이음

수화열, 온도변화, 건조수축 등 부피변화에 대한 별도의 구조해석이 없는 경우에는 [그림 12. 8 (a)]와 같은 신축이음(expansion joint)을 설치한다.

일반적인 경우 옹벽의 연장길이가 30m 이상일 때, 30m 이하 간격으로 옹벽을 완전히 끊어서 온도변화와 지반의 부등침하에 대하여 신축성 있게 해야 하며, 이 부분에서는 철근을 연속시키지 말고 완전히 끊어야 한다.

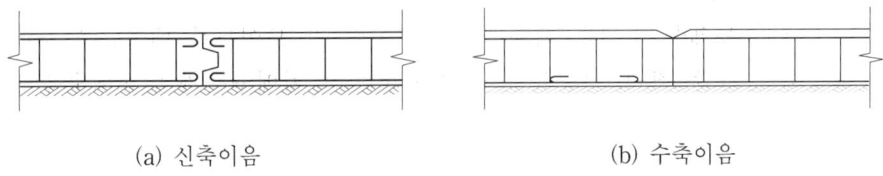

(a) 신축이음   (b) 수축이음

[그림 12. 8] 신축 및 수축이음

(2) 수축이음

옹벽 연직벽의 표면에는 연직방향으로 [그림 12. 8 (b)]와 같이 V형 홈이 수축이음을 9m 이하 간격으로 설치하며, 수축이음에서는 철근을 그대로 연속시켜야 한다. 이러한 V형 홈의 수축이음이 설치되면 벽의 표면에 건조수축으로 인한 균열이 V형 홈으로 유도된다.

(3) 수평철근

균열을 방지하기 위하여 벽의 노출면에 수평방향으로 철근(온도·수축철근)을 배근한다. 수평철근은 콘크리트 전체 단면적에 대한 비로서 다음과 같다.

① 16mm 이하, $f_y = 400$MPa 이상인 이형철근 : 0.002
② 그 외의 이형철근 : 0.0025
③ 지름이 16mm 이하인 용접망 : 0.002

또한, 수평철근의 간격은 벽두께의 3배 이하, 400mm 이하로 한다. 온도·수축 철근량의 2/3는 벽체의 노출면(전면)에 배치하고 비노출면(후면)에 1/3의 철근량을 배치하도록 한다.

(4) 피복두께

벽의 노출면에서는 30mm 이상이어야 하고, 흙에 접하는 면에서는 50mm 이상으로 한다.

(5) 배수공

옹벽의 배면에서는 [그림 12. 9]와 같이 배수가 잘 되도록 해야 하며, 옹벽에는 쉽게 배수될 수 있는 높이에 65mm 이상의 지름의 배수구멍을 약 4.5m 간격으로 두어야 한다.

옹벽의 뒷채움 속에는 배수구멍으로 물이 잘 모이도록 배수층을 두어야 한다. 배수층은 자갈, 잡석, 부순돌 등을 사용하며, 수평배수층과 연직배수층을 둔다.

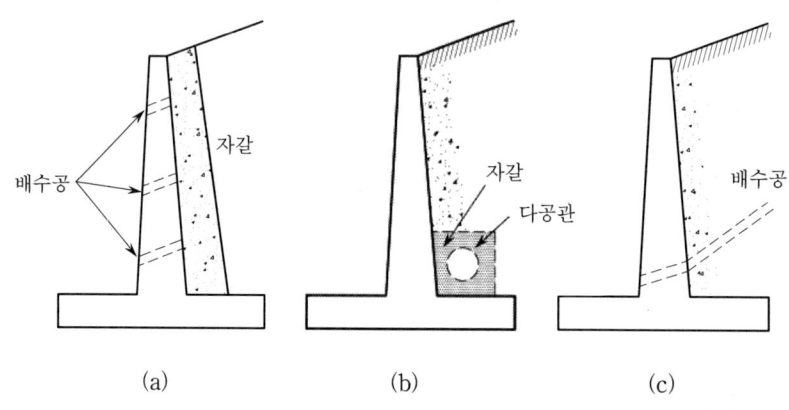

[그림 12. 9] 배수공의 형태

예제 12.1 그림과 같은 무근콘크리트 옹벽의 안정성을 검토하여라.(단, 뒷채움 흙의 단위중량 $\gamma=18kN/m^3$, 무근콘크리트의 중량은 $23kN/m^3$, 흙의 내부마찰각 $\phi=35°$, 콘크리트와 흙의 마찰계수 $\mu=0.5$, 허용지내력 $q_a=200kN/m^2$, $f_{ck}=24MPa$이다.)

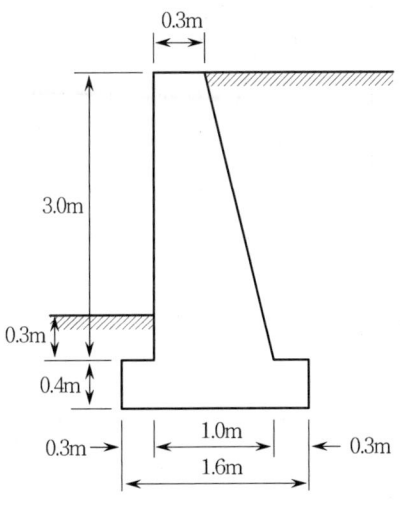

【풀이】 (1) 전도에 대한 검토

$$K_A = \tan^2\left(45° - \frac{35°}{2}\right) = 0.271$$

앞판에서 수동토압은 높이가 0.4m이므로 무시한다.

$$P_A = \frac{1}{2} K_A \cdot \gamma \cdot H^2$$

$$= \frac{1}{2} \times 0.271 \times 18 \times 3.4^2 = 28.19 kN$$

전도모멘트 : $M_o = 28.19 \times \frac{3.4}{3} = 31.95 kN \cdot m$

앞판 끝 점(점 O)에 대한 전도모멘트를 계산하면 다음 표와 같다.

전도에 대한 안전율 $(F.S) = \dfrac{\Sigma \text{저항모멘트}}{\Sigma \text{전도모멘트}} = \dfrac{84.85}{31.95} = 2.66 > 2.0$, O.K

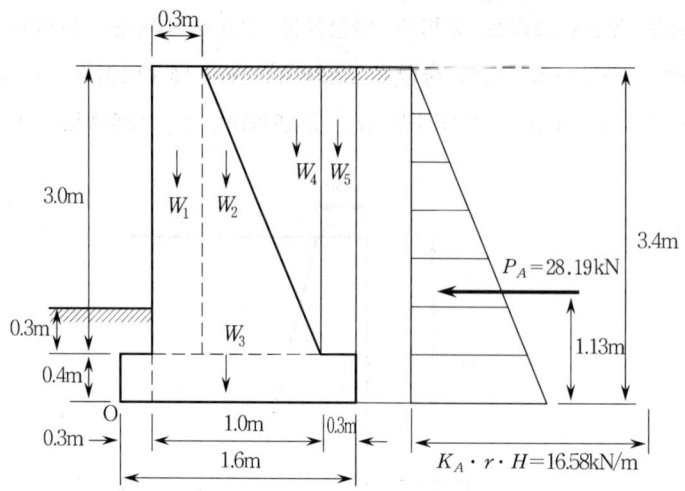

[저항모멘트]

중량(kN)	팔거리(m)	모멘트(kN·m)
$W_1 : 0.3 \times 3 \times 23 = 20.7$	0.45	9.32
$W_2 : \dfrac{1}{2} \times 0.7 \times 3 \times 23 = 24.15$	0.83	20.04
$W_3 : 0.4 \times 1.6 \times 23 = 14.72$	0.80	11.78
$W_4 : 0.7 \times 3 \times \dfrac{1}{2} \times 18 = 18.9$	1.07	20.22
$W_5 : 0.3 \times 3 \times 18 = 16.2$	1.45	23.49
$\Sigma W : 94.67\,\text{kN}$		$\Sigma M_r = 84.85\,\text{kN}\cdot\text{m}$

(2) 활동에 대한 검토

$\mu(\Sigma W) = 0.5 \times 94.67 = 47.34\,\text{kN}$

활동에 대한 안전율 $(F.S) = \dfrac{\mu(\Sigma W)}{\Sigma P} = \dfrac{47.34}{28.19} = 1.68 > 1.5$, O.K

(3) 접지압에 대한 검토

앞판 끝점 O에서 모멘트의 합은

$\Sigma M = $ 저항모멘트(ΣM_r) $-$ 전도모멘트(ΣM_o)

$= 84.85 - 31.95 = 52.90\,\text{KN}\cdot\text{m}$

앞판 끝점 O에서 모멘트를 취하면

$\Sigma M = (\Sigma W) \times x = 94.67 \times x = 52.90$

그러므로, 합력의 위치는

$x = 0.56\,\text{m}$

따라서 편심거리는

$$e = 0.8 - 0.56 = 0.24\,\text{m} < \frac{B}{6} = 0.267\,\text{m}$$

합력 ΣW는 저판 중앙 1/3 내에 있으며 저판 중앙에서 $e=0.24\,\text{m}$ 편심되어 있다.

$$q = \frac{\Sigma W}{B}\left(1 \pm \frac{6e}{B}\right) = \frac{94.67}{1.6}\left(1 \pm \frac{6 \times 0.24}{1.6}\right)$$

$$\therefore\ q_{max} = 112.42\,\text{kN/m}^2 < q_a = 200\,\text{kN/m}^2$$

$$q_{min} = 5.92\,\text{kN/m}^2 < q_a = 200\,\text{kN/m}^2,\quad \text{O.K}$$

예제 12.2 그림과 같이 지표면에서 옹벽의 높이가 3.6m이며 기초의 깊이가 1.2m일 때 캔틸레버식 옹벽을 설계하라. 토질조건과 지반의 조건은 다음과 같다.

[조 건]

① 흙의 중량 : $\gamma = 18\text{kN/m}^3$, 상재하중 : $q = 15\text{kN/m}^2$

② 흙의 내부 마찰각 : $\phi = 30°$, 점착력 : $c = 0$

③ 허용 지내력 : $q_a = 300\text{kN/m}^2$, 흙과 콘크리트의 마찰계수 : $\mu = 0.5$

④ $f_{ck} = 24\text{MPa}$, $f_y = 400\text{MPa}$

【풀이】 (1) 토압계수 및 토압

① 주동토압계수 : $K_A = \tan^2\left(45° - \frac{30°}{2}\right) = \frac{1}{3}$

② 수동토압계수 : $K_p = \frac{1}{K_A} = 3.0$

$c = 0$이므로, $H = H_0$, $h = h_0$

③ 수동토압의 합력 : 묻힘깊이 1.2m에서 상부의 흙 0.3m 부분은 저항능력이 적은 것으로 가정하여 계산에서 제외시킨다.

$$P_v = \frac{1}{2}(3 \times 18 \times 0.9^2) = 21.87\,\text{kN}$$

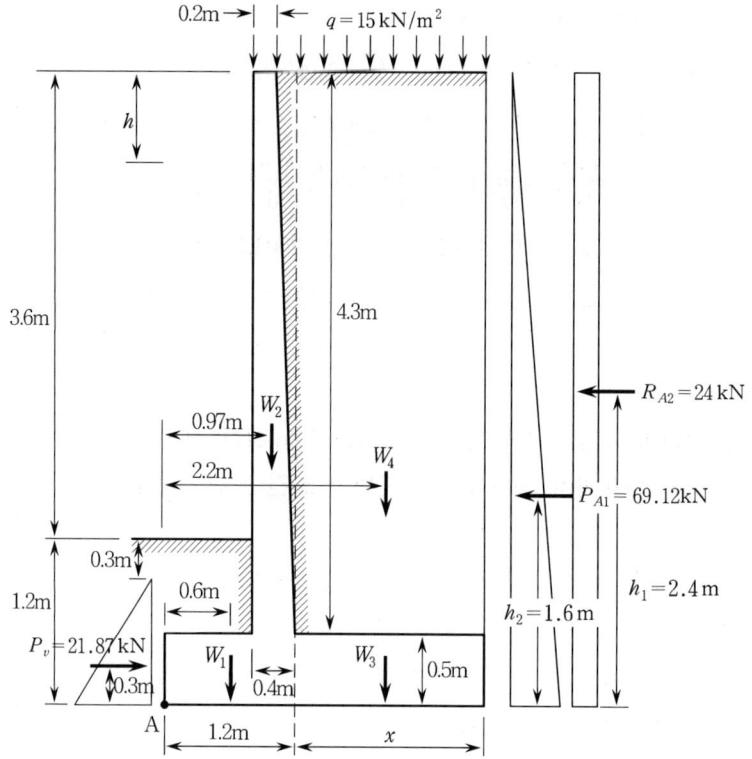

④ 주동토압의 합력
   • 횡방향 토압
   $$P_{A1} = \frac{1}{2} K_A \gamma (H_0)^2 = \frac{1}{2} \times \frac{1}{3} \times 18 \times 4.8^2 = 69.12 \text{kN}$$
   • 상재하중에 의한 횡방향 압력
   $$P_{A2} = K_A q H_0 = \frac{1}{3} \times 15 \times 4.8 = 24 \text{kN}$$

(2) 단면의 크기 결정

① 뒷굽판 길이

활동에 대한 안정조건식 (12. 12)로부터 뒷굽판의 길이는 정해진다. 뒷굽판의 소요길이를 x라 하고, 캔틸레버 벽체와 앞굽판을 [예제 그림]과 같이 가정하면 단위길이 1m에 대하여

$$\begin{aligned} W_1 &= 0.5 \times 1.2 \times 24 = 14.4 \text{kN/m} \\ W_2 &= (3.6 + 0.7) \times (0.2 + 0.4)/2 \times 24 = 30.96 \text{kN/m} \\ W_3 &= 0.5 \times x \times 24 = 12x \text{ kN/m} \\ W_4 &= 18 \times 4.3 \times x + 15 \times x = 92.4x \text{ kN/m} \end{aligned}$$

합계 $\Sigma W = (45.36 + 104.4x)$ kN/m

활동에 대한 안정조건은 $W \cdot \mu + P_v \geq 1.5 (P_{A1} + P_{A2})$이므로

$(45.36+104.4x) \times 0.5 + 21.87 \geq 1.5 \times (69.12+24)$

$104.4x \times 0.5 \geq 1.5 \times (69.12+24) - 45.36 \times 0.5 - 21.87$

$52.2x \geq 95.13$

$x \geq 1.82$ → 뒷굽판 길이 2.0m로 한다.

② 앞굽판 길이

앞굽판의 길이는 [예제 그림]에서 1.2m로 가정하고 전도모멘트의 안정조건식으로부터 안전 적합여부를 검토한다. 앞굽 A점에 대한 수직하중의 휨모멘트는 다음과 같다.

부위 (i)	W_i (kN/m)	a_i (m)	$M_r = W_i a_i$ (kN·m/m)
1	0.5×1.2×24=14.4	0.6	8.64
2	4.3×(0.2+0.4)/2×24=30.96	0.97	30.03
3	0.5×2.0×24=24	2.2	52.8
4	(18×4.3+15)×2.0=184.8	2.2	406.56
Σ	254.16		498.03

전도모멘트 검토(A점에 대한 전도모멘트 (M_o), 저항모멘트 (M_r))

$M_o = 69.12 \times 1.6 + 24 \times 2.4 = 168.19 \text{kN·m/m}$

$M_r = 498.03 \text{kN·m/m} > 2.0 M_o = 168.19 \times 2 = 336.38 \text{kN·m/m}$, O.K

따라서 앞굽판의 길이는 0.8m로 한다.

③ 접지압 검토

옹벽기초중심에 대한 모멘트 (M)는 다음과 같다.

$M = M_o - M_r + \Sigma W \left(\dfrac{l}{2}\right)$

$= 168.19 - 498.03 + 254.16 \left(\dfrac{3.2}{2}\right) = 76.82 \text{kN·m/m}$

• 최대접지압

$q_{(\max)} = \dfrac{W}{l} + \dfrac{6M}{l^2} = \dfrac{254.16}{3.2} + \dfrac{6 \times 76.82}{3.2^2}$

$= 124.44 \text{kN/m}^2 < q_a = 300 \text{kN/m}^2$, O.K

• 최소접지압

$q_{(\min)} = \dfrac{254.16}{3.2} - \dfrac{6 \times 76.82}{3.2^2} = 34.41 \text{kN/m}^2$, O.K

④ 뒷굽판 설계

설계하중의 접지압은 안전을 고려하여 무시하고 뒷굽판 위에 작용하는 흙은 고정하중이 작용하는 것으로 한다. 뒷굽판의 두께를 0.5m로 가정하면 유효깊이 (d)는 다음과 같다.

$d = 500 - 70 - 10 = 420 \text{mm}$

- 설계용 하중

  설계하중 : $1.6 \times 15 = 24 \text{kN/m}^2$

  흙 : $1.2 \times 18 \times 4.3 = 92.88 \text{kN/m}^2$

  기초판자중 : $1.2 \times 24 \times 0.5 = 14.4 \text{kN/m}^2$

  계수하중 (w_u) : 131.28kN/m^2

- 전단검토(1m 폭)

  위험단면은 벽면에서 d 떨어진 위치에 있으므로 계수전단력 (V_u)는 다음과 같다.

  $$V_u = w_u l_u = 131.28 \times (2.0 - 0.42) = 207.42 \text{kN}$$

  $$\phi V_c = 0.75 \times \frac{1}{6} \times 1.0\sqrt{24} \times 1,000 \times 420 = 257.2 \text{kN} > V_u, \quad \text{O.K}$$

- 모멘트 및 철근설계(1m 폭)

  뒷굽판에 작용하는 자중에 의한 최대 휨모멘트 (M_u)는 다음과 같다.

  $$M_u = 131.28 \times \frac{2.0^2}{2} = 262.56 \text{kN} \cdot \text{m}$$

  $$R_n = \frac{M_u}{\phi b d^2} = \frac{262.56 \times 10^6}{0.85 \times 1,000 \times 420^2} = 1.75 \text{MPa}$$

  $$\rho = \frac{0.85 f_{ck}}{f_y}\left[1 - \sqrt{1 - \frac{2R_n}{0.85 f_{ck}}}\right]$$

  $$= \frac{0.85 \times 24}{400}\left[1 - \sqrt{1 - \frac{2 \times 1.75}{0.85 \times 24}}\right] = 0.0046$$

  $$A_s = \rho b d = 0.0046 \times 1,000 \times 420 = 1,932 \text{mm}^2$$

- 최소 철근량 검토

  $$A_{s,\min} = \frac{1.4}{400} \times 1,000 \times 420 = 1,470 \text{mm}^2$$

  $\therefore A_s = 1,932 \text{mm}^2$에 대하여

  $$s = \frac{1,000 a_1}{A_s} = \frac{1,000 \times 286.5}{1,932} = 148.3 \text{mm}, \text{D19@100으로 배근}$$

  횡방향 철근 : 온도 및 수축철근

  $$A_s = 0.002 \times 1,000 \times 500 = 1,000 \text{mm}^2$$

  철근량 1,000mm²에 대하여

  $$s = \frac{1,000 a_1}{A_s} = \frac{1,000 \times 198.6}{1,000} = 198.6 \text{mm}, \text{D16@300으로 복배근}$$

⑤ 앞굽판 설계

접지압에 의한 전단력 또는 모멘트를 기초 자중이 감소시키므로 하중계수를 기초자중에는 1.2를, 접지압에는 $1.6 (U = 1.2D + 1.6L + 1.6H)$을 적용한다.

• 전단력 검토(1m 폭)

최대 접지압(q_{max})은 124.44kN/m²이며, 최소 접지압(q_{min})은 34.41kN/m² 이므로 삼각형 비례식을 이용하여 각 부분의 접지압을 구하면 다음과 같다.

$$q_x = 34.41 + \frac{(124.44 - 34.41)}{3.2} \times x$$

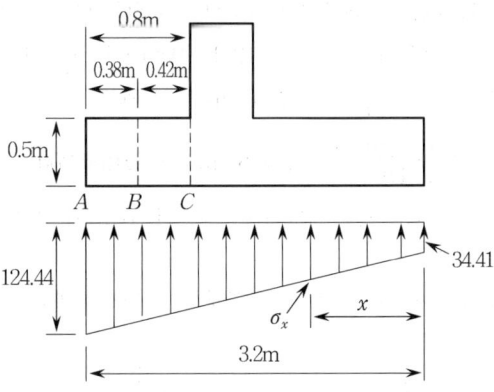

$q_A = 124.44 \text{kN/m}^2$

$q_B = 34.41 + \dfrac{(124.44 - 34.41)}{3.2} \times (3.2 - 0.38) = 113.75 \text{kN/m}^2$

$q_C = 34.41 + \dfrac{(124.44 - 34.41)}{3.2} \times (3.2 - 0.8) = 101.93 \text{kN/m}^2$

$V_u = 1.6 \times (124.44 + 113.75)/2 \times 0.38 - 1.2 \times 24 \times 0.5 \times 0.38 = 66.94 \text{kN}$

$V_u = 66.94 \text{kN} < \phi V_c = 257.2 \text{kN}, \quad \text{O.K}$

여기서, 1.2는 기초 자중에 대한 계수이다.

• 모멘트 및 철근량(1m 폭)

앞굽판 위험단면은 벽면에서의 모멘트(M_u)이므로 $l = 0.8$m로 하여

$$M_u = 1.6 \times \left\{ q_c \times \frac{l^2}{2} \times (q_A - q_c) \times l^2 \times \frac{1}{2} \times \frac{2}{3} \right\}$$

$$M_u = 1.6 \times \left\{ 101.93 \times \frac{0.8^2}{2} + (124.44 - 101.93) \times 0.8^2 \times \frac{1}{2} \times \frac{2}{3} \right\}$$

$$- 1.2 \times 24 \times 0.5 \times \frac{0.8^2}{2} = 55.26 \text{kN} \cdot \text{m}$$

$R_n = \dfrac{55.26 \times 10^6}{0.85 \times 1,000 \times 420^2} = 0.37 \text{MPa}$

$\rho = \dfrac{0.85 \times 24}{400} \left[1 - \sqrt{1 - \dfrac{2 \times 0.37}{0.85 \times 24}} \right] = 0.001$

$A_s = 0.001 \times 1,000 \times 420 = 420 \text{mm}^2$

최소철근량에 대한 검토, $b=1,000\,mm$, $d=420\,mm$

1) $A_{s,\,min} = 1.4/400 \times bd = 1.4/400 \times 1,000 \times 420 = 1,470\,mm^2$

2) $A_{s,\,min} = \dfrac{0.25\sqrt{24}}{400} \times bd = 0.0031 \times 1,000 \times 420 = 1,285.98\,mm^2$

3) $A_s = 420\,mm^2$

4) $A_{s,\,min} = 0.002 \times bd = 0.002 \times 1,000 \times 500 = 1,000\,mm^2$ (온도철근)

최소철근량은 1), 2) 중 큰 값(1,470cm²)과 3)을 비교하여 배근하여야 하므로 요구되는 철근량 $A_s = 1,470\,mm^2$이며 배근 간격은 다음과 같다.

$$s = \dfrac{1,000 \times 286.5}{1,470} = 194.9\,mm \to D19@200$$

횡방향 철근배근은 뒷굽판과 같이 D16@300 복배근

⑥ 벽체설계

지표면에서 h 깊이인 지점에서 주동토압에 의한 벽체의 휨모멘트(M_u)는 다음과 같다.

$$M_u = 1.6 \times \left(\dfrac{1}{2} K_A \gamma h^2 \dfrac{h}{3} + K_A q \dfrac{h^2}{2} \right)$$

벽체두께는 하단부에서 400mm, 상단부에서 200mm로, $d_c = 80\,mm$라 가정하며 수직높이 $h=4.3\,m$ 및 3m에서 계산된 모멘트 및 철근량은 다음과 같다.

$$R_n = \dfrac{201.2 \times 10^6}{0.85 \times 1,000 \times 320^2} = 2.31\,MPa(1.38\,MPa)$$

$$\rho = \dfrac{0.85 \times 24}{400} \left[1 - \sqrt{1 - \dfrac{2 \times 2.31}{0.85 \times 24}} \right] = 0.0061(0.0036)$$

$A_s = 0.0061 \times 1,000 \times 320 = 1,952\,mm^2 (936\,mm^2)$

$s = \dfrac{1,000 \times 286.5}{1,952} = 146.8\,mm(306.1\,mm)$

h(m)	M_u(kN·m)	t(mm)	d(mm)	A_s(mm²)	배 근
4.3	201.2	400	320	1,952	D19@100
3.0	79.2	340	260	936	D19@200

• 수평철근 : 벽체의 최소 수평철근비(벽체두께 400mm)

$A_{sh} = 0.002 \times 1,000 \times 400 = 800\,mm^2/m$ (온도철근) → D13@300 복배근

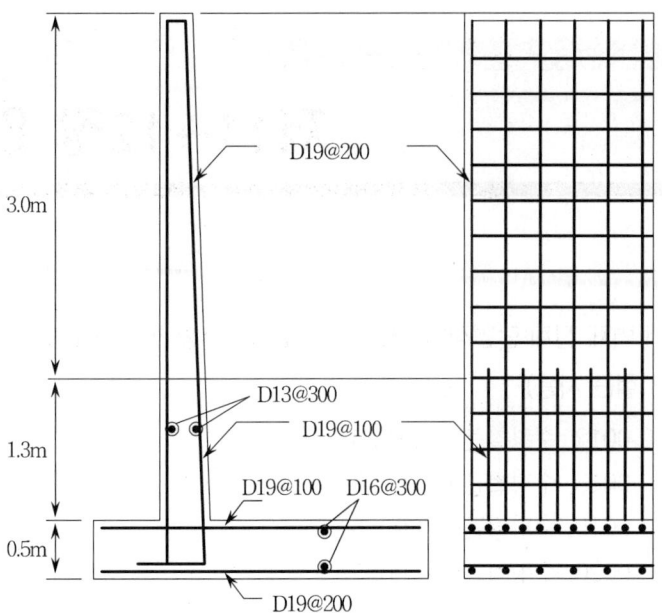

(a) 옹벽단면 배근도　　(b) 옹벽평면 배근도

제11~12장 연습문제

01 강도설계법에서 벽체 전체 단면적에 대한 최소 수직·수평 철근비로 옳은 것은?(단, $f_y =$ 400MPa, D13 철근 사용)

① 수직철근비 0.0012, 수평철근비 0.0020
② 수직철근비 0.0015, 수평철근비 0.0020
③ 수직철근비 0.0015, 수평철근비 0.0025
④ 수직철근비 0.0020, 수평철근비 0.0025

02 강도설계법에 의한 철근콘크리트 구조물에서 벽체의 전체 단면적에 대한 최소 수직 및 수평철근비 기준에 관한 내용 중 옳지 않은 것은?

① 최소 수직철근비(지름 16mm 이하의 용접철망) : 0.0012
② 최소 수직철근비(설계기준항복강도 400MPa 이상으로서 D16 이하의 이형철근) : 0.0012
③ 최소 수평철근비(설계기준항복강도 400MPa 이상으로서 D16 이하의 이형철근) : 0.0015
④ 지름 16mm 이하의 용접철망 : 0.0020

03 철근콘크리트 벽체에 관한 기술 중 옳지 않은 것은?

① 내력벽의 최소 수직철근비는 설계기준항복강도 400MPa 이상으로서 D16 이하의 이형철근인 경우 0.0012이다.
② 내력벽 설계 시 계수하중의 합력이 벽두께 중앙 1/3 이내에 작용하는 경우 실용설계법의 적용이 가능하다.
③ 두께 150mm 이상의 내력 벽체에는 수직 및 수평 철근을 벽면에 평행하게 양면으로 배치해야 한다.
④ 수직 및 수평철근의 간격은 벽두께의 3배 이하 또한 450m 이하로 하여야 한다.

04 옹벽 설계 시 고려해야 할 하중과 가장 거리가 먼 것은?
① 풍하중   ② 지진하중
③ 토압   ④ 수압

05 다음은 옹벽 구조물 설계에 있어서 활동 및 전도에 대한 안정조건이다. ( ) 안에 들어갈 수치를 순서대로 옳게 나열한 것은?

활동에 대한 저항력은 옹벽에 작용하는 수평력의 ( )배 이상이어야 한다. 전도에 대한 저항 휨모멘트는 횡토압에 의한 전도모멘트의 ( )배 이상이어야 한다.

① 1.5, 2.0   ② 2.0, 1.5
③ 1.2, 2.4   ④ 2.4, 1.2

06 프리스트레스트 구조의 프리텐션(Pre-Tension) 공법에 사용되는 것과 거리가 먼 것은?
① PC강재   ② 정착대
③ 잭(Jack)   ④ 시스(Sheath)

제11~12장 연습문제 해설

01 f_y = 400 MPa 이상인 D16 이하 철근을 사용할 경우, 벽체 전체 단면적에 대한 최소 수직철근비 : 0.0012,
① 최소 수평철근비 : 0.0020

02 01번 해설 참고
③

03 두께 250mm 이상의 벽체에 대해서는 수직 및 수평철근을 벽면에 평행하게 양면으로 배치하여야 한다.
③

04 옹벽은 일반적으로 흙 속에 매립되거나 흙벽을 지지하므로 토압을 주로 받으며, 설계 시 풍하중은 검토 대
① 상이 아니다.

05 옹벽의 안정조건
① ㉠ 전도(Overturning)에 대한 안정

$$F.S = \frac{\text{저항 모멘트}}{\text{전도 모멘트}} \geq 2.0$$

㉡ 활동(Sliding)에 대한 안정

$$F.S = \frac{\text{수평(마찰) 저항력}}{\text{수평력}} \geq 1.5$$

06 시스(Sheath)는 포스트텐션 공법에서만 사용된다.
④

부 록

부록 I. 일반사항

부록 II. 설계용 하중

부록 III. 보 설계 도표

부록 IV. 기둥의 하중 – 모멘트 상관곡선

REINFORCED CONCRETE

부록 I. 일반사항

1.1 그리스 문자

대문자	소문자	이름과 발음		대문자	소문자	이름과 발음	
A	α	alpha	[ǽlfə]	N	ν	mu	[nju :]
B	β	beta	[béitə]	Ξ	ξ	xi	[ksai]
Γ	γ	gamma	[gǽmə]	O	o	omicron	[oumáikrən]
Δ	δ	delta	[déltə]	Π	π	pi	[pai]
E	ε	epsilon	[épsilən]	P	ρ	rho	[rou]
Z	ζ	zetat	[zí : tə]	Σ	σ	sigma	[sigmə]
H	η	eta	[í : tə]	T	τ	tau	[tau]
Θ	θ	thete	[θí : tə]	Y	υ	upsilon	[jú : psiden]
I	ι	iota	[aióutə]	Φ	ϕ	phi	[fai]
K	$\varkappa$	kappa	[kǽpə]	X	χ	chi	[kai]
Λ	λ	lambda	[lǽmdə]	Ψ	ψ	psi	[psai]
M	μ	mu	[mju :]	Ω	ω	omega	[oumégə]

1.2 단위환산표

(1) 길이

m	in	ft	yd	치	척	간
1.0	39.3701	3.2804	1.09361	33.0	3.3	0.55
0.2540	1.0	0.08333	0.02778	0.8382	0.08382	0.01397
0.3480	12.0	1.0	0.3333	10.0584	1.00584	0.167664
0.91440	36.0	3.0	1.0	30.1752	3.01752	0.50292
0.03030	1.19303	0.09942	0.03314	1.0	0.1	0.01667
0.30303	11.9303	0.99419	0.33140	10.0	1.0	0.16667
1.81818	71.5820	5.96516	1.98839	60.0	6.0	1.0

(2) 면적

m²	in²	ft²	yd²	평방치	평방척	평
1.0	1550.0	10.7639	1.19599	1098.0	10.98	0.3025
0.000645	1.0	0.00694	0.000772	0.70258	0.00703	0.000195
0.09290	144.0	1.0	0.11111	101.171	1.01171	0.02810
0.83613	1296.0	9.0	1.0	910.543	9.10543	0.25293
0.000918	1.42333	0.00988	0.00110	1.0	0.01	0.000278
0.09183	142.333	0.98842	0.10983	100.0	1.0	0.02778
3.30579	5123.98	35.5832	3.95369	3600.0	36.0	1.0

(3) 체적

m³	in³	ft³	yd³	갈론	입방척	되
1.0	1000.0	35.3147	1.30795	219.98	35.937	554.35
0.001	1.0	0.035315	0.001308	0.21998	0.03594	0.55435
0.02832	28.3168	1.0	0.03704	6.22902	1.01762	15.6957
0.76455	764.55	27.0	1.0	168.183	27.4758	423.833
0.004546	4.54596	0.16054	0.005946	1.0	0.16337	2.52006
0.02783	27.8265	0.98268	0.03640	6.12114	1.0	15.4257
0.001804	1.80391	0.06370	0.002359	0.396814	0.06482	1.0

(4) 힘

N	gf	kgf	tonf	ounce	lb
1.0	101.97	0.10197	0.000102	3.596886	0.22481
0.009807	1.0	0.001	0.0000001	0.03527	0.00220
9.80665	10^3	1.0	0.001	35.2734	2.20459
9806.65	10^6	10^3	1.0	35273.4	2204.59
0.278018	28.43592	0.02835	0.000028	1.0	0.0625
4.44822	453.59	0.45360	0.00045	16.0	1.0

(5) 모멘트

N·m	kgf·cm	kgf·m	tonf·m	lb·in	lb·ft
1.0	10.1972	0.10197	0.0001020	8.850627	0.737552
0.098067	1.0	0.01	0.00001	0.86795	0.072329
9.80665	100.0	1.0	0.001	86.795	7.2329
9,806.65	10^5	10^3	0.1	86,795	7,232.9
0.112987	1.15214	0.011521	0.0000115	1.0	0.083333
1.35584	13.8257	0.13826	0.00138	12.0	1.0

(6) 단위 길이당 힘

N/m	kgf/cm	tonf/m	lb/in	lb/ft	lb/yd
1.0	0.10197	0.000102	0.0057101	0.068522	0.205565
9.80665	1.0	0.001	0.0560	0.67195	2.0159
9,806.65	1.0^3	1.0	55.996	671.95	2,015.9
175.127	17.858	0.01786	1.0	12.0	36.0
14.5943	1.4882	0.001488	0.08333	1.0	3.0
4.86469	0.49606	0.000496	0.02778	0.3333	1.0

(7) 단위 면적당 힘

N/m² (Pa)	kgf/cm²	tonf/m²	lb/in² (psi)	lb/ft²
1.0	0.0000102	0.000102	0.00014	0.020885
9,8065.5	1.0	10.0	14.2230	2,048.1
9,806.65	0.1	1.0	1.42230	204.81
6,894.86	0.70308	7.0308	10	144.0
47.8803	0.000488	0.00488	0.006944	1.0

1.3 이형철근의 단면적 및 둘레길이

단위 : mm²(굵은글씨)
mm(일반글씨)

철근의 크기	이형철근의 개수									
	1	2	3	4	5	6	7	8	9	10
D10	71.3	142.6	213.9	285.2	356.5	427.8	499.1	570.4	641.7	713
	30	60	90	120	150	180	210	240	270	300
D13	126.7	253.4	380.1	506.8	633.5	760.2	886.9	1,014	1,140	1,267
	40	80	120	160	200	240	280	320	360	400
D16	198.6	397.2	595.8	794.4	993.0	1,192	1,390	1,589	1,787	1,986
	50	100	150	200	250	300	350	400	450	500
D19	286.5	573.0	859.5	1,146	1,433	1,719	2,006	2,292	2,579	2,865
	60	120	180	240	300	360	420	480	540	600
D22	387.1	774.2	1,161	1,548	1,936	2,323	2,710	3,097	3,484	3,871
	70	140	210	280	350	420	490	560	630	700
D25	506.7	1,013	1,520	2,027	2,534	3,040	3,547	4,054	4,560	5,067
	80	160	240	320	400	480	560	640	720	800
D29	642.4	1,285	1,927	2,570	3,212	3,854	4,497	5,139	5,782	6,424
	90	180	270	360	450	540	630	720	810	900
D32	794.2	1,588	2,383	3,177	3,971	4,765	5,559	6,354	7,148	7,942
	100	200	300	400	500	600	700	800	900	1,000
D35	956.6	1,913	2,870	3,826	4,783	5,740	6,696	7,653	8,609	9,566
	110	220	330	440	550	660	770	880	990	1,100
D38	1,140	2,280	3,420	4,560	5,700	6,840	7,980	9,120	10,260	11,400
	120	240	360	480	600	720	840	960	1,080	1,200
D41	1,340	2,680	4,020	5,360	6,700	8,040	9,380	10,720	12,060	13,400
	130	260	390	520	650	780	910	1,040	1,170	1,300
D51	2,027	4,054	6,081	8,108	10,135	12,162	14,189	16,216	18,243	20,270
	160	320	480	640	800	960	1,120	1,280	1,440	1,600

※ 상단은 단면적을, 하단은 둘레길이를 각각 나타냄

부록 II. 설계용 하중

2. 1 고정하중

(1) 건축용 재료의 단위체적 중량

재 료 명			단위중량 (kN/m³)	비 고
골재	인공경량 콘크리트 골재	세골재	9~12	
		조골재	7~8	
	모래	건조	17	
		포수	20	
	자갈	건조	17	최대치수 25mm 1.70
		포수	21	최대치수 20mm 1.65
	잡석	건조	15	최대치수 20mm 1.45~1.55(1.4~1.55)
		포수	19	( )는 고로 슬래그 잡석
	모래 혼합 자갈	건조	20	
		포수	23	
콘크리트	펄라이트	건조	0.2~5	
		포수	3	
	보통콘크리트		23	경량 콘크리트 2종에서 경량 골재에 모래, 잡모래, 혹은 슬래그 모래를 첨가시킨 조합은 왼쪽 중량에 0.1~0.2를 증가시킨다.
	경량 콘크리트 1종	f_{ck} MPa ≥21	19	
		<21	18.5	
	경량 콘크리트 2종	≥21	16	
		<21	15.5	
	차폐음 콘크리트		22~60	
	보통 모르타르		20	
	펄라이트 모르타르		10	시멘트 1 : 펄라이트 3
	철근콘크리트		24	보통 콘크리트+철근
	철골 철근콘크리트		25	보통 콘크리트+철근+철골

재료명		단위중량 (kN/m³)	비 고
유리	판유리	25	망입유리(25)
	중공 유리 블록	8	블록 치수에 의해 70~90kN
벽돌 타일	경량 벽돌	11	
	공동 벽돌	13	
	보통 벽돌	19	
	내화 벽돌	20	
	슬래그 벽돌	21	
	타일	22~24	내장용 도기질 타일 : 2.0 미만
콘크리트 제품	경량 기포 콘크리트(ALC)	5~6	구조계산용 중량 6.5kN (보강철근, 줄눈 모르타르, 부착 철물 포함)
처리 목재	집성재	5	
기타	흙	건조	13	점토, 롬
		보통상태	16	
		포수	18	

2.2 활하중

(1) 기본 등분포 활하중 비교(단위 : kN/m²)

	용 도	건축물의 부분	하 중
1	주택	가. 주거용 건축물의 거실, 공용실, 복도	2.0
		나. 공동주택의 발코니	3.0
2	병원	가. 병실과 해당 복도	2.0
		나. 수술실, 공용실과 해당 복도	3.0
3	숙박시설	가. 객실과 해당 복도	2.0
		나. 공용실과 해당 복도	5.0
4	사무실	가. 일반 사무실과 해당 복도	2.5
		나. 로비	4.0
		가. 특수용도사무실과 해당 복도	5.0
		나. 문서보관실	5.0
5	학교	가. 교실과 해당 복도	3.0
		나. 로비	4.0
		다. 일반 실험실	3.0
		라. 중량물 실험실	5.0
6	판매장	가. 상점, 백화점(1층 부분)	5.0
		나. 상점, 백화점(2층 이상 부분)	4.0
		다. 창고형 매장	6.0
7	집회 및 유흥장	가. 로비, 복도	5.0
		나. 무대	7.0
		다. 식당	5.0
		라. 주방(영업용)	7.0
		마. 극장 및 집회장(고정식)	4.0
		바. 집회장(이동식)	5.0
		사. 연회장, 무도장	5.0
8	체육시설	가. 체육관 바닥, 옥외경기장	5.0
		나. 스탠드(고정식)	4.0
		다. 스탠드(이동식)	5.0
9	도서관	가. 열람실과 해당 복도	3.0
		나. 서고	7.5

용도		건축물의 부분	하중
10	주차장 옥내 주차구역	가. 승용차 전용	4.0
		나. 경량트럭 및 빈 버스 용도	8.0
		다. 총중량 18톤 이하 트럭, 중량차량 용도	12.0
	옥내차로와 경사로	가. 승용차 전용	3.0
		나. 경량트럭 및 빈 버스 용도	10.0
		다. 총중량 18톤 이하 트럭, 중량차량 용도	16.0
	옥외	가. 승용차, 경량트럭 및 빈 버스 용도	12.0
		나. 총중량 18톤 이하의 트럭 용도	16.0
11	창고	가. 경량품 저장창고	6.0
		나. 중량품 저장창고	12.0
12	공장	가. 경공업 공장	6.0
		나. 중공업 공장	12.0
13	지붕	가. 점유하지 않는 지붕(지붕활하중)	1.0
		나. 산책로 용도	3.0
		다. 정원 및 집회 용도	5.0
		라. 헬리콥터 정착장	5.0
14	기계실	공조실, 전기실, 기계실 등	5.0
15	광장	옥외광장	12.0

(2) 기본 집중 활하중

	건축물의 용도 또는 부분		집중하중(N)	하중접촉면적(m²)
1	교실, 도서관		5	0.75 × 0.75
2	사무실, 병실, 경공업 공장		10.0	0.75 × 0.75
3	주차장	승용차 전용	15.0	0.11 × 0.11
		트럭, 버스	최대바퀴하중	0.11 × 0.11
4	유지보수 작업자의 하중을 받는 모든 지붕		1.5	0.20 × 0.20
5	계단 디딤판(디딤판 중앙에 적용)		1.35	0.50 × 0.50
6	헬리콥터 이착륙장	최대허용이륙하중 20kN 이하	28.0	0.20 × 0.20
		최대허용이륙하중 60kN 이하	84.0	0.30 × 0.30

부록 III. 보 설계 도표

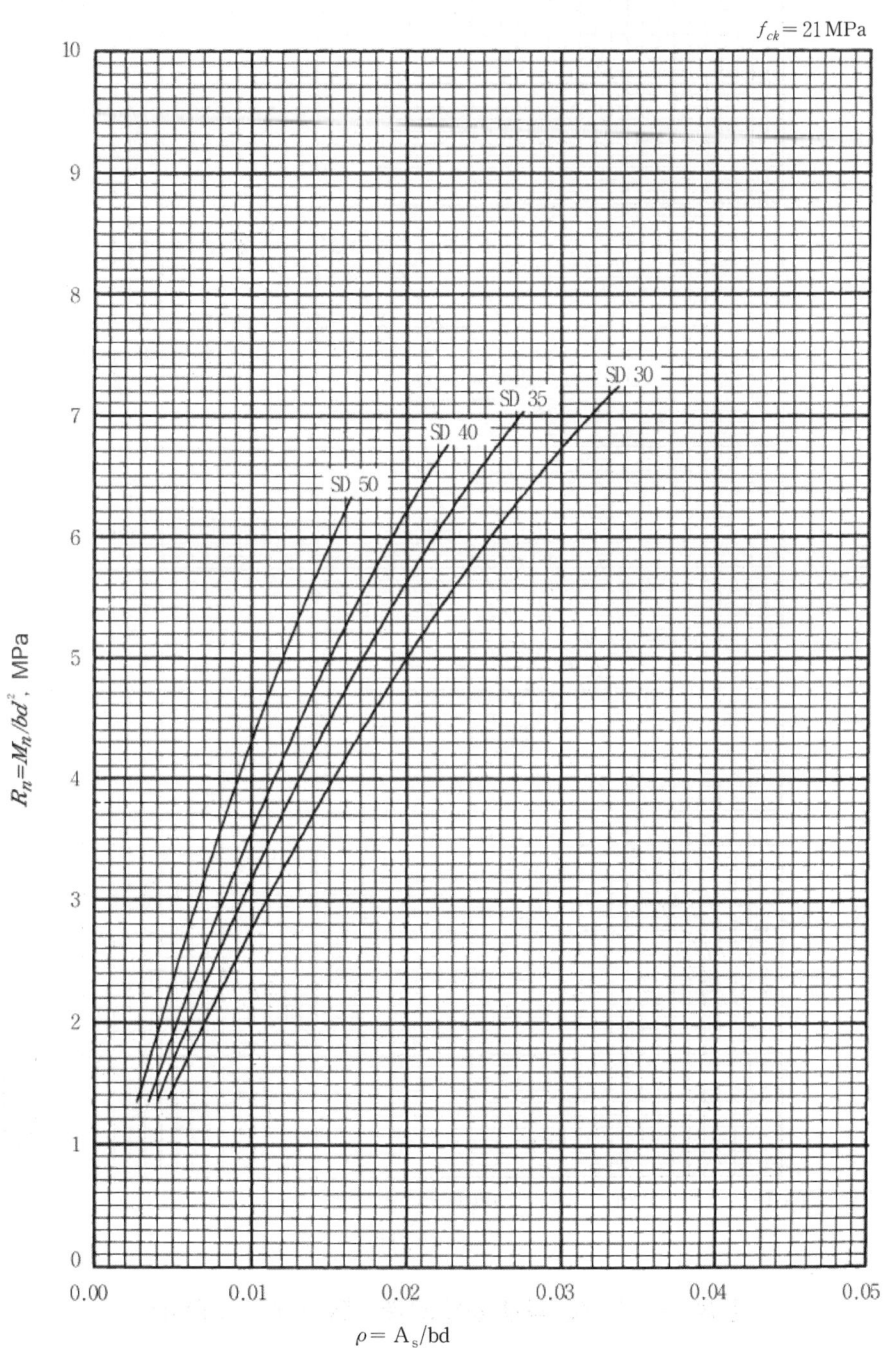

[그림 3. 1] 직사각형 공칭모멘트 계수, $f_{ck} = 21\,\text{MPa}$

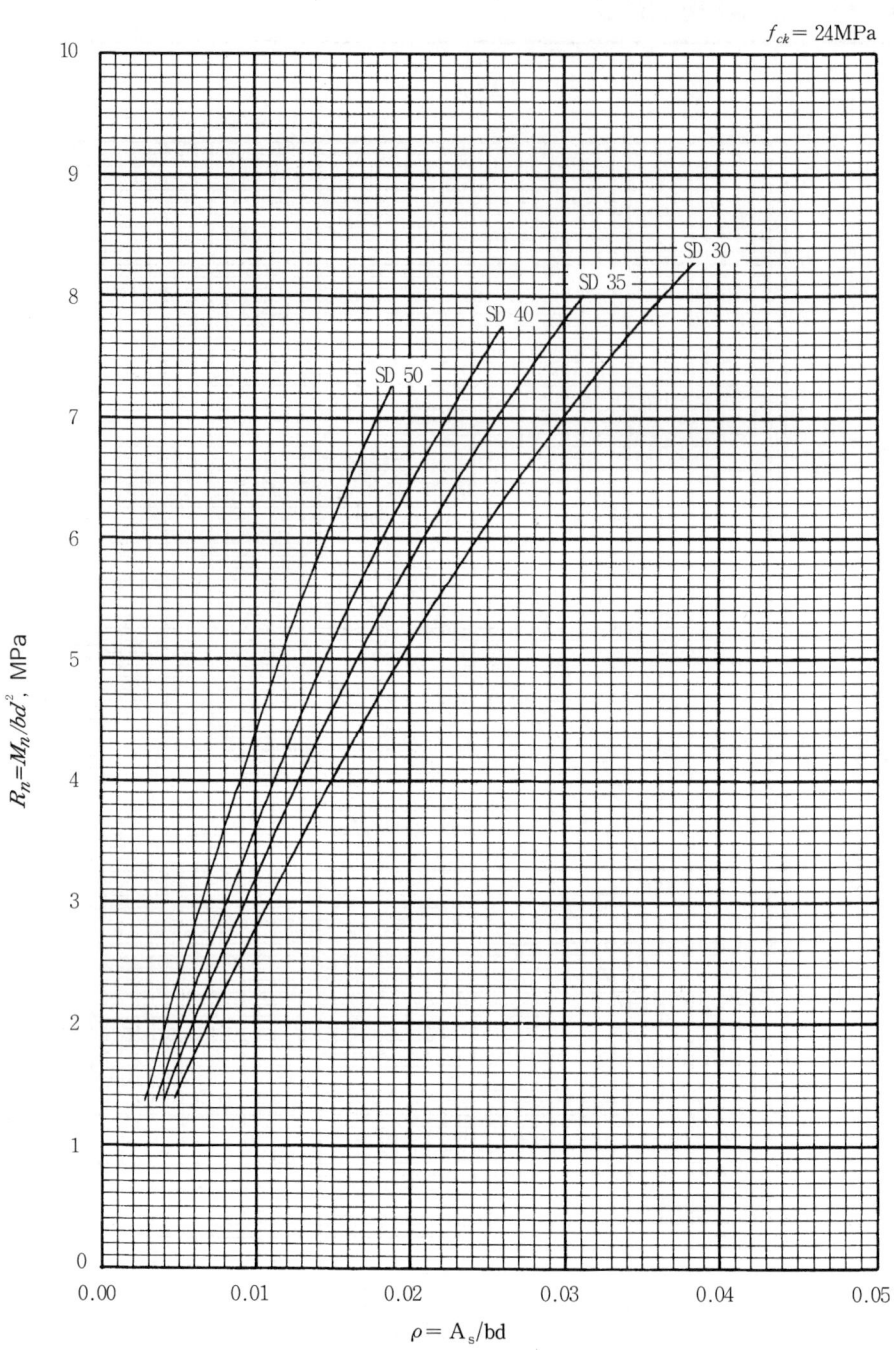

[그림 3. 2] 직사각형 공칭모멘트 계수, $f_{ck} = 24\,\text{MPa}$

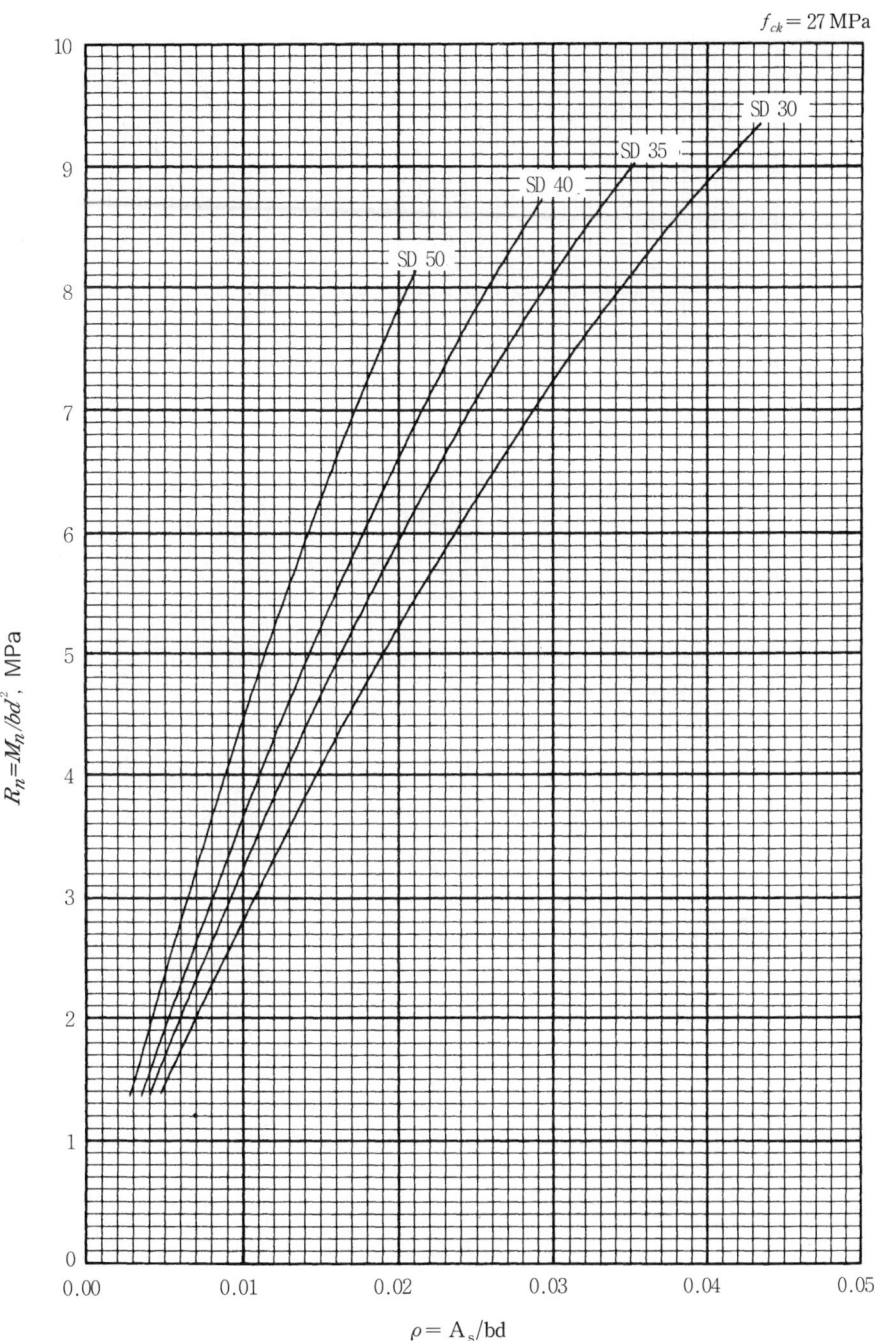

[그림 3. 3] 직사각형 공칭모멘트 계수, $f_{ck} = 27\,\text{MPa}$

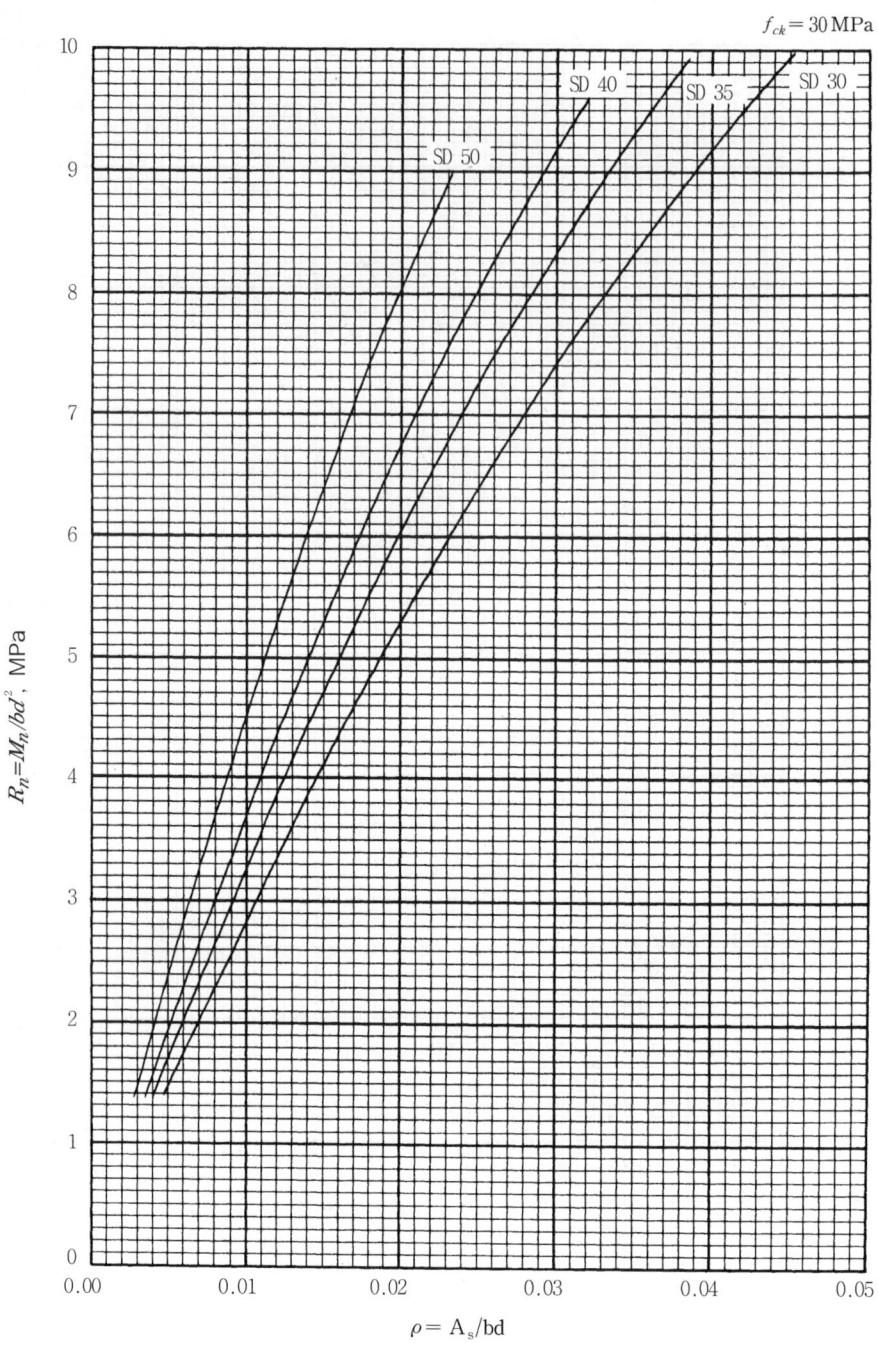

[그림 3. 4] 직사각형 공칭모멘트 계수, $f_{ck} = 30\,\text{MPa}$

부록 IV. 기둥의 하중 - 모멘트 상관곡선

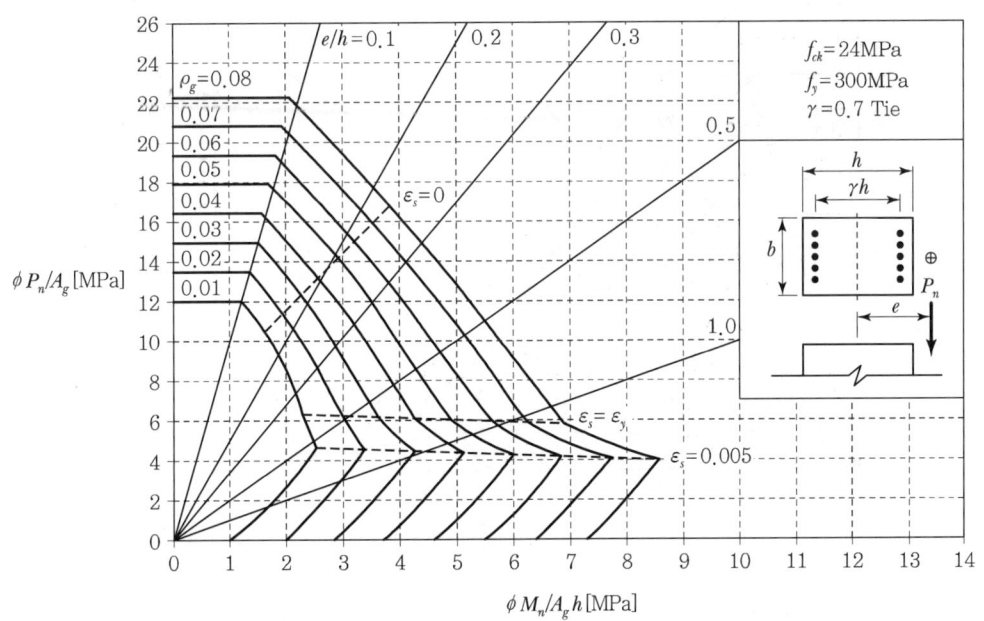

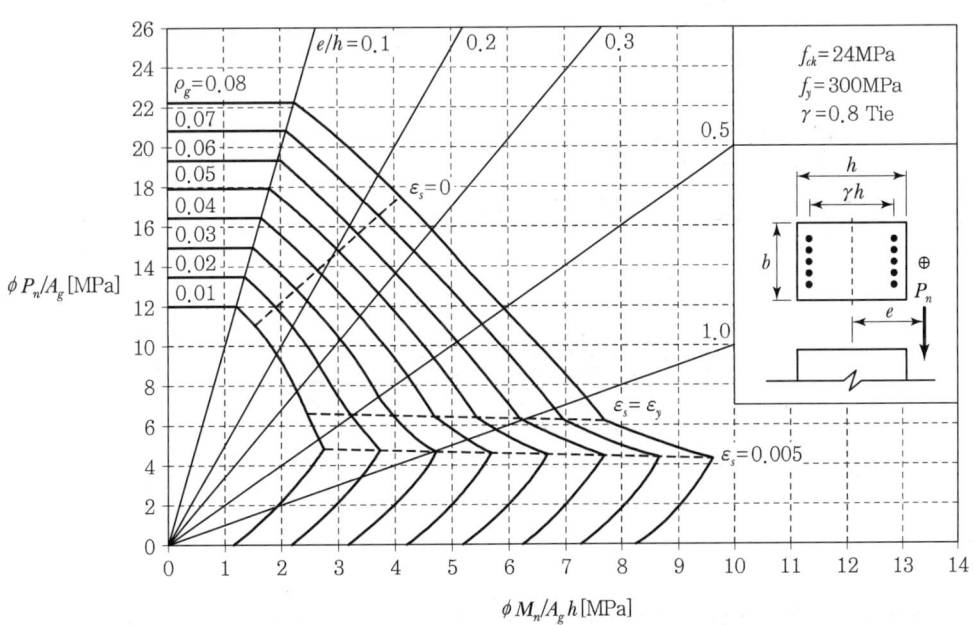

[그림 4. 1] 직사각형 기둥의 하중 - 모멘트곡선, $f_{ck}=24\,\text{MPa}$, $f_y=300\,\text{MPa}$

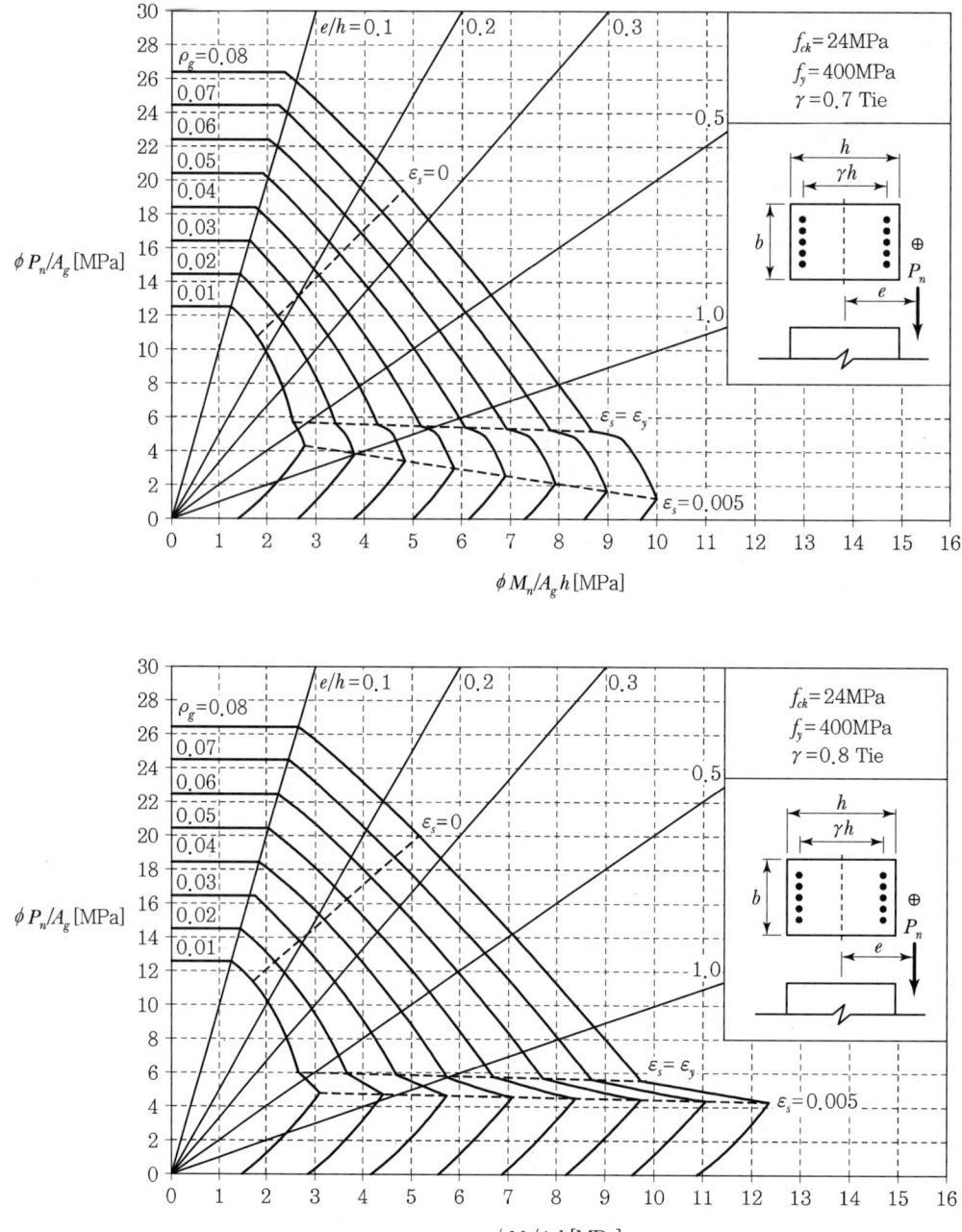

[그림 4. 2] 직사각형 기둥의 하중 – 모멘트곡선 $f_{ck}=24\,\text{MPa}$, $f_y=400\,\text{MPa}$

부록 IV. 기둥 하중-모멘트 상관곡선 321

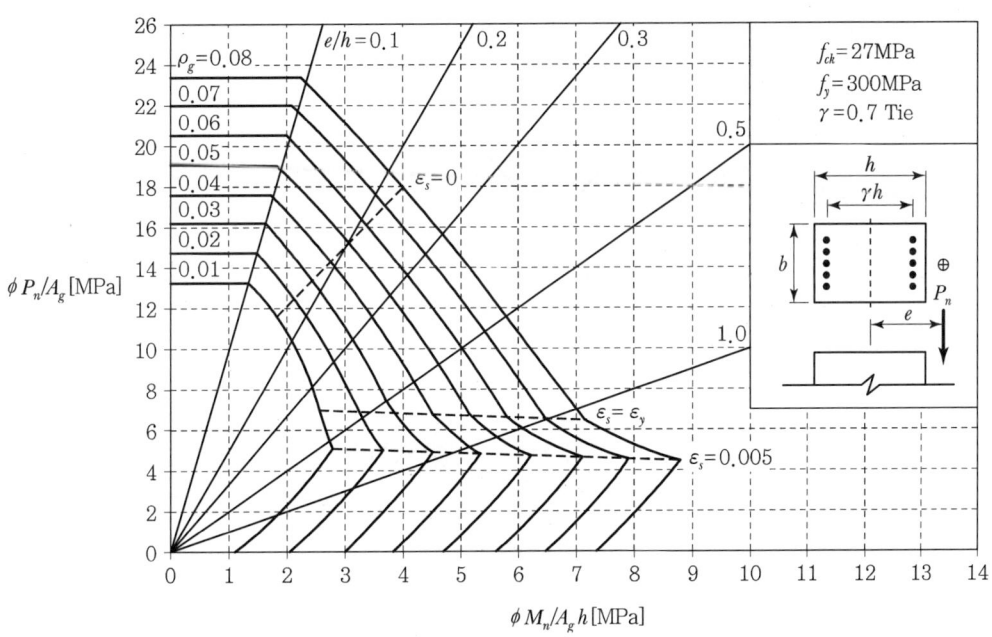

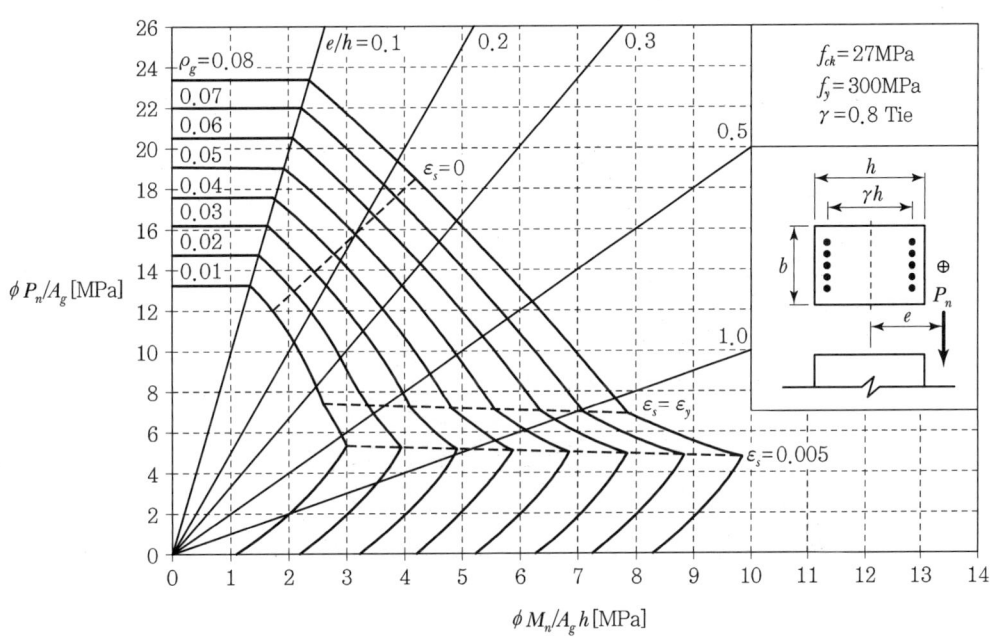

[그림 4. 3] 직사각형 기둥의 하중-모멘트곡선, $f_{ck}=27\,mMPa$, $f_y=300\,MPa$

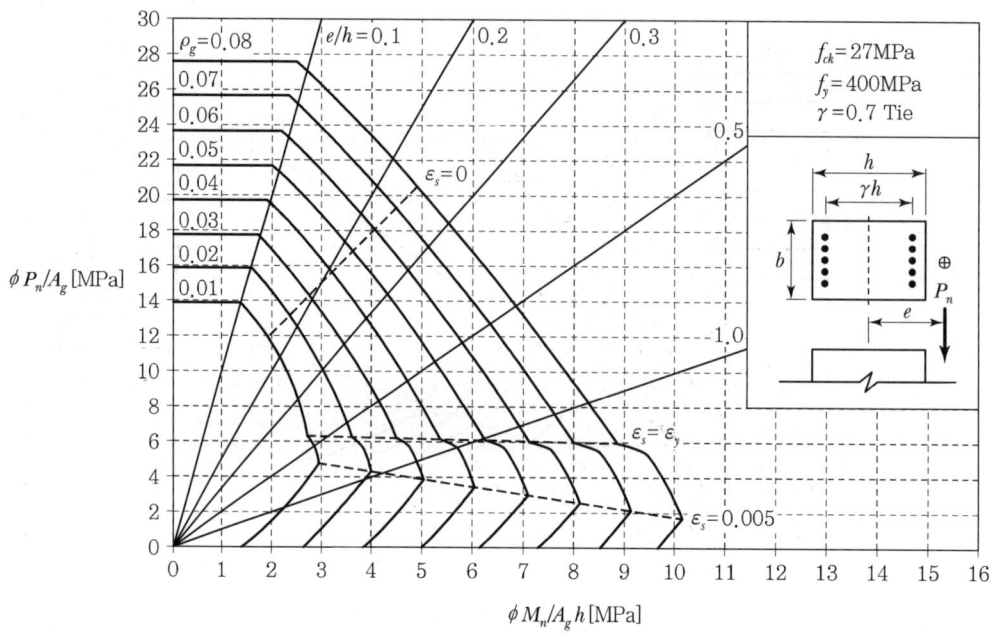

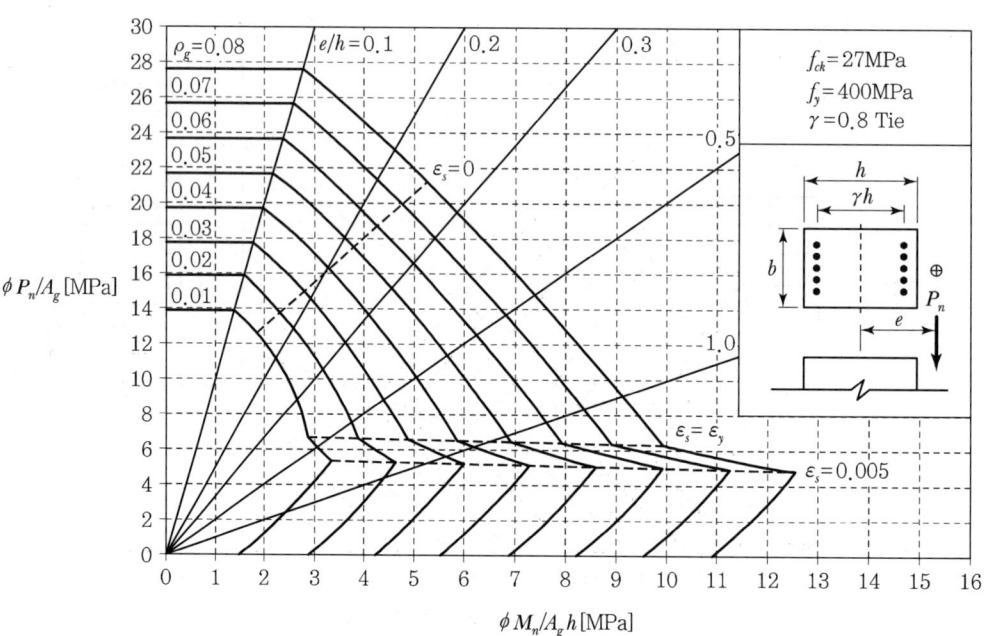

[그림 4. 4] 직사각형 기둥의 하중-모멘트곡선, $f_{ck}=27\,\text{MPa}$, $f_y=400\,\text{MPa}$

부록 IV. 기둥 하중-모멘트 상관곡선 323

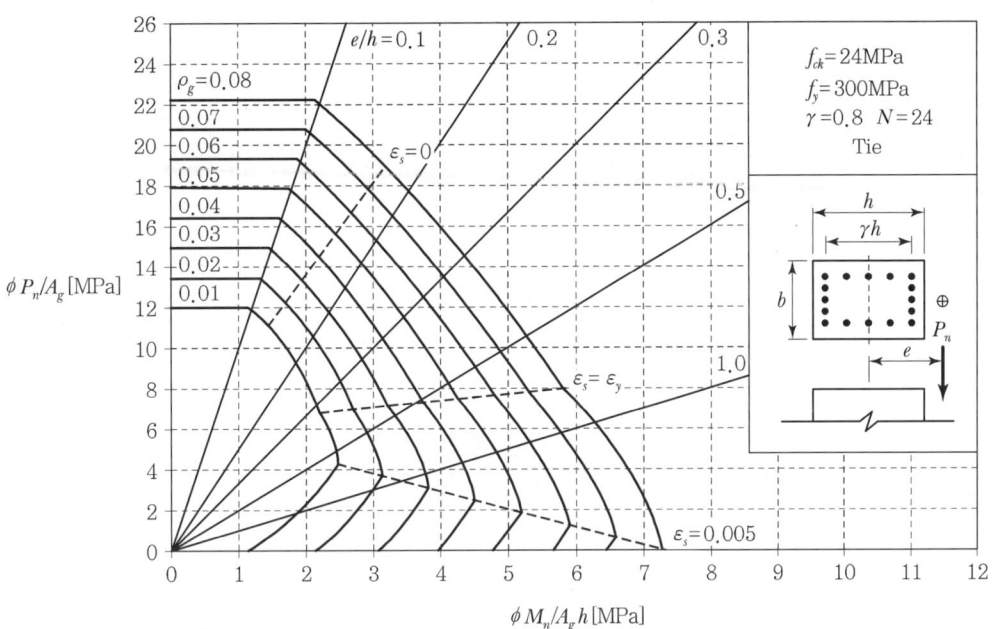

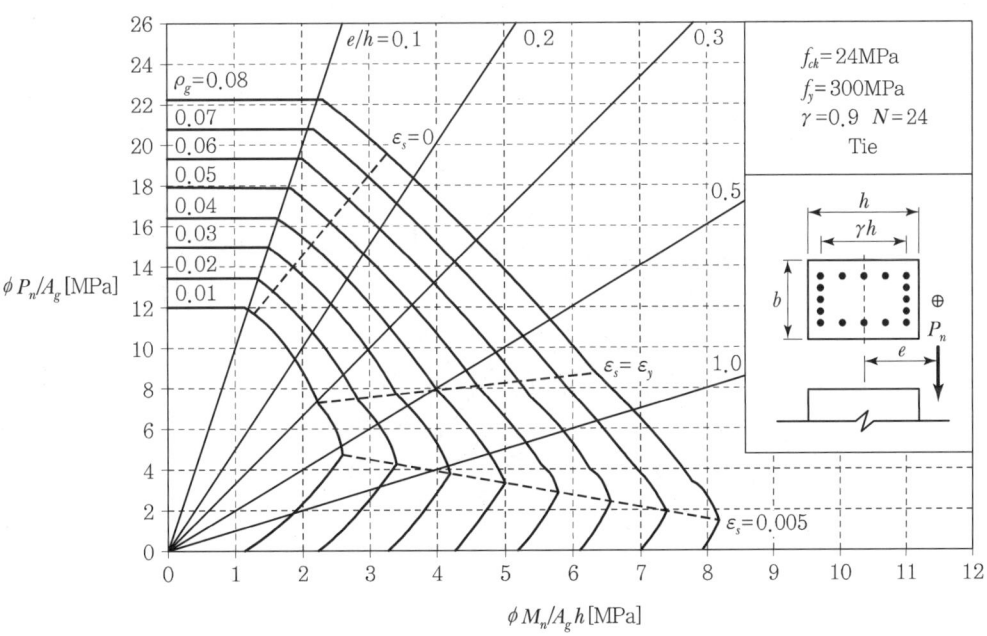

[그림 4. 5] 직사각형 기둥의 하중-모멘트곡선, $f_{ck}=24\,\text{MPa}$, $f_y=300\,\text{MPa}$, $N=24$

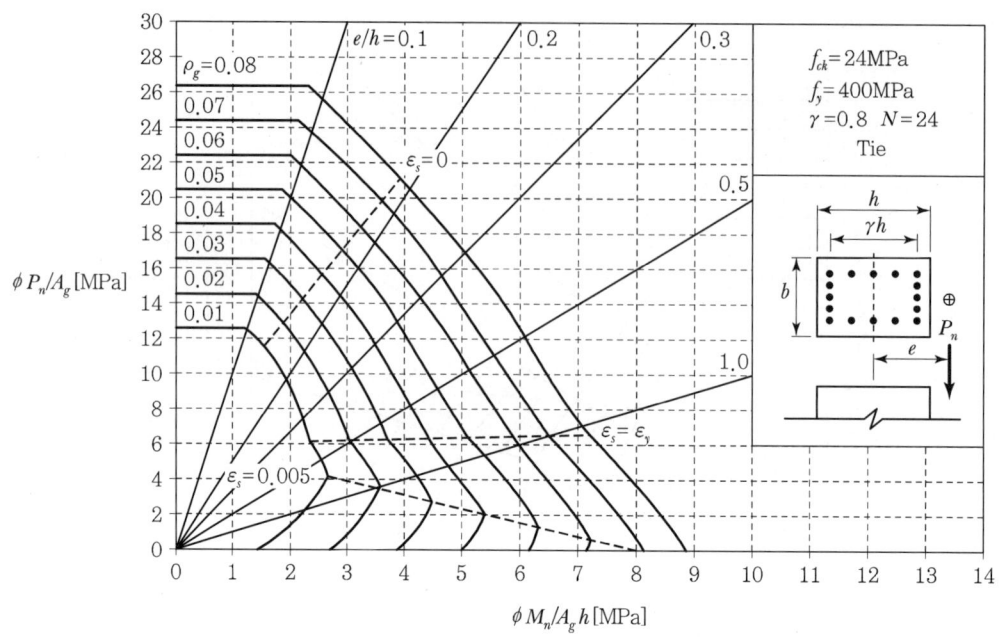
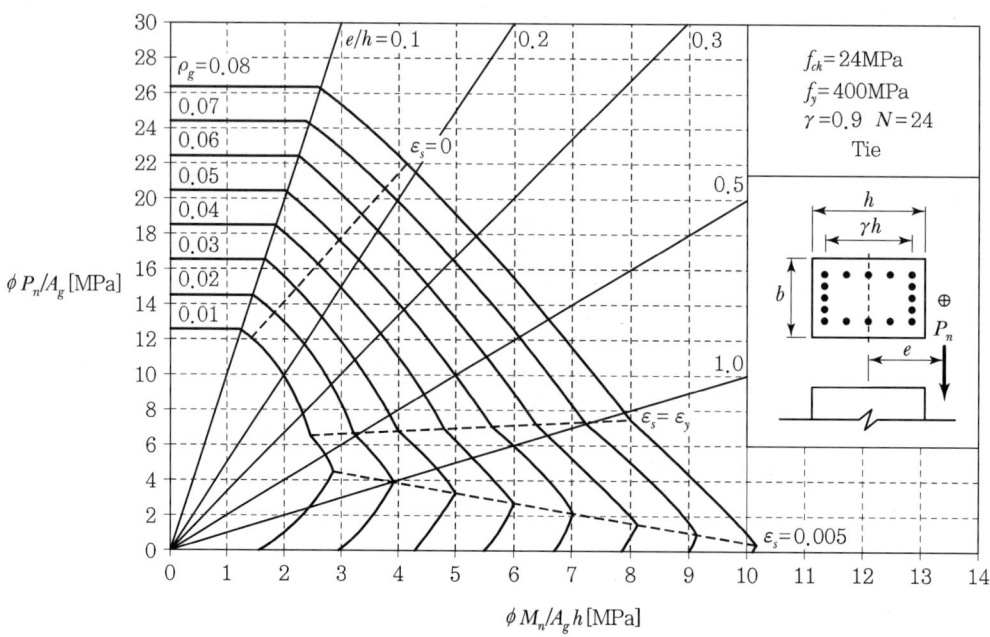

[그림 4. 6] 직사각형 기둥의 하중-모멘트곡선, $f_{ck}=24\,\text{MPa}$, $f_y=400\,\text{MPa}$, $N=24$

부록 IV. 기둥 하중-모멘트 상관곡선 325

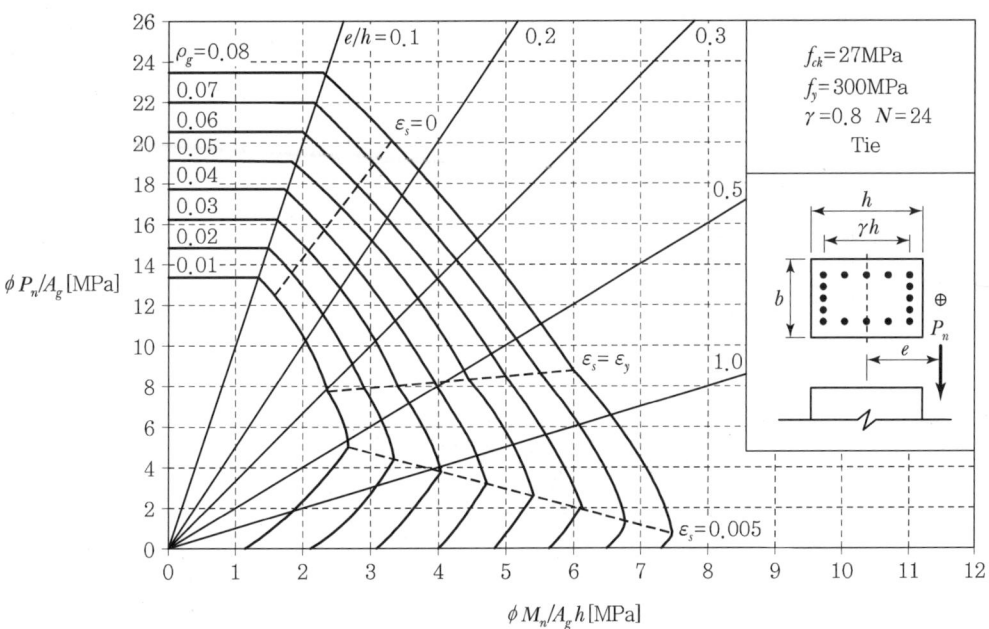

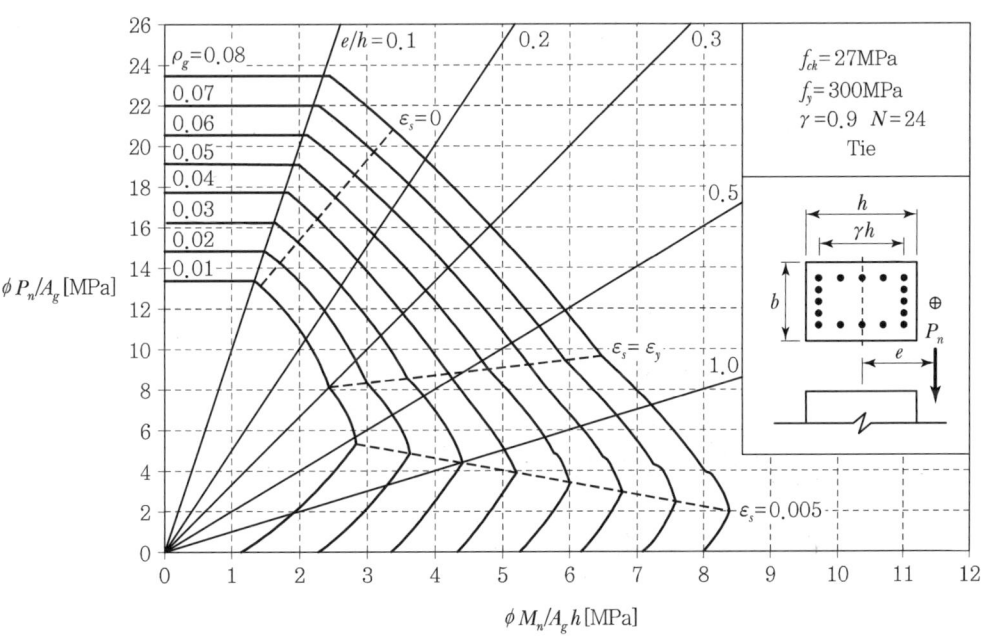

[그림 4.7] 직사각형 기둥의 하중-모멘트곡선, $f_{ck}=27\,\text{MPa}$, $f_y=300\,\text{MPa}$, $N=24$

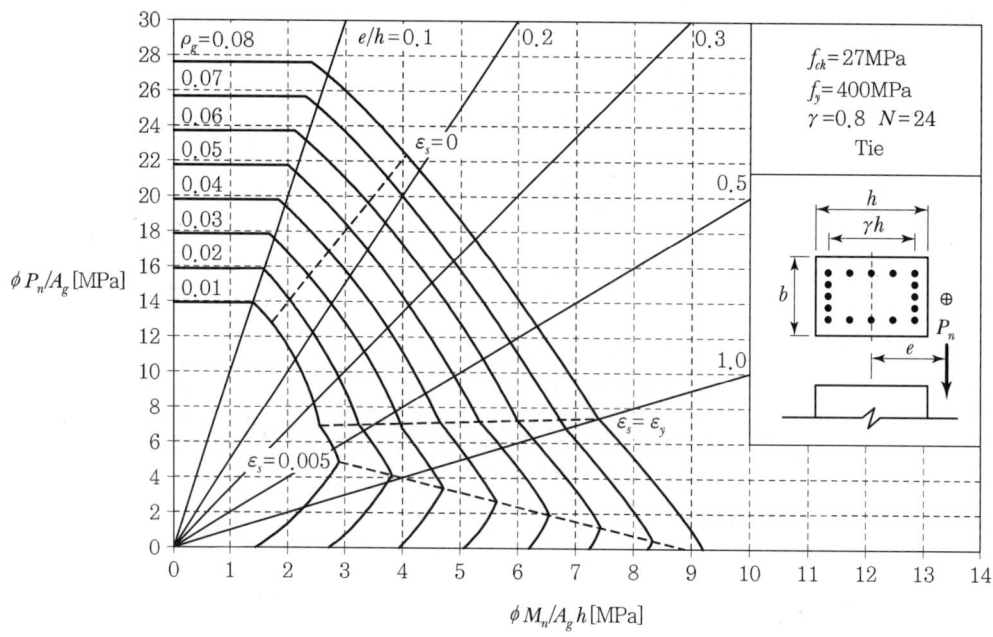

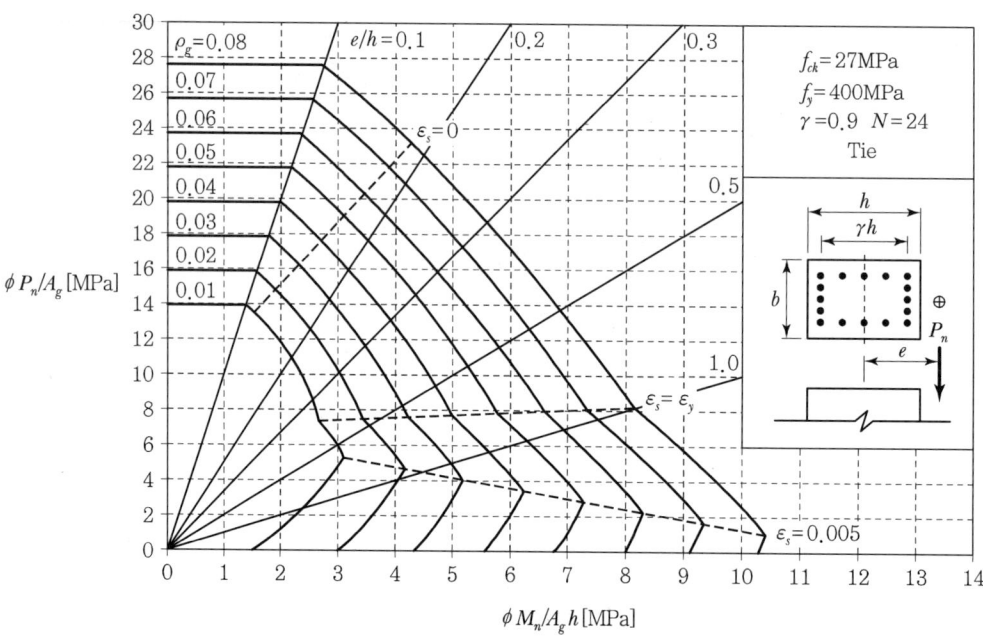

[그림 4.8] 직사각형 기둥의 하중-모멘트곡선, $f_{ck}=27\,\text{MPa}$, $f_y=400\,\text{MPa}$, $N=24$

부록 IV. 기둥 하중-모멘트 상관곡선   327

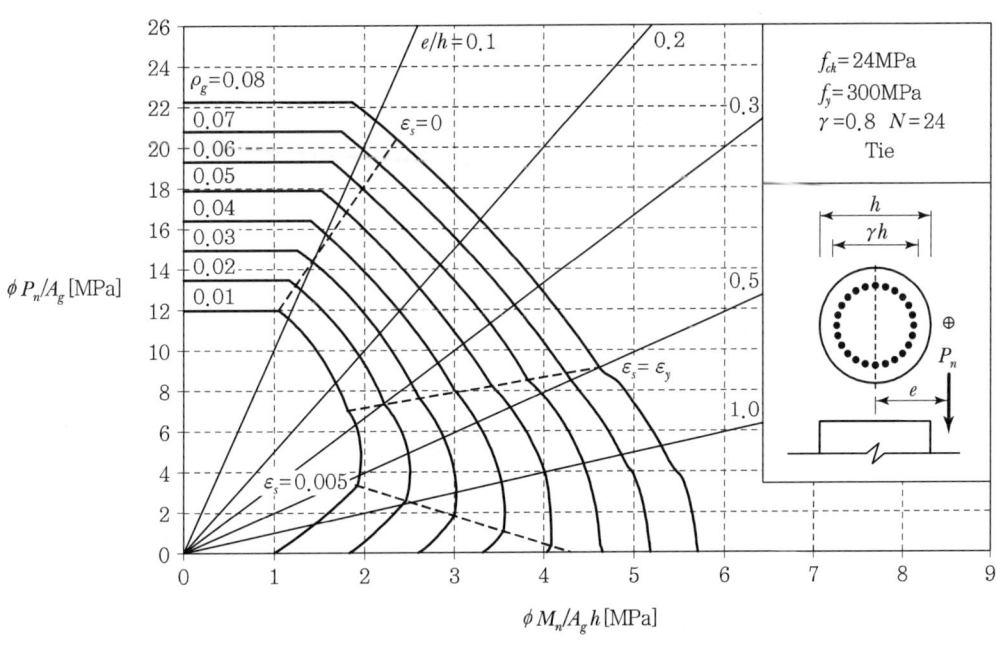

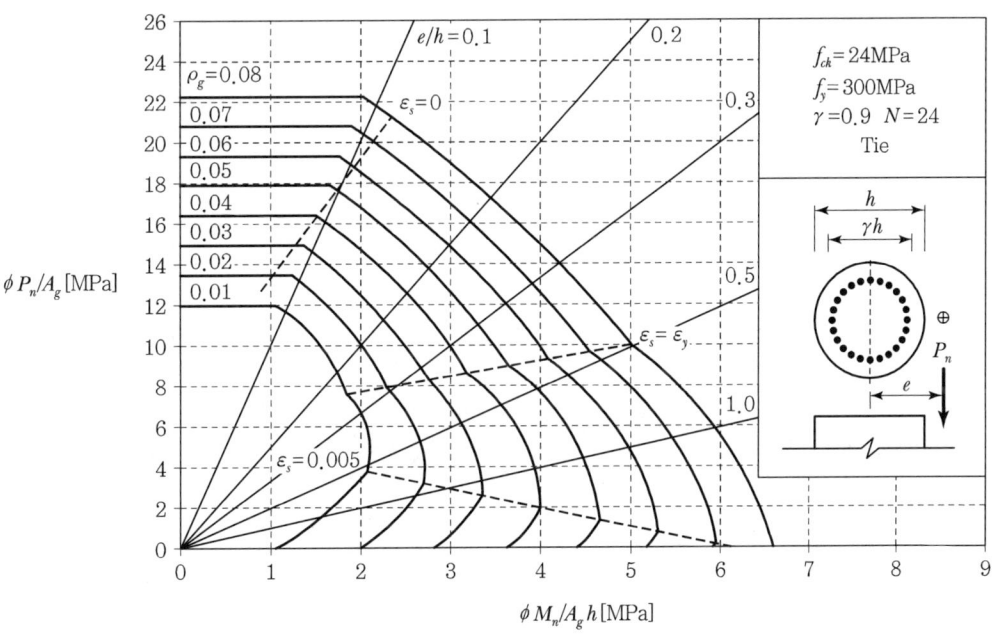

[그림 4. 9] 원형 기둥의 하중-모멘트곡선, $f_{ck}=24\,\text{MPa}$, $f_y=300\,\text{MPa}$, $N=24$

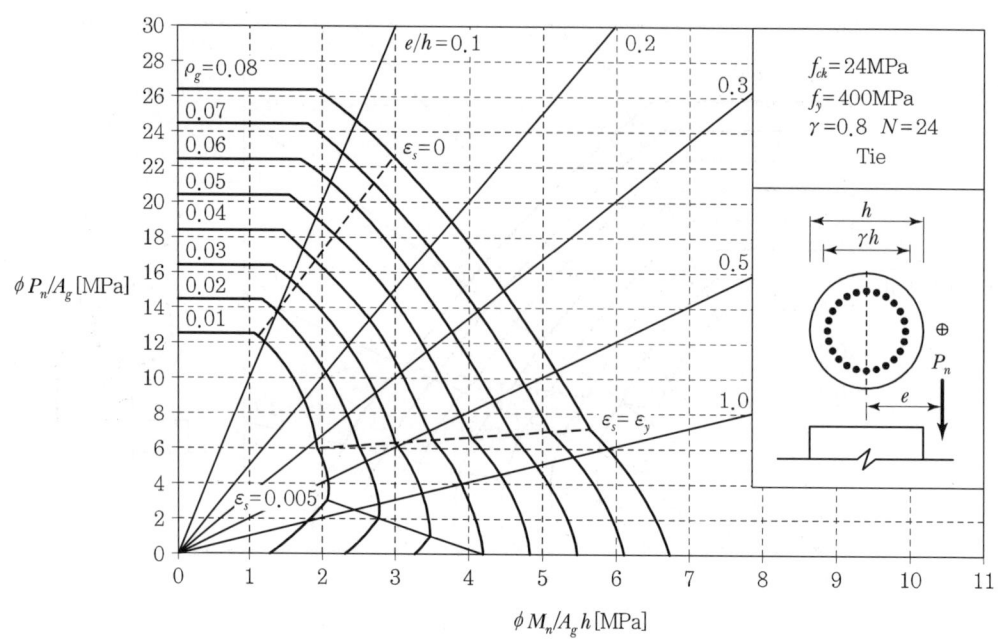

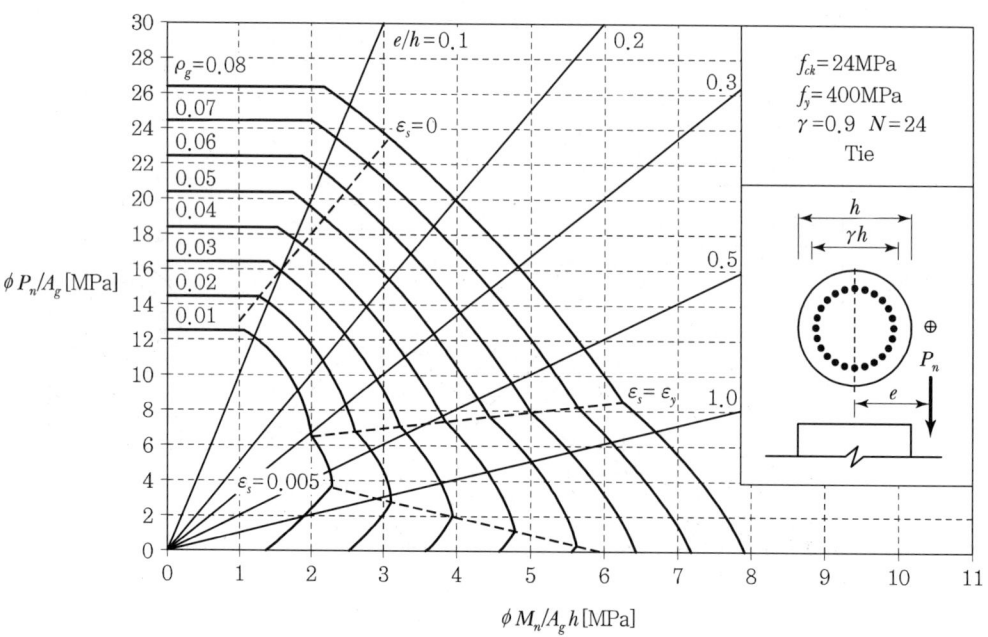

[그림 4.10] 원형 기둥의 하중-모멘트곡선, $f_{ck}=24\,\text{MPa}$, $f_y=400\,\text{MPa}$, $N=24$

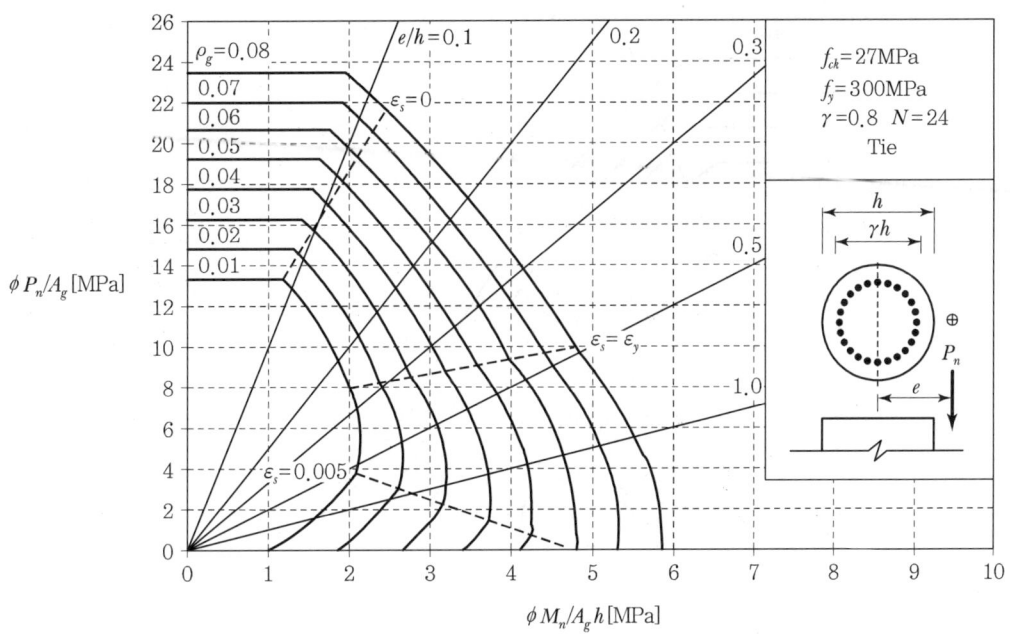

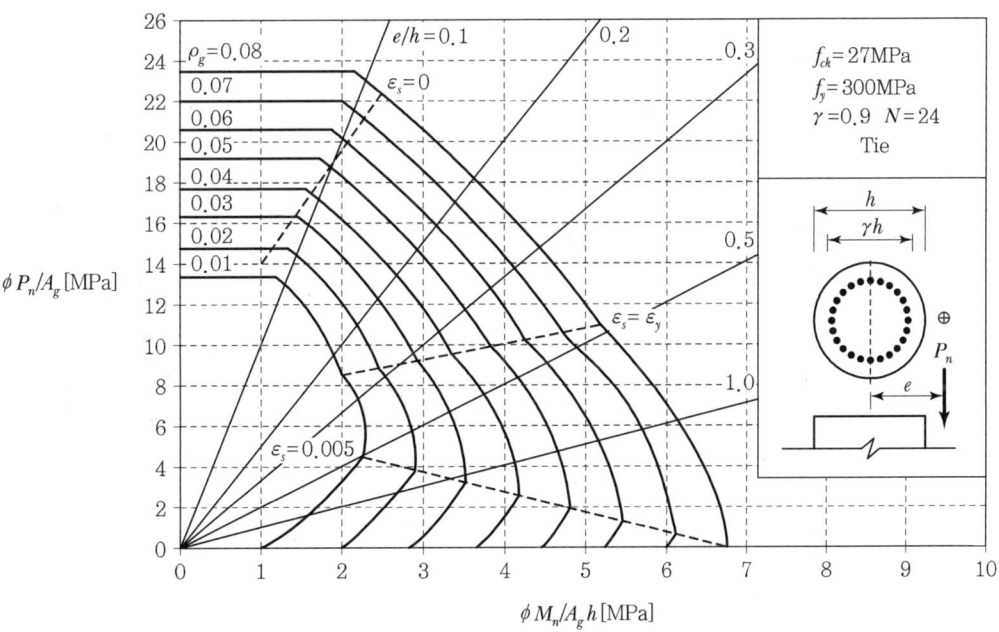

[그림 4. 11] 원형 기둥의 하중-모멘트곡선, $f_{ck}=27\,\text{MPa}$, $f_y=300\,\text{MPa}$, $N=24$

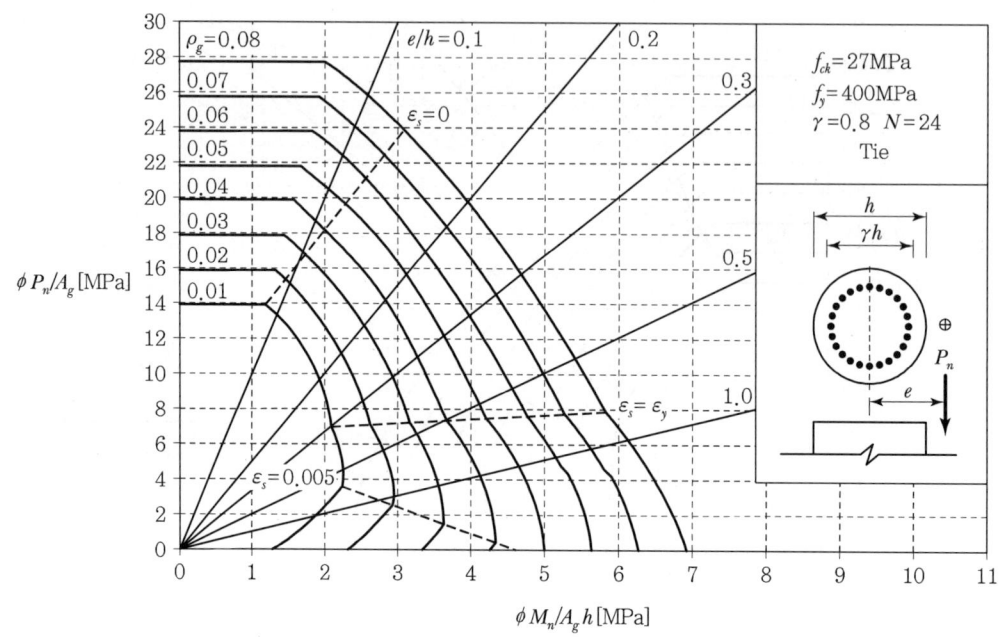

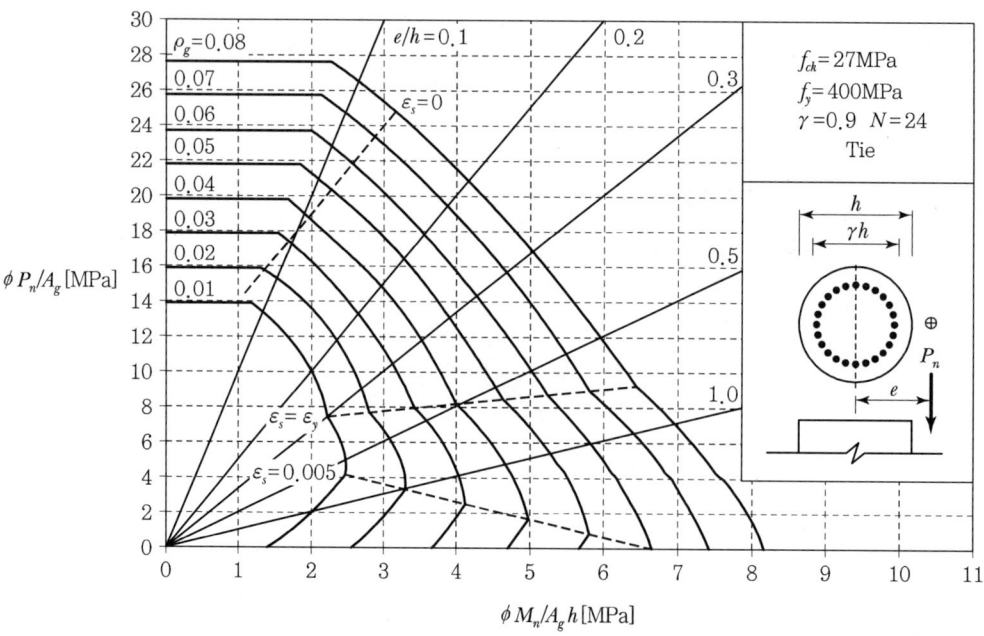

[그림 4. 12] 원형 기둥의 하중-모멘트곡선, $f_{ck}=27\,\text{MPa}$, $f_y=400\,\text{MPa}$, $N=24$

참고문헌

(1) 국토해양부 제정 콘크리트 구조설계기준 건축구조물 설계예제집, 대한건축학회, 기문당, 2008
(2) 콘크리트 표준시방서, 한국콘크리트학회, 2009
(3) 콘크리트 구조기준해설, 한국콘크리트학회, 기문당, 2012
(4) 콘크리트 구조기준예제집, 한국콘크리트학회, 2012
(5) 철근콘크리트 구조설계, 김상식, 문운당, 2013
(6) 제2판 철근콘크리트 구조설계, 이리형, 기문당, 2015
(7) 철근콘크리트 구조, 김낙원 외 5인, 기문당, 2013
(8) 철근콘크리트 구조설계, 정헌수 외 4인, 태림문화사, 2015
(9) 철근콘크리트 강도설계 및 허용응력설계, 김근덕 외 4인, 기문당, 2000
(10) 강도설계법에 의한 철근콘크리트 설계, 정일영, 도서출판 엔지니어즈, 2001
(11) 건축 철근콘크리트해설, 장동찬 외 1인, 기문당, 2013
(12) 철근콘크리트 설계, 한봉구, 양서각, 2015
(13) 철근콘크리트 구조, 정세환, 한솔아카데미, 2010
(14) Reinforced Concrete Mechanics and Design, J. G. McGregor, Prentice Hall, 1988
(15) Design of Concrete Structure, A. H. Nilson and G. Winter, McGraw-Hill, 1991

저자 약력

한 덕 전
前 서일대학교 건축공학과 교수, 공학박사

심 종 석
동서울대학교 건축학과 교수, 공학박사

김 기 철
서일대학교 건축공학과 교수, 공학박사

철근콘크리트 구조

발행일 | 2003. 3. 5   초판 발행
　　　　　2004. 3. 5   개정 1판1쇄
　　　　　2006. 3. 10 개정 2판1쇄
　　　　　2009. 2. 20 개정 3판1쇄
　　　　　2012. 3. 20 개정 3판2쇄
　　　　　2016. 8. 30 개정 3판3쇄
　　　　　2018. 2. 20 개정 4판1쇄
　　　　　2019. 3. 10 개정 5판1쇄
　　　　　2020. 3. 30 개정 5판2쇄
　　　　　2022. 3. 10 개정 6판1쇄
　　　　　2025. 4. 30 개정 7판1쇄

저　자 | 한덕전 · 심종석 · 김기철
발행인 | 정용수
발행처 | 예문사

주　소 | 경기도 파주시 직지길 460(출판도시) 도서출판 예문사
T E L | 031) 955-0550
F A X | 031) 955-0660
등록번호 | 11-76호

- 이 책의 어느 부분도 저작권자나 발행인의 승인 없이 무단 복제하여 이용할 수 없습니다.
- 파본 및 낙장은 구입하신 서점에서 교환하여 드립니다.
- 예문사 홈페이지 http://www.yeamoonsa.com

정가 : 20,000원
ISBN 978-89-274-5810-4 93540